ヴァン・リント＆ウィルソン
組合せ論 ㊤

神保雅一 監訳

澤 正憲／萩田真理子 訳

丸善出版

A Course in Combinatorics, Second edition
by J.H. van Lint and R.M. Wilson
© Cambridge University Press 1992, 2001

This translation of A Course in Combinatorics is published by arrangement
with Cambridge University Press through Japan UNI Agency, Inc., Tokyo

目　次

第 1 版へのまえがき　　　　　　　　　　　　　　　v

第 2 版へのまえがき　　　　　　　　　　　　　　　vii

訳者まえがき　　　　　　　　　　　　　　　　　　ix

第 1 章　グラフ　　　　　　　　　　　　　　　　　1
グラフと有向グラフの基本用語，オイラー閉路，ハミルトン閉路

第 2 章　ラベル付き木と数え上げ　　　　　　　　　13
ケーリーの定理，全域木と貪欲法，探索木，強連結性

第 3 章　グラフの彩色と Ramsey 理論　　　　　　　27
Brooks の定理，Ramsey の定理・Ramsey 数，Lóvasz の篩，
Erdős–Szekeres の定理

第 4 章　Turán の定理と極値グラフ　　　　　　　　41
Turán の定理と極値グラフ理論

第 5 章　個別代表系　　　　　　　　　　　　　　　47
二部グラフ，Hall 条件，SDR，König の定理，Birkhoff の定理

第 6 章　Dilworth の定理と極値集合論　　　　　　　59
半順序集合，Dilworth の定理，Sperner の定理，対称鎖，
Erdős–Ko–Rado の定理

ii 目 次

第 7 章 ネットワークフロー 69
Ford–Fulkerson の定理，整数流の最大性，Birkhoff の定理の一般化，循環流

第 8 章 De Bruijn 系列 81
De Bruijn 系列の個数

第 9 章 $(0, 1, *)$ 問題：グラフのアドレッシングとハッシュコーディング
89
二次形式，Winkler の定理，結合的ブロックデザイン

第 10 章 包除原理と反転公式 105
包含原理，完全順列，オイラーの ϕ 関数，メビウス関数，メビウスの反転公式，
Burnside の補題，Lucas の結婚問題

第 11 章 パーマネント 115
パーマネントに関する不等式，Minc 予想と Schrijver の証明，Fekete の補題，
二重確率行列のパーマネント

第 12 章 Van der Waerden 予想 129
Mracus–Newman による初期の結果，London の定理，Egoritsjev の証明

第 13 章 スターリング数と数え上げ 139
第 1 種・第 2 種スターリング数，ベル数，母関数

第 14 章 漸化式と母関数 151
初等的漸化式，カタラン数，木の数え上げ，Joyal 理論，ラグランジュの反転公式

第 15 章 自然数の分割 175
関数 $p_k(n)$，分割関数，フェラーズ図形，オイラーの五角数公式，漸近公式，
ヤコビ三重積，ヤング図形とフック公式

第 16 章 $(0, 1)$ 行列 193
指定された行和と列和をもつ行列，$(0, 1)$ 行列の数え上げ

第 17 章 ラテン方格 207
直交配列，共役性と同型性，部分ラテン方格と不完備方格，
ラテン方格の数え上げ，Evans 予想，Dinitz 予想

iii

第18章 アダマール行列と Reed–Muller 符号　225
アダマール行列とカンファレンス行列，再帰的構成法，Paley 行列，
Williamson の構成法，アダマール行列のエクセス，1 次 Reed–Muller 符号

第19章 デザイン理論　243
Erdős–De Bruijn の定理，シュタイナーシステム，不完備ブロック計画，
アダマールデザイン，（高階）結合行列の数え上げ，Wilson–Petrenjuk の定理，
対称デザイン，有限射影平面，誘導デザインと剰余デザイン，
Bruck–Ryser–Chowla の定理，シュタイナー三重系の構成法，
ライトワンスメモリ

第20章 符号とデザイン　275
符号理論の用語，ハミング限界式，シングルトン限界式，
重み母関数と MacWilliams 恒等式，Assmus–Mattson の定理，対称符号，
Golay 符号，射影平面から作られる符号

付　録 1　問題のヒントとコメント　295

付　録 2　形式的冪級数　309
形式的冪級数環，形式微分，逆関数，留数，Lagrange–Bürmann の反転公式

人名索引　315

事項索引　319

iv　　目　次

下巻の目次

第 21 章　強正則グラフと部分幾何

第 22 章　直交ラテン方格

第 23 章　射影幾何と組合せ幾何

第 24 章　ガウスの二項係数と q-類似

第 25 章　束とメビウスの反転公式

第 26 章　デザインと射影幾何

第 27 章　差集合と自己同型変換

第 28 章　差集合と群環

第 29 章　符号と対称型デザイン

第 30 章　アソシエーションスキーム

第 31 章　代数的グラフ理論

第 32 章　グラフの連結性

第 33 章　平面的グラフと彩色

第 34 章　Whitney の双対性

第 35 章　グラフの埋め込み

第 36 章　正方形の正方形分割と電気回路

第 37 章　数え上げに関するポリアの定理

第 38 章　Baranyai の定理

付　　録　問題のヒントとコメント

第1版へのまえがき

　長い間，H. J. Ryser によって教えられてきた組合せ解析 (Combinatorial Analysis, Math 121) はカリフォルニア工科大学における最も著名な数学の講義の一つであろう．Ryser は，エレガントで単純明快な講義を行うことを目的の一つとしていた．また，彼は講義を通して，組合せ論のさまざまな分野の相互関係を明示しようとしていたのである．私たちは，多くのことを教えてくれた素晴らしい友 Herb Ryser にこの本を捧げたい．

　この本は，1988 年から 1989 年にかけて，私たち二人の著者が，Math121 の講義を共同で行った際に執筆が始まった．私たちは，一見関係がなさそうな組合せ論の分野間のつながりを示すという Ryser の講義スタイルに加えて，多少なりとも各分野のテーマを概観することを目指した．私たちは，この講義を受講した学生が組合せ論の研究集会などに参加した際に，初めて見聞きする話題のため内容が最初から完全にわからないというようなことがないようにしたいと思って講義を行った．少なくとも彼らにとって，いろいろな分野の用語が出現しても以前に聞いたことがあると思えるような講義を目指した．私たちは，組合せ論を志す学生はその分野のことをできるだけ多く知っているべきだと強く信じている．

　もちろん，どの章も，章のタイトルにあるテーマについて完全に網羅することは不可能であり，その代わりに，私たちはその分野のハイライトとなるテーマを扱った．そして，扱ったテーマは各分野を十分に総括しており，やさしすぎないものとした．組合せ論を学ぶには，いろいろなトピックを折に触れ，繰り返し学ぶのがよいというのが私たちの信条である．そのよう

vi 第1版へのまえがき

な理由で，この本では，一つの章だけでなく，複数の章にわたって記されている話題もある．たとえば，半順序集合や符号は何度も現れており，数え上げとグラフ理論は，この本では何度も扱われている．私たちが好きなトピックは，より詳細に述べられている．また，パーマネントに関する Van der Waerden の予想に関する著者たちによる証明は本書で初めて記されたものである．

この本を読むにあたり，代数学の講義を履修したことがあればよりよいが，代数学の講義の履修は必ずしも必要ない．組合せ論はとっつきやすい分野と認識されているように，多くの部分は，代数がある程度わかっていれば理解できるであろう．ただし，読者にとって，この本はやさしいわけではなく，読者自身に詳細を埋めるよう要求されているところもある．しかし，それらは難解ではなく，方向性も示唆してある．ただ，学ぶにあたり，人間の先生に学ぶに勝るものはない．必要に応じて，解析，群，有限体，初等整数論，線形代数などに詳しい知り合いに聞くのもよいであろう．この講義はカリフォルニア工科大学の学部学生も大学院生も履修している．講義では，各章の内容を紹介するが，1年間の講義ですべての章を網羅することは困難である．

各章の章末には，関連する数学者たちの伝記的な記述も含めた．しかし，エルデシュを除いて，退職していない現職の数学者についての言及は避けた[1]．

練習問題の難易度はさまざまである．あるものは，付録1のヒントを参考にする必要があるであろう．付録2に形式的冪級数の概説を記した．

最後に，この本は，$\mathcal{A}\mathcal{M}\mathcal{S}$-$\TeX$ を用いて組版されている．

J. H. v. L., R. M. W.

エイントホーベン，パサディナ，1992年

---

[1] ［訳注］エルデシュ (Erdős) はハンガリー出身の数学者であり，多くの著名な教え子がいる．日本でも有名な Peter Frankle 氏もその一人である．エルデシュは，第1版の出版時には健在であったが，1996年の国際会議の際に他界した．本書の第1章の章末のノートにもある通り，近年の組合せ論の最も著名な研究者である．

第2版へのまえがき

世界中のいろいろな大学の組合せ論のさまざまな講義で，この本がテキストとして受け入れられていることを知り，第2版に改定することを決意した．新しい内容を追加し，第1版の引用文献を最新のものにし，数々のタイプミスや記載ミスを修正した．また，第1版で今世紀と書いてあったところを前世紀と書き改めた．

新しい内容は，第1版の関連する話題の章に追記したが，後半のグラフ理論に関する章は2章から4章に再編した．追加した内容には，たとえば，Lovász の篩，結合的ブロックデザイン，グラフのリスト彩色などが含まれる．

演習問題も多く追加し，それにより，この本のテキストとしての価値が増したと期待している．文中で各問題の難易度に触れることはしなかったが，ここで改めて，問題に難しさの差があることを注記しておこう．演習問題の難易度は，読者の経験や背景となる知識にも依存するであろうから，教員は，学生に応じて問題を選択して解くように指導するのがよいであろう．演習問題はそれに最も関連する位置に置くのがよいと思うが，中には章末に記載したものもある．後出の問題の方が先にある問題より難しいとは限らないことに注意されたい．付録1のヒントとコメントの多くを書き直した．

第2版の執筆とその準備は，第一著者であるヴァン・リントが，Moore Distinguished Scholar として，カリフォルニア工科大学を訪問した際に成された．ヴァン・リントは Moore 基金に感謝の意を表する．

訳者まえがき

　本書 *A Course in Combinatorics* は，ヴァン・リント (Jack H. van Lint, 1932–2004) がカリフォルニア工科大学を訪問した 1988 年頃から執筆が始まり，1992 年に第 1 版が出版されている．著者の一人，ヴァン・リントは生前，オランダのエイントホーベン工科大学の教授であったが，符号理論などでよく知られている．一方，ウィルソン (Richard M. Wilson) は，組合せデザインの漸近的存在定理を彼の学位論文で証明したことなどで有名であり，オハイオ州立大で学位を取得した数年後，カリフォルニア工科大学に職を得て，その後の研究人生をカリフォルニア工科大学で過ごした才能に満ちた数学者である．この二人が Herbert J. Ryser (1923–1985) の有名な講義 Math121 を引き継いで行った講義の講義録をまとめて本書ができ上がった．Ryser は，Bruck–Ryser の定理とよばれる対称的デザインの存在の必要条件を示したことで著名である．

　本書は，通常の組合せ論のテキストと異なり，各領域を個別に説明するのではなくそれらの関連に重点を置いて，導入から深い洞察まで，方向性と意味を明示しながら丁寧に記述されている．本書の内容は，組合せ論の多岐にわたる分野を広く扱っており，一見何の関係もないように見える話題の関連に気づかせる巧妙でエレガントな記述がなされている．本書は，第 2 版の前書きにも触れられているように，その発刊以来，世界中のさまざまな大学で組合せ論のテキストとして使用されている．

　また，講義を意識した記述がなされており，証明の方針を直観的に述べてから，その詳細に入るといった工夫もされている．並べられた演習問題は，

x 訳者まえがき

比較的簡単なものから非常に難しいものまでさまざまであるが，いずれも考えることを要求されるものばかりである．原著には，組合せ論に関する著者たちの趣向がふんだんに盛り込まれており，内容は学生だけでなく，研究者にとっても座右の書として，折に触れて参照してみたくなる書である．

翻訳を試みようというきっかけは，萩田，澤の両氏の強い思いであり，両氏が学生のときに感じた本書に対する感動を日本中の学生諸君にもぜひ，感じ取ってほしいという思いで翻訳に至った．

翻訳にあたり，原著が 600 ページほどと厚く，読者にとって上下巻の二分冊にした方が読みやすいであろうという理由で，第 20 章までを上巻とし，第 21 章以降を下巻とした．下巻の各章の章題も上巻の目次にページ番号なしで記載した．

訳出に際しては，原著者たちが直観的に説明を試みようとしている意図を酌み，数式で記載した方が単純で明快である部分であってもできるだけ文章での表現を試みた．しかし一部，原著と異なり数式で表現せざるを得なかった部分があるのはご理解いただきたい．

また，符号などの応用が書かれている部分は，時の経過とともにタイムリーではなくなってきていることもあろうが，当時，実現していなかったフラッシュメモリーのようなライトワンスメモリ (write once memory) の考え方などにも触れられており，原著者たちの先見の明も窺い知ることができる．

原著者たちのウィットに富んだ表現のニュアンスを訳しきれなかった箇所もあることはご了解いただきたい．なお，脚注は主に訳者が必要と思われる事項を追記したコメントである．

本書上巻の翻訳は，第 1 章から第 19 章を澤が，第 20 章を萩田が担当し，神保は全体のチェックと付録の翻訳を行った．

本書を執筆するにあたり，原著者のウィルソン氏には，内容に関することから表現など，さまざまな面で支援をいただいたことに感謝する．また，お茶の水女子大学大学院の松村恵里さんには，本書の一部を読んで，日本語訳の手伝いをしていただき，その努力に心から感謝したい．上巻の大部分の翻訳に携わって来た澤は，休日も翻訳作業に耽っている父親を見守ってくれた家族に感謝する．また，本書の翻訳を終始，支援して下さった立澤正博氏は

じめ丸善出版株式会社の編集部の皆様に心から感謝の意を表したい．

　最後に，本書を通して組合せ論の面白さを伝えることができれば，訳者としてうれしい限りである．また，できれば原著にも触れていただければなお幸いである．

訳者

神保　雅一

澤　正憲

萩田　真理子

第1章 グラフ

集合 V, E, およびペア $\{x,y\} \subset V$ に $e \in E$ を対応させる写像からなる構造を**グラフ**という. V, E の要素をそれぞれ**頂点**, **辺**という. $\mathcal{I}(\{x,y\}) = e$ のとき, 辺 e は頂点 x, y に**結合**するといい, x, y を e の**端点**という. $x = y$ の場合, 辺 e を**ループ**という. どの辺にも結合していない頂点を, **孤立点**という. とくに断らない限り, アルファベットの G でグラフを表すことにする. なお, V, E の代わりに $V(G)$, $E(G)$ と書くこともある.

平面上の点を頂点とし, それらを結ぶ線分や弧を辺と見なすことで, グラフを視覚的に理解することもできる (**グラフの描画**). たとえば, 都市間を結ぶ交通ネットワークのようなものを想像するとよいだろう. 辺の交差なく平面に描くことができるグラフを, **平面グラフ**という. グラフの平面性については第33章で詳しく述べる.

グラフを「表」で表す方法もある. たとえば, 図 1.1 において, $\{x,y,z,w\}$ は頂点集合, $\{a,b,c,d,e,f,g\}$ は辺集合を表している. 視覚的には図 1.2 の

辺	端点
a	x, z
b	y, w
c	x, z
d	z, w
e	z, w
f	x, y
g	z, w

図 1.1

右端のイラストのようなグラフになる.

ループがなく,両端点を共有する2辺のないグラフを,**単純グラフ**という.両端点の等しい2辺を**平行**であるといい,平行な2辺(多重辺)を含むグラフを**多重グラフ**という.

冒頭のグラフの定義において,頂点の「非順序対」を「順序対」に置き換えると,**有向グラフ**になる.有向グラフの辺を**有向辺**という.有向グラフの辺は,一方の頂点(**始点**)からもう一方の頂点(**終点**)へ向きを付けた矢印で表されることが多い.始点と終点が一致する有向辺を2個以上もたず,ループももたないグラフを,**単純**であるという.

単純グラフの場合,結合関係にある2頂点 x, y を集合 $\{x, y\}$ と同一視してもよい.同様に,単純有向グラフの辺を順序対 (x, y) と同一視してもよい.

図 1.2

グラフの描き方は一通りとは限らないが,見た目が異なっていても二つのグラフの構造が一致するケースもある.たとえば,図 1.3 の二つのグラフは本質的に同じ構造をもっている.

以下では,このことをより明確に述べるが,必要以上に込み入った定義を避けたいので,単純無向グラフについてのみ次の定義を与えよう.

二つのグラフにおいて,頂点集合の間の1対1写像が辺の結合関係を保つとき,これらのグラフは**同型**であるという.たとえば図 1.3 の二つのグラフは同型であるが,そのことは二つのグラフの頂点を $1, 2, 3, 4, 5, 6$ でうまくラベル付けすることによって確かめられる.

グラフ G の頂点集合上の置換 σ が,$\{a, b\} \in E(G)$ のときかつそのときに限り $\{\sigma(a), \sigma(b)\} \in E(G)$ を満たすとき,σ は G の**自己同型**とよばれる.

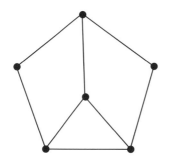
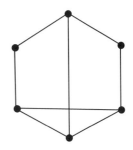

図 1.3

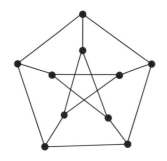
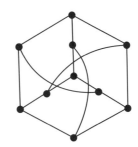

図 1.4

問題 1A (1) 図 1.4 の二つのグラフが同型であることを示せ.
(2) 図 1.4 のグラフの自己同型全体がなす群（自己同型群）を求めよ[1]. (2) の単純明快な解法は知られておらず，ある程度の試行錯誤が必要である.

n 頂点上のグラフは，任意の 2 頂点が辺で結ばれているとき，**完全グラフ**といい，K_n と書く.

グラフ G の異なる頂点 a, b は，その両方に結合する辺があるとき，**隣接**するという. 頂点 x が与えられたとき，その頂点に隣接する頂点全体の集合を $\Gamma(x)$ と表す. $\Gamma(x)$（およびその各要素）を x の**近傍**という.

---

[1] ［訳注］図 1.4 のグラフ（**Petersen** グラフ）は，強正則グラフとよばれるグラフのクラスに属している. 詳しくは第 21 章を参照されたい.

4　第1章　グラフ

　グラフ G において，頂点 x に結合する辺の個数を x の**次数**という[2]．すべての頂点の次数が等しいグラフを，**正則である**という[3]．なおループは次数に 2 だけ貢献するものと見なす．

　組合せ論における重要な手法の一つとして，あるタイプの対象を 2 通りの方法で数え上げる「2 重数え上げ」がある（勘定ミスさえなければ二つの答えは一致する）．以下，その典型的な例を紹介しよう．$V(G)$ と $E(G)$ がともに有限集合のとき，G を**有限グラフ**という．

定理 1.1　有限グラフ G において，奇数次数の頂点は偶数個存在する．

証明　表 1.1 のように，G の辺とその両端点が列挙されている表を考える．明らかに，表の 2 列目に現れている頂点の総数は，辺の総数の 2 倍である．また，各頂点 v の次数は，表の 2 列目に v が現れる回数を表している．よって

$$\sum_{x \in V(G)} \deg_G(x) = 2|E(G)|. \tag{1.1}$$

これは奇数次数の頂点の個数が偶数であることを示している．　　　　□

　式 (1.1) は単純な式だが，グラフ理論の先駆けとなった事実として重要である．

　二つのグラフ G, H を考える．$V(H) \subseteq V(G)$, $E(H) \subseteq E(G)$ のとき，H を G の**部分グラフ**という．とくに $V(H) = V(G)$ であるとき H を**全域部分グラフ**という．$S \subseteq V(G)$ を頂点集合とする G の部分グラフは，両端点が S に属する G の辺全体を辺集合とするとき，G の**誘導部分グラフ**とよばれる．

　頂点 x_i $(i = 1, 2, \ldots, k)$ および 2 頂点 x_{i-1}, x_i の結合辺 e_i の交互列

$$(x_0, e_1, x_1, e_2, x_2, \ldots, x_{k-1}, e_k, x_k)$$

がなすグラフを**歩道**という．k を歩道の**長さ**という．単純グラフの場合，歩

---

[2]　［訳注］$\deg(x)$ と表す．
[3]　［訳注］各頂点の次数が d のグラフを，d **正則である**という．

道は頂点列で決まり，隣り合う2頂点はグラフ上で隣接している．

$x_0 = x_k$ を満たす歩道を**閉歩道**という．また，辺 $e_1, \ldots, e_k$ がすべて異なっている歩道を，x_0 から x_k への**道**という．$x_0, x_1, \ldots, x_k$ がすべて異なっている歩道を**単純道**という．$x_0 = x_k$ 以外のすべての x_i が異なっていて，かつ長さ1以上の歩道を，**閉単純道**という[4]．

グラフ G の任意の頂点対 x, y に対して，x から y への道が存在するとき，G を**連結グラフ**という．G が連結でないとき，G はいくつかの極大な連結部分グラフ（**連結成分**）からなる．便宜的に，頂点集合と辺集合がともに空集合のグラフ（**空グラフ**）を非連結グラフと見なすことにしよう．

問題 1B 頂点数 10 の非連結な単純グラフが高々 36 本の辺をもつことを示せ．また，ちょうど 36 本の辺をもつような非連結グラフは存在するか？

頂点 a から頂点 b への歩道があるとき，a から b への最短の歩道の長さを a と b の**グラフ距離**といい，$d(a, b)$ と書く[5]．

例 1.1 世界中の数学者を頂点として，共著の発表論文がある二人の数学者を辺で結ぶと，グラフができる．このグラフにおいて，エルデシュと各数学者とのグラフ距離を**エルデシュ数**という．自分のエルデシュ数を知ることは数学者の密かな楽しみになっている．

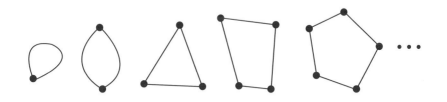

図 1.5

閉単純道は直観的には**多角形**であり（図 1.5），厳密には 2 正則な有限連

---

[4] ［訳注］テキストによっては，「道」の代わりに「単純通路」や「小道」ということもある．また「単純道」の代わりに「基本通路」という用語が使われることもある．
[5] ［訳注］厳密には，a, b を端点とする（頂点と辺の）交互列に含まれる辺の総数最小の歩道に対して，その辺数を $d(a, b)$ とおく．関数 $d: V(G) \times V(G) \to \mathbb{Z}_{\geq 0}$ は距離関数になっている．

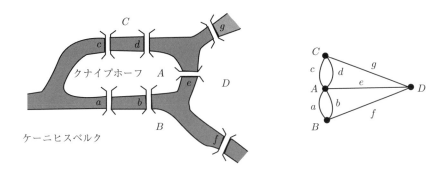

図 1.6

結グラフである頂点数 n の多角形 P_n は，同型性を込めて一意に定まる．多角形を部分グラフに含まない連結グラフを**木**という．

問題 1C　G を頂点数 n の単純グラフとする．このとき，G が木であることと，G が $n-1$ 本の辺からなる連結グラフであることは同値であることを示せ．

問題 1D　$m+n$ 個の頂点 $a_1, \ldots, a_m, b_1, \ldots, b_n$，および mn 個の辺 $\{a_i, b_j\}$ からなる単純グラフを**完全二部グラフ**といい，$K_{m,n}$ と書く．$K_{3,3}$ が平面グラフでないことを示せ．

　ケーニヒスベルク (Königsberg) の橋の問題はグラフ理論における最も初等的なトピックスの一つである．ケーニヒスベルクは旧プロシアの都市の名前である．そこにはプレゴリャ川が都市を四分するように流れていて，七つの橋が架かっていた（図 1.6）．

　1736 年の論文[6]で，オイラーは

「各橋をちょうど 1 回ずつ渡って都市を周遊することは可能か？」

という問題を提示した．すべての辺をちょうど 1 回ずつ含む閉道を**オイラー**

---

[6]　[訳注] グラフ理論分野の最初の論文といわれている．

閉路といい，オイラー閉路を含むグラフを**オイラーグラフ**という．

定理 1.2 G を孤立点を含まない（多重辺は許す）有限グラフとする．このとき次は同値である．

(1) G にオイラー閉路が存在する．
(2) G は連結であり，かつすべての頂点の次数は偶数である．

証明 （必要性）．明らかに G は連結でなければならない．道はある頂点に入ると必ずそこから出なければならない．したがって，すべての頂点の次数は偶数になる．

（十分性）．G から頂点を任意に一つとり，x とおく．x を始点とし，どの辺も 2 回以上通らないような，できるだけ長い道 C をとる．各頂点の次数は偶数なので，C の終点は x でなければならない．$E(G) \setminus E(C) = \emptyset$ ならば，C がオイラー閉路となる．一方，$E(G) \setminus E(C) \neq \emptyset$ ならば，部分グラフ $(V(G), E(G) \setminus E(C))$ には次数 1 以上の頂点 y がある．この y を始点とし，C の辺を含まないような，できるだけ長い道 C' を考えると，C' の終点は y でなければならない．C と C' を「つないで」新たな道 C'' を構成する．グラフの有限性より，この操作は有限回のステップで止まる．　　　□

　図 1.6 のグラフは，各頂点の次数が奇数であることから，オイラー閉路をもたない．

　ケーニヒスベルクの橋の問題の類似は有向グラフについても考えることができる．有向グラフ G がオイラー閉路をもつための必要十分条件は，G が連結で，かつ各頂点の**入次数**と**出次数**が等しくなることである[7]．

例 1.2　インスタント・インサニティ (Instant Insanity) は，各面に赤 (R)，青 (B)，緑 (G)，黄色 (Y) のいずれかが色付けされた四つのキューブ（立方体）を使って遊ぶパズルゲームである．各キューブには，すべての色を少なくとも 1 回塗らなければならない．そのようなキューブを四つ積み上げて，どの側面にも 4 色すべてが現れるようにせよ，というのがゲームのルール

---

[7]　［訳注］有向グラフ G の各頂点 x において，x を始点（終点）とする有向辺の総数を（x の）出次数（入次数）という．

である．たとえば，図 1.7 は所望のキューブの積み上げの例であり，各キューブは展開図で表されている．

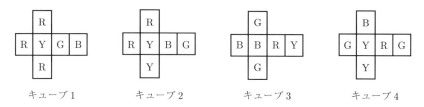

図 **1.7**

何の策もなくパズルに挑むのは無謀に思われる．そこで，たとえば，次のようなグラフを考える（図 1.8）．

最初の四つのグラフはそれぞれ四つのキューブに対応している．各グラフは四つの色を頂点集合としており，キューブの向かい合う面（色）の組で辺が定められている．右端のグラフ G はこれら四つのグラフを重ね合わせたものである．さて，G には，各頂点の次数が 2 であり，かつ 1 番から 4 番の辺を一つずつもつ正則部分グラフがある．とくに，そのような性質をもつ辺素な（辺を共有しない）正則部分グラフが 2 組ある．これら二つの部分グラフから，キューブたちの左側面と右側面（あるいは前面と背面）に現れ得る色の組み合わせの情報を抽出することができる．後はキューブを適当に回すだけで，パズルが解けてしまう．いまの例では，答えは一通りしかない．

オイラー閉路と似て見えるが実際にはかなり異なる概念を紹介しよう．すべての頂点をちょうど 1 回ずつ通る閉単純道を，**ハミルトン閉路**という．グラフ G がハミルトン閉路をもつための（自明な）必要十分条件は，G が多角形を全域部分グラフにもつことである．19 世紀中頃，ハミルトンは**正 12 面体グラフ**（図 1.9）におけるハミルトン閉路の存在問題を提示した．その後，ハミルトン閉路の存在問題は，一般のグラフについて考えられるようになった．

図 1.4 のグラフ（Petersen グラフ）が有名な理由の一つとして，これがハミルトン閉路をもたないことが挙げられる．ちなみに，このグラフは，

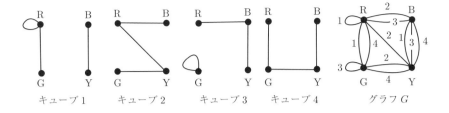

図 1.8

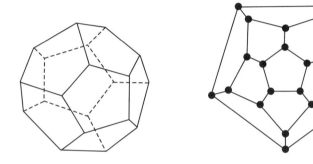

図 1.9

$n = 5, 6, 8, 9$ の場合に n 角形を含むが，$n = 7, 10$ では n 角形を含まない．

定理 1.2 の証明のアイデアを用いれば，オイラー閉路の存在性については比較的容易に判定できる（計算機を用いれば，グラフの次数の偶奇性や連結性を容易に判定することができ，オイラー閉路を生成することすらたやすくできてしまう）．しかしながら，ハミルトン閉路の存在問題については良い判定方法が知られておらず，NP 困難な問題であると知られている．詳しくは Garey–Johnson (1979) を参照されたい．

問題 1E 集合 $N := \{1, \ldots, n\}$ の異なる部分集合 $A_1, \ldots, A_n$ を考える．このとき，$A_i \setminus \{x\}$ $(1 \leq i \leq n)$ がすべて異なる $x \in N$ が存在することを示せ．証明のアイデアを記しておく．A_i 全体を頂点集合とし，A_i と A_j の対称差が $\{x\}$ であるときかつそのときに限り A_i と A_j を「色」x の辺で結んで，グラフ G を定める．多角形上の辺の色に着目しよう．G から適当な辺を取り除くことで，多角形が含まれず，かつ異なる色数が等しくなるよう

10 第 1 章 グラフ

にできることを示せ．そして問題 1C を用いよ（これは J. A. Bondy (1972) のアイデアである）．

問題 1F グラフ G に含まれる最小の多角形の長さを，G の**内周**という．いま，G を，内周 5 で，各頂点の次数が d 以上のグラフとする．このとき G が少なくとも d^2+1 個の頂点をもつことを示せ．また，ちょうど d^2+1 個の頂点をもつグラフ G は存在するか？

問題 1G 頂点数 2 以上の有限単純グラフにおいて，次数の等しい頂点が少なくとも二つあることを示せ．

問題 1H 頂点集合 $\{1, 2, \ldots, n\}$ 上のグラフは，i, j を結ぶ辺の総数を (i, j) 成分とする n 次対称行列 A で表される[8]．A^2 を組合せ論的に解釈せよ．

問題 1I $Q := \{1, 2, \ldots, q\}$ とおく．$V(G) := Q^n$ とし，$\boldsymbol{a} := (a_1, \ldots, a_n)$, $\boldsymbol{b} := (b_1, \ldots, b_n) \in V(G)$ に異なる座標位置が一つだけあるときかつそのときに限り $\{\boldsymbol{a}, \boldsymbol{b}\} \in E(G)$ として，グラフ G を定める．G がハミルトン閉路をもつことを示せ．

問題 1J n 個 $(n > 3)$ の頂点からなり次数 $n-1$ の頂点をもたないグラフ G を考える．G の任意の 2 頂点に対して，その両方と隣接する頂点がただ一つあると仮定する．このとき次の (1), (2) を示せ．

 (1) 非隣接な 2 頂点 x, y の次数が等しい．
 (2) G は正則である．

ノート

　エルデシュ (Paul Erdős, 1913–1996) は 20 世紀の最も多産な数学者であり，発表論文数は 1400 編を優に超える．エルデシュの功績は，組合せ論，数論，集合論など幅広い分野に及ぶ．エルデシュは世界中の数学者と共著論文を執筆した．エルデシュ数 1 の共著者は，エルデシュの死後も，それに恥じない活躍を続けている．エルデシュ数については面白いエピソードがた

---

[8] ［訳注］A を**隣接行列**という．

くさんある．興味のある読者は J. W. Grossman (1997) などを参照されたい．

オイラー (Leonhard Euler, 1703–1783) はスイスの数学者で，その生涯のほとんどをサンクトペテルブルグで過ごした．1766 年に視力を失ってもなお，彼の研究意欲と論文執筆のペースが衰えることはなかったという．およそ 250 年前，ケーニヒスベルクの橋の問題に関する論文が発表された．ケーニヒスベルクは，現在のロシアの町で，カリニングラードとその名を変えている．

グラフ理論のよい洋書はいくつか出版されている．ここでは，たとえば，Wilson (1979), Watkins–Wilson (1990) などを挙げておく．

ハミルトン卿 (Sir William Rowan Hamilton, 1805–1865) はアイルランドの数学者である．彼は幼い頃から天才と謳われ，弱冠 12 歳で 13 の言語をあやつり，22 歳でダブリン大学トリニティ・カレッジの教授職に就いた．ハミルトンが数理物理学において非凡な功績を残したことは多くの読者の知るところである．

参考文献

[1] M. Garey, D. S. Johnson (1979), *Computers and Intractability; A Guide to the Theory of NP-completeness*, W. H. Freeman and Co.

[2] J. W. Grossman (1997), P. Erdős: The Master of Collaboration, pp. 467–475 in *The Mathematics of Paul Erdős*, R. L. Graham and J. Nešetřil (eds.), Springer-Verlag.

[3] J. J. Watkins and R. J. Wilson (1990), *Graphs (An Introductory Approach)*, J. Wiley & Sons.

[4] R. J. Wilson (1979), *Introduction to Graph Theory*, Longman.

第2章 ラベル付き木と数え上げ

　本章[1]では，ケーリーによる「ある」定理 (1889) を紹介し，異なる証明を三つ与える（例 14.14 や例 38.2 でさらにいくつかの別証明を与える）．最初の二つの証明のアイデアは組合せ論でよく用いられるもので，ある対象を数え上げる際に，その対象全体の集合と，もっと数えやすい対象全体の集合との全単射をうまく作るというものである．

定理 2.1（ケーリーの定理） 頂点数 n のラベル付き木の総数は n^{n-2} である．

　「ラベル付き」は同型なグラフを同一視しないことを意味する．つまり，同じ頂点集合をもち，同じ辺集合をもつときかつそのときに限り，二つの木を同一視する．連結グラフ G の全域部分グラフ H が木であるとき，H を G の**全域木**という．とくに $V(G)$ のラベリングが固定されているとき，H を**ラベル付き木**という．ケーリーの定理は，完全グラフ K_n が n^{n-2} 個のラベル付き全域木を含むことを主張している．

例 2.1 頂点数 4 のラベル付き木は 16 個ある．

---

[1] ［訳注］原著での章題は単に "Tree"（木）となっている．

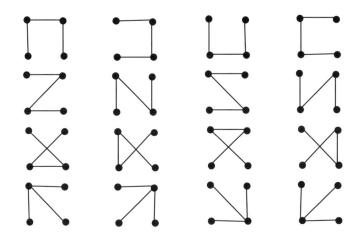

例 2.2 頂点数 5 の非同型な全域木はちょうど 3 個ある．

そのいずれか（T とおく）と同型で，かつ K_5 に含まれるラベル付き木の総数は，$5!/|\mathrm{Aut}(T)|$ となる（なぜか？）．たとえば，上図の左端の木と同型な全域木は $5!/4! = 5$ 個あり，残り二つの木と同型な全域木はそれぞれ $5!/2 = 60$ 個ずつあることがわかる．こうして 125 個のラベル付き木が得られる．

問題 2A 6 つの頂点からなる非同型な全域木を列挙し，各々と同型な K_6 のラベル付き木の総数を求めよ．

定理 2.1 の証明で必要な事実を押さえておく（おそらく読者は，問題 1C を解いたときに，これらの事実に気づいているのではないかと思われる）．頂点数 2 以上の木は次数 1 の頂点を少なくとも二つもつ[2]．このことは，問題 1C，および式 (1.1) を用いて簡単に示すことができる．次に，木 T から

---

[2] ［訳注］これを**木の端点補題**という．

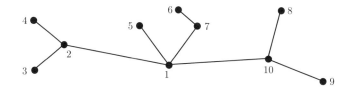

図 2.1

次数 1 の頂点 x と結合辺を除いて得られるグラフは，再び木構造になる．これを $T-x$ と書くことにする．さらに，木 T に新しく頂点を付け加えて，その頂点と T のいずれかの頂点を隣接させても，木を作ることができる．

証明 1 最初に紹介するのは，定理 2.1 の Heinz Prüfer (1918) による証明である．彼は任意のラベル付き木を **Prüfer**（プリューファー）コードとよばれる符号列に対応させるアルゴリズムを用いた[3]．完全グラフ K_n の頂点集合を $V=\{1,2,\ldots,n\}$ とおく．$T:=T_1$ を K_n のラベル付き全域木として，部分木の列 $T_1,T_2,\ldots,T_{n-1}$ と，2 種類の頂点列 $(x_1,x_2,\ldots,x_{n-1})$，$(y_1,y_2,\ldots,y_{n-1})$ を次のように定める．各 $1\leq i\leq n-1$ に対して，$n-i+1$ 頂点からなる木 T_i の次数 1 の最小ラベルの頂点を x_i とし，T_i から x_i と結合辺 $\{x_i,y_i\}$ を除いて得られる木を T_{i+1} とおく．K_n のラベル付き木全体の集合から V^{n-2} への写像 $\mathcal{P}$ を，

$$\mathcal{P}(T):=(y_1,y_2,\ldots,y_{n-2})$$

によって定める．この $\mathcal{P}$ が K_n のラベル付き木の集合から集合 V^{n-2} への全単射をなすことが示されれば，K_n のラベル付き木の総数が n^{n-2} であるとわかる．

たとえば，図 2.1 の木の場合，$(x_1,y_1)=(3,2)$，$(x_2,y_2)=(4,2)$，$(x_3,y_3)=(2,1),\ldots,(x_9,y_9)=(9,10)$ となる．これを整理すると

---

[3] ［訳注］Prüfer の証明の真髄は，勘定しにくい集合とそうでない集合の 1 対 1 対応をうまく作り出すところにあり，数え上げの基礎・基本とでもいうべきものである．

$$\begin{bmatrix} 3 & 4 & 2 & 5 & 6 & 7 & 1 & 8 & 9 \\ 2 & 2 & 1 & 1 & 7 & 1 & 10 & 10 & 10 \end{bmatrix}$$

となり，この場合，$\mathcal{P}(T) = (2,2,1,1,7,1,10,10)$ を得る．$y_9 = 10$ の情報が $\mathcal{P}(T)$ に反映されていないことに注意する．

写像 $\mathcal{P}$ が全単射をなすことを示すために，x_i と y_i について成り立つ簡単な事実を押さえておく．まず，頂点数 2 以上の木が次数 1 の頂点を二つ以上もつことから，$y_{n-1} = n$ が成り立つ．$x_k, x_{k+1}, \ldots, x_{n-1}, n$ は木 T_k の頂点で，$\{x_i, y_i\}$ $(k \le i \le n-1)$ は T_k の辺をなす．

各頂点 v は，$\deg_T(v)$ 個の辺 $\{x_i, y_i\}$ $(1 \le i \le n-1)$ と結合し，$x_1, x_2, \ldots, x_{n-1}, y_{n-1} (= n)$ に 1 回ずつ現れ，$y_1, y_2, \ldots, y_{n-2}$ に $\deg_T(v) - 1$ 回現れる．同様に，T_k の各頂点 v は $y_k, y_{k+1}, \ldots, y_{n-2}$ に $\deg_{T_k}(v) - 1$ 回現れる．とくに，T_k における次数 1 の頂点は，

$$\{x_1, x_2, \ldots, x_{k-1}\} \cup \{y_k, y_{k+1}, \ldots, y_{n-1}\}$$

に属さない．このことから，T_k における最小ラベルの次数 1 の頂点 x_k が上の集合に属さない V の最小の要素であるとわかる．とくに x_1 は $\mathcal{P}(T)$ の座標に現れない V の最小の要素である．ゆえに $\mathcal{P}(T)$ および $x_1, \ldots, x_{k-1}$ から，x_k を一意に復元することができる． $\square$

問題 2B $V := \{1,2,3,4,5,6,7\}$ とおく．頂点 2 と頂点 3 の次数が 3，頂点 5 の次数が 2，残りの頂点の次数が 1 であるような V 上のラベル付き木の総数を（図を書くのではなく）Prüfer コードを用いて求めよ．

証明 2 Prüfer の証明と同様，以下の証明も可逆的なアルゴリズムに基づいている．集合 $\{2, 3, \ldots, n-1\}$ から $\{1, 2, \ldots, n\}$ への写像 f の候補は n^{n-2} 通りある．われわれのゴールは，写像 f と，$(i, f(i))$ $(2 \le i \le n-1)$ を辺とする頂点集合 $\{1, \ldots, n\}$ 上の有向グラフ D の 1 対 1 対応をうまく作ることである．図 2.3 に $n = 21$ の例を示す．

D には頂点 1 と頂点 n をそれぞれ「根」とする**根付き有向木** (arborescence) が含まれている．すなわち，有向木の各頂点から頂点 1（頂点 n）への有向道がある．これ以外の連結成分（k 個）は，有向サイクルに有向木をいくつ

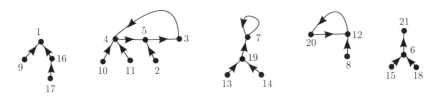

図 2.2

か貼り合わせた構造になる．各「貼り合わせ構造」について，図 2.2 のように，有向サイクルの頂点を最小ラベルのものが最右端にくるように直線的に配置する．i 番目のサイクルの最右端のラベルを r_i，最左端のラベルを l_i とおく．なお k 個のサイクルは $r_1 < r_2 < \cdots < r_k$ を満たすように配置しておく．グラフ D に有向辺 $(1, l_1), (r_1, l_2), \ldots, (r_{k-1}, l_k), (r_k, n)$ を新しく加え，さらに辺 (r_i, l_i) をすべて取り除けば，図 2.3 の有向全域木を得る．有向辺を「無向化」すればラベル付き木を得ることができる．

逆に図 2.3 の木が与えられたとき，頂点 1 から頂点 n $(= 21)$ への道を考える．この道に沿って 1（$r_0 = 1$ とおく）の次に小さなラベルの頂点を r_1 とおく．続いて頂点 r_1 から n への道を考え，その上で r_1 の次に小さなラベルの頂点を r_2 とおく．この操作を繰り返して得られる数列 $r_0, r_1, \ldots, n$ から写像 f を復元することができる． □

定理 2.1 の一般化に興味のある読者は，Eğecioğlu, Remmel (1986) を参照されたい．

問題 2C $x_1, \ldots, x_n$ を頂点とする有向グラフ G が**有向オイラー閉路**をもつとする．頂点 x_i を根とする G の根付き全域有向木の個数は x_i の選び方によらないことを示せ．ただし，すべての $j \neq i$ について x_j から x_i への有向道が存在するとき，x_i を根とする全域木 T を（根 x_i の）根付き全域有向木という．

証明 3 上の証明法とは異なる数え上げの手法で定理を証明しよう[4]．

---

[4] ［訳注］数え上げについては第 13 章，第 14 章で詳しく扱う．

18 第 2 章 ラベル付き木と数え上げ

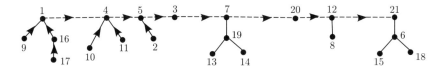

図 **2.3**

$$(x_1 + x_2 + \cdots + x_k)^n = \sum \binom{n}{r_1, r_2, \ldots, r_k} x_1^{r_1} x_2^{r_2} \cdots x_k^{r_k} \qquad (2.1)$$

で定義される自然数 $\binom{n}{r_1, r_2, \ldots, r_k}$ を**多項係数**という.ただし,右辺の和は,$\sum r_i = n$ を満たすベクトル $(r_1, \ldots, r_k)$ 全体を動くものとする.

$(x_1 + \cdots + x_k)^n = (x_1 + \cdots + x_k)^{n-1}(x_1 + \cdots + x_k)$ より,

$$\binom{n}{r_1, \ldots, r_k} = \sum_{i=1}^{k} \binom{n-1}{r_1, \ldots, r_i - 1, \ldots, r_k} \qquad (2.2)$$

が成り立つ.次数 $d_1, \ldots, d_n$ の n 頂点からなるラベル付き木の個数を $t(n; d_1, \ldots, d_n)$ と表す.少なくとも一つの d_i が 0 のとき,明らかに $t(n; d_1, \ldots, d_n) = 0$. $t(n; d_1, \ldots, d_n)$ は,多重集合 $\{d_1, \ldots, d_n\}$ の選び方にのみ依存し,d_i の順序にはよらない.一般性を失うことなく $d_1 \geq \cdots \geq d_n$ としてよく,このとき $d_n = 1$ が成り立つ.d_n に対応する頂点を v_n とおく.頂点 v_n は次数 d_i (≥ 2) のある頂点 u に隣接し,v_n 以外のすべての頂点が v_i の候補となる.こうして,

$$t(n; d_1, \ldots, d_n) = \sum_{i=1}^{n-1} t(n-1; d_1, \ldots, d_i - 1, \ldots, d_{n-1}) \qquad (2.3)$$

を得る.$n = 3$ のとき,

$$t(n; d_1, \ldots, d_n) = \binom{n-2}{d_1 - 1, \ldots, d_n - 1} \qquad (2.4)$$

であることが容易に確かめられる.(2.2), (2.3),および帰納法の仮定から,一般の n についても (2.4) が成り立つ.最後に,(2.1) において,n を $n-2$

に, k を n に, r_i を $d_i - 1$ に, x_i を 1 にそれぞれ置き換えれば,

$$n^{n-2} = \sum t(n; d_1, \ldots, d_n)$$

を得る. $\qquad\qquad\qquad\qquad\qquad\qquad\qquad\qquad\qquad\qquad\qquad\square$

式 (2.4) と問題 2B の答えを比較せよ.

グラフ G が与えられたとき, その任意の頂点 v を始点として, v と v から距離 1 の頂点を辺で結び, v と v から距離 2 の頂点を辺で結んで, といった具合に繰り返すと, 簡単に全域木を作ることができる. また, G から適当な辺を除去することによって, G の全域木を得ることもできる. このようにグラフの全域木の探索手法はたくさん知られている.

閉路を部分グラフにもたないグラフを**森** (forest) という. 森の連結成分を $F_1, \ldots, F_k$ とすると, 各 F_i は木であり, 恒等式

$$(|V(F_1)| - 1) + \cdots + (|V(F_k)| - 1) = |V(F)| - k$$

を得る.

グラフ G と写像 $c : E(D) \to \mathbb{R}$ の組を**重み付きグラフ**といい, $c(e)$ を辺 e の**コスト**あるいは**重み**という (ここではコストという用語を使う). G が重み付き連結グラフであるとき, G の全域木 T のコストを

$$c(T) := \sum_{e \in E(T)} c(e)$$

によって定める. たとえば, グラフを都市の電話回線のネットワークだと思うことにすると, $c(\{x, y\})$ は都市 x, y の間に回線を引くためのコストを表していると解釈することもできる. この場合, **最低コスト全域木**の探索問題はきわめて重要な課題であろう.

次に述べる手法は**貪欲法** (greedy algorithm) とよばれている. 貪欲法とは, 各ステップにおいて残された選択肢の中から最善手を取り続けるアルゴリズムの総称であり, さまざまなバリエーションがある. このような単純なアルゴリズムで最低コストの全域木が得られることは, 実に驚くべきことである (後述の定理 2.2 参照). グラフ G が与えられたとき, $S \subseteq E(G)$ を辺

20 第2章 ラベル付き木と数え上げ

集合とする全域部分グラフを $G : S$ とおく．$G : S$ が森であるとき，S を**独立** (independent) であるという．

貪欲法． G を頂点数 n の重み付き連結グラフとする．i 番目 $(0 \le i \le n-1)$ のステップにおいて，i 個の独立な辺 $e_1, \ldots, e_i$ があり，かつ $G : \{e_1, \ldots, e_i\}$ が $n - i$ 個の連結成分からなるようにする[5]．$i < n - 1$ ならば，$G : \{e_1, \ldots, e_i\}$ の異なる連結成分に一つずつ端点をもつ辺 e_{i+1} を $\{e_1, \ldots, e_i\}$ に加える．ただし，e_{i+1} として，すべての候補の中から最も低コストの辺 e_{i+1} を採用する．この手順を $n - 1$ 本の辺を選ぶまで繰り返す．

定理 2.2 上述の貪欲法で得られた辺 $e_1, \ldots, e_{n-1}$ に対して，全域木 $G : \{e_1, \ldots, e_{n-1}\}$ を T_0 とおく．このとき任意の全域木 T に対して $c(T_0) \le c(T)$ が成り立つ．

証明 $\{a_1, \ldots, a_{n-1}\}$ を全域木 T の辺集合とする．一般性を失うことなく $c(a_1) \le \cdots \le c(a_{n-1})$ としてよい．このとき，各 $1 \le i \le n - 1$ に対して $c(e_i) \le c(a_i)$ が成り立つことを示せばよい（所望の結果よりも少し強いことを示す）．主張が正しくないと仮定しよう．すると

$$c(e_k) > c(a_k) \ge \cdots \ge c(a_1)$$

を満たす整数 k が存在する．e_k が選ばれた時点で $a_1, \ldots, a_k$ が選ばれなかったのだから，$a_1, \ldots, a_k$ は $G : \{e_1, \ldots, e_{k-1}\}$ の連結成分にすでに含まれていることになる．よって $G : \{a_1, \ldots, a_k\}$ の連結成分の総数は，$G : \{e_1, \ldots, e_{k-1}\}$ の連結成分の総数 $n - k + 1$ 以上でなければならない．しかしながら，これは $a_1, \ldots, a_k$ が独立であることに矛盾する．□

問題 2D 上述の貪欲法の類似を与えよう．x_1 を頂点数 n の重み付き連結グラフ G の頂点とし，T_1 を頂点 x_1 のみからなる G の部分グラフとする．G の部分木 T_k $(k < n)$ が定義されたのち，$V(T_k)$ と $V(G) \setminus V(T_k)$ に一つずつ端点をもつ辺の中から最低コストの辺 e_k を選び，T_k に e_k（と $V(G) \setminus V(T_k)$ に属する端点）を加えて木 T_{k+1} を構成する．一連の作業ののち，最終的に得られる全域木 T_n が最低コストをもつことを示せ．

---

[5] ［訳注］便宜的に $i = 0$ をアルゴリズムの始点とする．

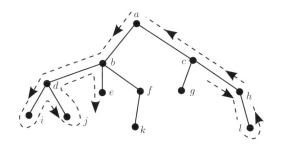

図 2.4

　実際の応用の場面では特定の頂点を始点として全域木の探索を行うことが多い．全域木の探索方法として，深さ優先探索と幅優先探索がよく知られている．

　たとえば図 2.4 を見てほしい．**深さ優先探索**は，図 2.4 の木を「塀」の類だと思って，その周囲を左回りに $abdidjdbebfk\cdots lhca$ の順に移動するような探索方法である．探索する順に頂点に番号を付けると，$a = 1$, $b = 2$, $d = 3$, $i = 4$, ..., $l = 12$ となる．深さ優先探索は木の平面的な描画に強く依存している．

　幅優先探索は，図 2.4 の各頂点をアルファベット順に探索するような探索方法である．

　これらのアイデアは，連結グラフの頂点の探索にさまざまな格好で応用される[6]．

　G を有限連結グラフとする．頂点 v_0 を任意に一つ選び，頂点 v_0 のみからなる（辺のない）木を T_0 とおく．一般に，$k + 1$ 個の頂点 $v_0, v_1, \ldots, v_k$ とそれらを頂点集合とする木 T_k（G の部分グラフとして）が選ばれたとする．$v_0, v_1, \ldots, v_k$ から，$V(G) \setminus V(T_k)$ に隣接点をもち，かつ最大の添え字 $\ell \ (\leq k)$ をもつ頂点 v_ℓ をとる．$V(G) \setminus V(T_k)$ から v_ℓ の隣接頂点を一つとる（v_{k+1} とおく）．T_k に頂点 v_{k+1} と辺 $\{v_\ell, v_{k+1}\}$ を新しく付加して得られる木を T_{k+1} とおく．この操作を繰り返して得られる全域木を，G の**深さ優先探索木**という．グラフ G の深さ優先探索木 T は v_0 を根とする木（**根**

---

[6] ［訳注］たとえば第 9 章を参照．

22　第 2 章　ラベル付き木と数え上げ

付き木) である.

　深さ優先探索木の基本的な性質をいくつか紹介し, グラフの「向き付け」
に関するある結果の構成的な証明を考えよう. 根 v_0 の根付き木 T が与えら
れたとき, 頂点 x から根 v_0 への (ただ一つの) 道 P に含まれる頂点を, x
の**先祖**という. 頂点 x が頂点 y の先祖であるとき, y を x の**子孫**という. x
はそれ自身の先祖であり, 子孫でもあると考える. 道 P において x の「次」
の頂点を, x の**親**という.

命題 2.3　G を有限連結グラフとし, x, y を隣接 2 頂点とする. このとき,
任意の深さ優先探索木において, 一方の頂点は他方の頂点の子孫となる.

証明　深さ優先探索木 T を構成する過程において, 頂点 x の添え字が頂点
y の添え字よりも小さくなったと仮定しよう.

　$x = v_k$ とおく. $v_0, \ldots, v_k$ が選ばれた時点で, まだ添え字付けられて
いない頂点に隣接し, かつ最大の添え字をもつ頂点を $v_0, \ldots, v_k$ から選ぶ
(v_ℓ とおく). このとき明らかに $v_\ell = v_k$ が成り立ち, T において頂点 v_{k+1}
は v_k に隣接している. $v_{k+1} = y$ ならば頂点 y は v_k の子孫であり, 証明が
終わる. そうでなければ, v_k はまだ添え字付けられていない頂点 (y とお
く) と隣接するので, $\ell = k, k+1$ のいずれかが成り立つ. すなわち頂点
v_{k+2} は, T において v_k か v_{k+1} のいずれかと隣接する. $v_{k+2} = y$ ならば y
は v_k の子孫であり, 証明が終わる.

　帰納的に, y が添え字付けられていない限り, $v_k, v_{k+1}, \ldots, v_{k+j}$ は v_k の
子孫であり, 添え字 ℓ は $k, k+1, \ldots, k+j$ のいずれかに等しくなる. この
とき, 次に添え字付けられる頂点 v_{k+j+1} は $v_k, v_{k+1}, \ldots, v_{k+j}$ のいずれか
と隣接しており, したがって, v_k の子孫である. グラフは有限なので, こ
うして得られる頂点列 $v_{k+1}, v_{k+2}, \ldots$ はやがて y を含む.　　　　　□

　連結グラフ G から辺 e を除いて非連結グラフが得られるとき, 辺 e をグ
ラフ G の**橋**という[7].

命題 2.4　G を連結グラフとする. $\{x, y\}$ を深さ優先探索木 T の辺とし, G

---

[7]　[訳注] 橋の英訳として bridge がよく使われるが, 原著者らは isthmus (峡) という用語を
用いている. 峡には山と山で挟まれた場所といった意味がある.

の橋ではないとする．x を y の親とする．このとき，y の子孫 a と x の先祖 b を結ぶ辺 $e \in E(G) \setminus E(T)$ が存在する．

証明 頂点 y の子孫の集合を D とおく．このとき，$y \in D$, $x \notin D$ が成り立つ．辺 $\{x, y\}$ はグラフ G の橋ではないので，$a \in D$, $b \notin D$ を満たす辺 $\{a, b\} \neq \{x, y\}$ が存在する．明らかに $\{a, b\} \notin E(T)$ である．また，命題 2.3 より，頂点 b は頂点 a の先祖である．そうでないとすると，b が y の子孫となり，それゆえに D に属することになって矛盾が生じる．T において a から v_0 への（ただ一つの）道は y（a の先祖）を通り，その後 x（y の親）を通る．b は a の先祖なので，この道上の頂点でなければならない．よって b は x の先祖でなければならない． $\square$

無向グラフ G の各辺を有向辺に置き換えること，またそのようにして得られた有向グラフを，G の**向き付け** (orientation) という．有向グラフ D における歩道は，各辺が歩道の始点から終点に沿って同じ向きになっているとき，**強歩道**とよばれる．任意の 2 頂点 x, y に対して x から y への強歩道が存在するとき，有向グラフ D を**強連結**であるという．

定理 2.5 橋をもたない有限連結グラフ G は強連結な向き付けをもつ．

証明 G の向き付け D を次のように定める．深さ優先探索木 T を構成し，G の頂点を $v_0, v_1, \ldots$ と添え字付ける．$\{v_i, v_j\} \in E(G)$ $(i < j)$ に対して，$\{v_i, v_j\} \in E(T)$ ならば $(v_i, v_j) \in E(D)$，$\{v_i, v_j\} \notin E(T)$ ならば $(v_j, v_i) \in E(D)$ と定義する．

D が強連結であることを示そう．根 v_0 から G の任意の頂点 x への強歩道が存在するので（木 T の辺のみ用いて），x から v_0 への強歩道を見つければ十分である．

v_k $(k > 0)$ を親にもつ頂点 y を考える．命題 2.4 より，v_k の先祖 $b = v_i$ と y の子孫 a を両端点にもつ辺 $\{a, b\} \in E(G) \setminus E(T)$ が存在する．T において，v_k から a への強歩道に有向辺 (a, v_i) を付け加えることにより，D における v_k から v_i への強歩道を得る．$i < k$ であることに注意しよう．$i = 0$ ならば証明が終わる．そうでなければ，同様の議論により，v_i から v_j $(j < i)$ への強歩道を得ることができる．これらの強歩道をつないでいくと，v_k

24　第 2 章　ラベル付き木と数え上げ

から v_j への強歩道が得られる．あとは同じ操作を v_0 に達するまで繰り返せ
ばよい．　　　　　　　　　　　　　　　　　　　　　　　　　□

問題 2E　頂点数 n の木 T を考える．$|f(x) - f(y)|$ の値を辺 $\{x, y\}$ ごとに
異なるように定めることができるとき，写像 $f : V(T) \to \{1, 2, \ldots, n\}$ を T
の **graceful ラベリング** (graceful labeling) という．道 T が graceful ラベリ
ングをもつことを示せ[8]．

問題 2F　木 G について，次数 $2, 3, \ldots, m$ の頂点が一つずつあり，そのほ
かの頂点の次数がすべて 1 であると仮定する．G の頂点数を求めよ．

問題 2G　グラフ G において，次数 $2, 3, \ldots, m$ の頂点が一つずつあり，そ
のほかの頂点（k 個）の次数がすべて 1 であると仮定する．$k \geq \lfloor \frac{m+3}{2} \rfloor$ が
成り立つことを示せ．また，条件を満たすグラフを具体的に構成せよ．

問題 2H　頂点数 $2n$ のラベル付き根付き**三価木** (trivalent tree)[9] を考える
（図 14.3 参照）．コード $\mathcal{P}(T)$ の 1 行目が $1, 2, \ldots, 2n-1$ であるようなラベ
リングに着目して，所望の木を数え上げよ．

ノート

　ケーリー (Arthur Cayley, 1821–1895) はイギリスの数学者で，1863 年か
らその生涯を終えるまでケンブリッジ大学で教授職を務めた．ケーリーは
19 世紀を代表する数学者の一人であり，楕円関数論，解析幾何，不変式論
などの代数学において多大な功績を残した．ラベル付き木の数え上げに関す
る彼の論文は 1889 年に発表されたが，その証明は現代数学でいうところの
「証明」とは程遠いものであった．ケーリーの定理（定理 2.1）について，
これまでにさまざまな別証明が見つかっている．本書ではそのうち五つ程
度を紹介するが，とりわけ Prüfer による証明は有名である．Heinz Prüfer
は Issai Schur の学生で，後にミュンスター大学の教授職に就いた．

---

[8]　［訳注］一般に，すべての木が graceful ラベリングをもつと予想されている（**Ringel–
Kotzig 予想**）．
[9]　［訳注］各頂点の次数が 1 か 3 の木．

参考文献

[1] A. Cayley (1889), A theorem on trees, *Quart. J. Pure and Appl. Math.* **23**, 376–378.

[2] Ö. Eğecioğlu, J. B. Remmel (1986), Bijections for Cayley trees, spanning trees, and their *q*-analogues, *J. Combin. Theory Ser. A* **42**, 15–30.

[3] H. Prüfer (1918), Neuer Beweis eines Satzes über Permutationen, *Archiv der Math. und Phys.* (3) **27**, 142–144.

第3章 グラフの彩色と Ramsey 理論

本章ではグラフの彩色に関するトピックスをいくつか紹介する.

グラフ G の頂点集合 $V(G)$ から有限集合 C への写像は, 任意の隣接 2 頂点に対してそれらの像が異なるとき, **彩色**とよばれる. 明らかにループのあるグラフは彩色をもたない. 集合 C の各要素を色という. $|C| = k$ のとき, G を **k 彩色可能**であるという.

k 彩色可能であって $(k-1)$ 彩色不可能なグラフ G を, **染色数 k のグラフ**という. G の染色数を $\chi(G)$ で表す.

$\chi(G) \leq 2$ を満たすグラフ G を**二部グラフ**という. $\chi(G) = 1$ のとき, 明らかにグラフ G には辺がない. また, 容易にわかるように, 奇数長の閉路 (多角形) を含まないグラフは必ず二部グラフになる.

有名な**四色定理** (K. Appel, W. Haken, 1977) は, 平面グラフ G の染色数が高々 4 であることを主張している.

たとえば, 完全グラフ K_n の染色数は n である. また, k が奇数のとき, $\chi(P_k) = 3$ が成り立つ. 次の事実は J. Brooks (1941) によるもので, 任意のグラフ $G (\neq P_k, K_n)$ の染色数は最大次数以下であることを示している.

定理 3.1（**Brooks の定理**） $d \geq 3$ を自然数とする. K_{d+1} を部分グラフにもたず, かつすべての頂点の次数が d 以下のグラフを, G とおく. このとき $\chi(G) \leq d$ が成り立つ.

証明 主張が正しくないと仮定し,「最小」の反例を考える（このような議論は組合せ解析におけるさまざまな定理の証明に用いられる）. いまの場合,

28 第3章 グラフの彩色と Ramsey 理論

すべての頂点の次数が d 以下であり，K_{d+1} を含まず，$\chi(G) \geq d+1$ を満たす頂点数最小のグラフ G を考える．また，定理の証明は色の「反転テクニック」に基づいている．つまり，$S \subset C$ の色で色付けされた頂点全体の誘導部分グラフを考え，その一つの連結成分において（S の）色を置換することで新たな彩色を得るテクニックである．

頂点 $x \in V(G)$ の近傍を $\Gamma(x) = \{x_1, \ldots, x_l\}$ $(l \leq d)$ とおく．G の最小性から，頂点 x とそのすべての結合辺を G から取り除いて得られるグラフ H は d 彩色可能である．H の彩色に使われた色を 1, 2, $\ldots$, d とおく．これらの色のうち，少なくとも一つが $\Gamma(x)$ の頂点に塗られていなければ，それを x に塗ることで G の d 彩色が得られることになり，矛盾が生じる．よって，$l = d$ であり，各 $1 \leq i \leq d$ に対して頂点 x_i に色 i が塗られているとしてよい．

色 i, j の頂点全体の集合に着目し，それらが誘導する H の部分グラフを H_{ij} とおく．H_{ij} において頂点 x_i, x_j が異なる連結成分に含まれているとする．このとき，片方の連結成分の色 i と色 j を「反転」させると，$\Gamma(x)$ の頂点を $d-1$ 色で塗り分けられてしまう．よって，x_i, x_j は（H_{ij} において）同じ連結成分 C_{ij} に属していなければならない．以下で連結成分 C_{ij} が単純道をなすことを示そう．H において，x_i の近傍に色 j の頂点が少なくとも二つ以上あったとすると，x_i の近傍には高々 $d-2$ 個の色が使われていることになり，矛盾．C_{ij} において，x_i から x_j への道に次数 3 以上の頂点 y $(\neq x_i, x_j)$ が存在するならば，H において y の近傍に高々 $d-2$ 色使われていることになる．このとき，y の色が i, j 以外で塗りかえられることになり，H_{ij} の連結性が破綻してしまう．よって，そのような y は存在せず，C_{ij} は単純道になる．

異なる j, k に対して $\{x_i\} = V(C_{ij}) \cap V(C_{ik})$ が成り立つことを示す．逆に，$V(C_{ij}) \cap V(C_{ik})$ に x_i 以外の頂点 z が含まれたとする．このとき，頂点 z は色 j と色 k の隣接点をそれぞれ二つずつもつ．H において，z の近傍には高々 $d-2$ 個の色が使われていることになる．すると，z が i, j, k 以外の色で塗りかえられることになり，矛盾が導かれる．

仮定より G は K_{d+1} を部分グラフにもたないので，x_1 と x_2 が隣接しないとしてよい．状況を図示すると図 3.1 のようになる．ただし，a は $\Gamma(x_1)$

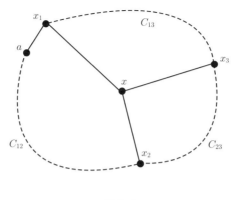

図 3.1

に属する色 2 の頂点を表している.

さて,C_{13} の色 1 と色 3 を反転させよう.こうして得られる道 C'_{ij} について,明らかに $a \in V(C'_{23})$ が成り立つ.一方,C_{12} において x_1 以外の頂点の色は変わっていないから,$a \in V(C'_{12})$.よって,$\{x_2\} \neq V(C'_{12}) \cap V(C'_{23})$ であるが,これは上で示したことに反する.よって最小の反例が存在しないとわかる. □

Brooks の定理にはほかにも別証明が知られている.以下,これを紹介するために,まずは次の問題に取り組んでもらおう.

問題 3A $d \geq 3$ を整数とする.各頂点の次数が d 以下で,K_{d+1} でなく,d 彩色不可能な単純連結グラフの中で頂点数最小のグラフ H を考える[1].(1) グラフ H は不可分 (inseparable) であることを示せ[2].(2) $V(H)$ の分割 $X \cup Y$ ($|Y| \geq 3$) において,Y の 3 頂点 a, b, c で各々 X に隣接点をもつものが存在することを示せ.

定理 3.1 の証明 2 d, H を問題 3A と同様にとる.H が完全グラフでないとする.このとき,x_1 と x_{n-1}, x_n は隣接するが,x_{n-1} と x_n は隣接していない三つの頂点 $x_1, x_{n-1}, x_n \in V(H)$ が存在する.残りの $n-3$ 個の頂点

---

[1] [訳注] 以下で,この H が頂点数 $d+1$ の完全グラフであることを示すことになる.
[2] [訳注] グラフ G から任意の頂点 x とその結合辺をすべて取り除いて得られたグラフが連結であるとき,G は不可分であるという.

30 第 3 章　グラフの彩色と Ramsey 理論

を，頂点列

$$x_1, x_2, \ldots, x_{n-1}, x_n$$

において各頂点 x_k $(k \geq 2)$ に少なくとも一つの頂点 x_i $(i < k)$ が隣接するように添え字付けることができる．実際，$x_1, \ldots, x_k$ $(k < n-2)$ が選ばれたとき，x_{n-1}, x_n 以外の頂点 $x_1, x_2, \ldots, x_k$ のいずれかに隣接するものを勝手に一つ選んで x_{k+1} とすればよい．

最後にグラフ H が d 彩色可能であることを示す．実際，上で定義された頂点列の末項から次のように彩色を構成すればよい．まず，x_{n-1}, x_n に同じ色を塗る．一般に，頂点 $x_{k+1}, \ldots, x_{n-1}, x_n$ $(k \geq 2)$ に色が割り振られたとき，x_k のすでに色付けされた隣接点は高々 $d-1$ 個あるので，余った色を x_k に塗ればよい．最後に，x_{n-1} と x_n には同じ色が塗られていたので，無盾なく x_1 にも色付けすることができる． $\square$

さて，上記の議論とは異なる彩色問題を考えよう．すなわち Ramsey の定理とよばれる組合せ論の重要な定理を導入する．まずは次の問題を考えてみよう．

以下では，赤三角形と青三角形をあわせて単色三角形（または単色 K_3）などとよぶことにする．

問題 3B　完全グラフ K_7 の辺を赤と青の 2 色で塗り分けると[3]，単色三角形が少なくとも 4 個あることを示せ．さらに，単色三角形がちょうど 4 個あるような 2 辺着色を与えよ．

この話題の導入によく現れるのは完全グラフ K_6 の 2 辺着色である．K_6 の 2 辺着色には**単色三角形が少なくとも一つ**含まれていることを示そう．実際，頂点 a を任意に一つとると，a には少なくとも三つの赤辺が結合していると思ってよい．それらの端点を b, c, d とおく．これら 3 頂点上のクリーク K_3 が「青三角形」なら，証明終了．そうでなければ，b, c, d の間には少なくとも赤辺が 1 本あることになり，この辺と a の適当な結合辺 2 本が「赤三角形」をなす．

---

[3]　［訳注］（K_7 の）2 辺着色という．

定理 3.2 K_n の 2 辺着色において，頂点 i $(1 \le i \le n)$ に結合している赤辺の本数を r_i とし，単色三角形の総数を Δ とおく．このとき，

$$\Delta = \binom{n}{3} - \frac{1}{2} \sum_{i=1}^{n} r_i(n - 1 - r_i). \tag{3.1}$$

証明 K_n の非単色三角形において，赤辺と青辺のペアがちょうど 2 組ある．頂点 i を端点とする赤辺と青辺のペアの総数は $r_i(n - 1 - r_i)$ 通りあるので，定理の主張を得る．（これらのペアは式 (3.1) の和の部分で 2 度ずつ勘定されている） □

系

$$\Delta \ge \binom{n}{3} - \left\lfloor \frac{n}{2} \left\lfloor \left(\frac{n-1}{2}\right)^2 \right\rfloor \right\rfloor. \tag{3.2}$$

証明 式 (3.1) より，(1) n が奇数で，かつ任意の i に対して $r_i = n - 1 - r_i$ が成り立つとき，または，(2) n が偶数で，かつ任意の i に対して $r_i \in \{\frac{n}{2}, \frac{n}{2} - 1\}$ が成り立つときに，Δ は最小化される[4]． □

この定理 3.2 の系から，K_6 の 2 辺着色には単色三角形が少なくとも二つ含まれるとわかる．

次の結果は F. Ramsey (1930) によるものであり，Ramsey の定理とよばれている．

定理 3.3（Ramsey の定理） $n, s, r, q_i \ge r$ $(1 \le i \le s)$ を自然数とする．S を要素数 n の有限集合とし，その $\binom{n}{r}$ 個の r 元部分集合を s 個のクラス $T_1, \ldots, T_s$ に分割する[5]．このとき次の条件を満たす最小の自然数 $N(q_1, \ldots, q_s; r)$ が存在する．すなわち $n \ge N(q_1, \ldots, q_s; r)$ ならば，適当な $1 \le i \le s$ と，そのすべての r 元部分集合が T_i に属するような q_i 元部分集合が存在する．

---

[4] ［訳注］Δ の整数性から，一つめのケースは起こり得ない．式 (3.2) がこれ以上改良できないこともわかる．

[5] ［訳注］T の各要素を「色」とよぶことにする．

32 第 3 章 グラフの彩色と Ramsey 理論

（まずは，定理の証明に進む前に，冒頭で述べた K_6 のくだりを思い出して $N(3,3;2) = 6$ の証明にチャレンジしてみてほしい．）

証明 一般の s についても証明の本質は変わらないので，$s = 2$ の場合にのみ証明を与える．

(a) $r = 1$ のとき，$N(p,q;1) = p + q - 1$ であり定理の主張は明らか．

(b) 任意の r と $p,q \geq r$ に対して，$N(p,r;r) = p$, $N(r,q;r) = q$ が成り立つことも容易にわかる．

(c) r に関する帰納法を用いる．$r - 1$ のとき題意が成り立つと仮定する．$p + q$ に関する帰納法により，$\tilde{p} := N(p-1,q;r)$, $\tilde{q} := N(p,q-1;r)$ を定義することができる．$n \geq 1 + N(\tilde{p}, \tilde{q}; r-1)$ とする．S の r 元部分集合を赤か青ですべて塗り分ける．K_6 の場合と同様に，S の要素 a を任意に一つとる．$S' := S \setminus \{a\}$ の $(r-1)$ 元部分集合 X に $X \cup \{a\}$ と同じ色を塗って，S' の $(r-1)$ 元部分集合の族への一つの着色を定める．帰納法の仮定により，S' は，$(r-1)$ 元部分集合がすべて赤色であるようなサイズ $\tilde{p}$ の部分集合 A か，$(r-1)$ 元部分集合がすべて青色であるようなサイズ $\tilde{q}$ の部分集合 B を含んでいる．一般性を失うことなく，前者であるとしてよい．$\tilde{p} = N(p-1,q;r)$ の定義から，二つの場合が考えられる．一つは A の r 元部分集合がすべて青色であるようなサイズ q の部分集合が存在するケースで，この場合，ただちに証明は終了する．A の r 元部分集合がすべて赤色であるようなサイズ $p-1$ の部分集合 A' が存在する場合，$A' \subset A$ なので，$A' \cup \{a\}$ のすべての r 元部分集合が赤色になる．なお，上の議論から，

$$N(p,q;r) \leq N(N(p-1,q;r), N(p,q-1;r); r-1) + 1 \qquad (3.3)$$

が示されたことにも注意しておく[6]． □

とくに $r = 2$ のとき，式 (3.3) は通常のグラフの 2 辺着色に関する不等式になる．定理の証明の (a) より，

---

[6] ［訳注］定理 3.3 の $N(q_1, \ldots, q_s; r)$ を **Ramsey** 数という．

$$N(p, q; 2) \leq N(p - 1, q; 2) + N(p, q - 1; 2) \tag{3.4}$$

が成り立つ.

問題 3C　式 (3.4) の右辺の項がともに偶数の場合，等号が成り立たないことを示せ.

定理 3.4

$$N(p, q; 2) \leq \binom{p + q - 2}{p - 1}.$$

証明　$N(p, 2; 2) = p$ に注意する. 二項係数は式 (3.4) の「$\leq$」を「$=$」に置き換えて得られる等式を満たすので，定理の主張を得る.　　　　□

$N(p, q; 2)$ についてわかることを挙げてみよう. 問題 3C から，$N(3, 4; 2)$ ≤ 9 を得る. 一方，K_8 の頂点集合を剰余環 $\mathbb{Z}/8\mathbb{Z}$ と同一視して[7]，$i - j \equiv$ $\pm 3, 4 \pmod 8$ のときかつそのときに限り辺 $\{i, j\}$ を赤で塗ることにする. この 2 辺着色には赤色 K_3，青色 K_4 が含まれていないから，$N(3, 4; 2) = 9$ を得る.

問題 3D　上と同様のアプローチにより，$N(4, 4; 2) = 18$, $N(3, 5; 2) = 14$ を示せ.

これまでに知られている Ramsey 数 $(p, q \geq 3)$ は

$$N(3, 6; 2) = 18, \quad N(3, 7; 2) = 23, \quad N(3, 8; 2) = 28,$$
$$N(3, 9; 2) = 36, \quad N(4, 5; 2) = 25$$

だけで，ほかの p, q について $N(p, q; 2)$ の値はわかっていない.

$N(p, p; 2)$ の漸近的な挙動の解析が当該研究分野における一つの中心的なテーマになっているが，およそ 30 年もの間大きな進展がない. 定理 3.4 からただちにわかるように，

---

[7]　［訳注］組合せ論では剰余環 $\mathbb{Z}/n\mathbb{Z}$ を $\mathbb{Z}_n$ と書くことが少なくない.

34 第3章 グラフの彩色と Ramsey 理論

$$N(p, p; 2) \le \binom{2p-2}{p-1} \le 2^{2p-2}. \tag{3.5}$$

さて，「確率的手法」という組合せ論の手法を用いて，$N(p, p; 2)$ が指数関数的に増大することを示そう．完全グラフ K_n について，2辺着色は $2^{\binom{n}{2}}$ 通りある．K_n のクリーク K_p を任意に一つとると，これが単色になるような2辺着色は $2^{\binom{n}{2} - \binom{p}{2} + 1}$ 個ある．これを重複を許して多めに見積もると，少なくとも一つの K_p が単色であるような2辺着色は高々 $\binom{n}{p} 2^{\binom{n}{2} - \binom{p}{2} + 1}$ 個存在する．この数が2辺着色の総数 $2^{\binom{n}{2}}$ よりも小さければ，単色 K_p を含まない2辺着色が存在することになる．$\binom{n}{p} < n^p/p!$ に注意すると，$n < 2^{p/2}$ $(p \ne 2)$ のときには，確かに所望の状況が起こる．こうして次の定理が得られる．

定理 3.5（Erdős, 1947） $N(p, p; 2) \ge 2^{p/2}$.

(3.5) と定理 3.5 より

$$\sqrt{2} \le N(p, p; 2)^{1/p} \le 4 \quad (p \ge 2)$$

を得る．$p \to \infty$ のときに $N(p, p; 2)^{1/p}$ の極限値が存在するか否かはとても興味深い問題である．

さて，定理 3.5 を大幅に改良するために，種々の組合せ構造の存在証明に用いられる**確率的手法**を紹介しよう．確率空間から事象 $A_1, \ldots, A_n$ をとる．事象 A_i が起こる確率を $Pr[A_i]$ とし，A_i の余事象を $\overline{A_i}$ とおく．欲しいのは，起こってほしくない事象 A_i がいずれも起こらない確率が正になるという状況である．単純に

$$\sum_{i=1}^{n} Pr[A_i] < 1 \Rightarrow \cap \bar{A}_i \ne \emptyset$$

となることもあるだろう（問題 5E 参照）．もちろん，事象 A_i が互いに独立なら，個々の確率の和を見るだけで十分である．しかし，一般的には，互いに従属な事象を重複して数え上げてしまうことによって，上述の和は1より大きくなってしまう．後述の **Lovász の篩** (Lovász Sieve) は，互いに従

属な事象のペアがあっても独立な事象のペアが相応にたくさんあれば，上の問題が解消されることを示している．

頂点集合 $\{1, 2, \ldots, n\}$ 上のグラフ G は，各 i について A_i が $\{A_j \mid \{i, j\} \notin E(G)\}$ の任意の部分集合と独立であるとき，$A_1, \ldots, A_n$ の**従属グラフ**とよばれる．この定義において，二つの事象の独立性よりも強い条件を課していることに注意しよう．

定理 3.6 事象 $A_1, \ldots, A_n$ の従属グラフを G とおく．各頂点 $1 \leq i \leq n$ に対して $Pr[A_i] \leq p$ で，かつ G の各頂点の次数が d 以下であると仮定する．このとき，$4pd < 1$ と仮定すると，$\cap \bar{A}_i \neq \emptyset$ が成り立つ．

証明

$$Pr[A_{i_1} | \overline{A_{i_2}} \cdots \overline{A_{i_m}}] \leq \frac{1}{2d} \tag{3.6}$$

が任意の $\{i_1, \ldots, i_m\} \subset \{1, \ldots, n\}$ について成り立つことを証明する．$m = 1$ のとき主張は明らかである．$m = 2$ のときも

$$Pr[A_{i_1} | \overline{A_{i_2}}] \leq \frac{p_1}{1 - p_2} \leq \frac{1}{4d - 1} < \frac{1}{2d}$$

となることがわかる．なお，便宜的に，$i_j := j$ および $p_i := Pr[A_i]$ とおいた．以下，帰納法を用いる．

グラフ G において，頂点 1 が頂点 $2, \ldots, q$ に隣接し，頂点 $q + 1, \ldots, m$ に隣接しないとする．

$$Pr[A_1 | \overline{A_2} \ldots \overline{A_m}] = \frac{Pr[A_1 \overline{A_2} \ldots \overline{A_q} | \overline{A_{q+1}} \ldots \overline{A_m}]}{Pr[\overline{A_2} \ldots \overline{A_q} | \overline{A_{q+1}} \ldots \overline{A_m}]} \tag{3.7}$$

に注意すると，右辺の分子は高々 $Pr[A_1 | \overline{A_{q+1}} \ldots \overline{A_m}]$ であり，さらに

$$Pr[A_1 | \overline{A_{q+1}} \ldots \overline{A_m}] = Pr[A_1] \leq \frac{1}{4d}.$$

一方，式 (3.7) の分母は $1 - \sum_{i=2}^{q} Pr[A_i | \overline{A_{q+1}} \ldots \overline{A_m}]$ 以上である．帰納法の仮定より

$$1 - \sum_{i=2}^{q} Pr[A_i | \overline{A_{q+1}} \ldots \overline{A_m}] \geq 1 - \frac{q-1}{2d} \geq \frac{1}{2}.$$

こうして式 (3.6) を得る. 最後に

$$Pr[\overline{A_1} \ldots \overline{A_n}] = \prod_{i=1}^{n} Pr[\overline{A_i} | \overline{A_1} \ldots \overline{A_{i-1}}] \geq \left(1 - \frac{1}{2d}\right)^n > 0$$

であるから ($\geq$ の証明に式 (3.6) を用いた), 定理の主張は正しい. □

この方法により $N(p, p; 2)$ に関する下界を得ることができる.

定理 3.7 $N(p, p; 2) \geq c \cdot p \cdot 2^{p/2}$. ただし c は p によらない定数とする.

証明 K_n の辺を無作為に 2 色で塗り分ける[8]. $V(K_n)$ の k 元部分集合 S について, 単色部分集合となる事象を A_S とおく. 示したいのは, k 頂点上の非単色部分集合が少なくとも一つあるような 2 辺着色が存在することである. $V(K_n)$ の二つの異なる k 元部分集合 S, T が $|S \cap T| \geq 2$ を満たすときかつそのときに限り S と T を隣接させて, 従属グラフ G を定める. G の各頂点の次数は高々 $\binom{k}{2}\binom{n}{k-2}$ である. 明らかに, 事象 A_S が生じる確率は S の選び方によらず $2^{1-\binom{k}{2}}$ である. よって, 定理 3.6 と**スターリングの公式**より, 定理の主張は正しい (定数 c を評価することもできる). □

ここまでに Ramsey 理論の範疇に含まれる組合せ論の研究テーマの例を二, 三挙げた. もう一つ B. L. van der Waerden (1927) による例を挙げておこう. すなわち, 「自然数 r について, $N \geq N(r)$ のとき, $1, 2, \ldots, N$ を並べて 2 色で任意に塗り分けると, 長さ r の単色な等差部分列が存在する」ことも Ramsey の定理からわかる. Graham, Rothschild (1974) には簡潔な (だが少し難しい) 証明が記載されている. なお, R. L. Graham, B. L. Rothschild, J. L. Spencer (1980) による *Ramsey Theory* は当該研究分野の一般的な参考書である.

Erdős, Szekeres (1935) による Ramsey 理論の面白い応用がある.

---

[8] ［訳注］通常の辺確率 1/2 の有限ランダムグラフモデルと同様に, 各辺の色を確率 1/2 で独立に選ぶモデルを考える. 各 2 辺着色の生起確率は $1/2^{\binom{n}{2}}$ である.

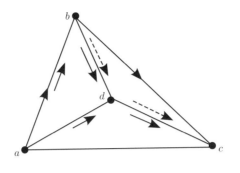

図 3.2

定理 3.8(Erdős–Szekeres, 1935) 自然数 n に対して,次の条件を満たすような自然数 $N(n)$ がある:$N \geq N(n)$ ならば,どの 3 点も同一直線上にないような平面上の N 点集合には,凸 n 角形をなすサイズ n の部分集合が含まれる.

証明 (1) どの 3 点も同一直線上にないような n 点があるとき,それらが凸角形をなすことと任意の 4 点が凸四角形をなすことは等価である.

(2) $N(n) := N(n, n; 3)$ が所望の条件を満たしていることを確かめよう.$N(n)$ 点からなる集合 S を考える.S の各点に番号を振り,S の各 3 元部分集合(三角形)に対して,最小,中間,最大の数が割り振られた点を順に通る「ウォーク」を考えよう.このウォークが時計回りなら赤色,反時計回りなら青色を割り振ることにする.$N(n, n; 3)$ の定義より,集合 S はすべての三角形が同色(赤色とする)であるような n 元部分集合 T を含む.集合 T が図 3.2 の点配置を含まないことを示そう.

実際,一般性を失うことなく $a < b < c$ としてよい.三角形 adc に着目すると $a < d < c$ で,さらに三角形 abd に着目すると,$a < b < d$ を得る.ところがこのとき,三角形 bcd は青で着色されることになり,矛盾.以上より,T の任意の 4 点部分集合が凸性をもつことがわかり,(1) から T も凸である. □

問題 3E 完全グラフ K_n の向き付けを(頂点数 n の)**トーナメント**という.とくに $i < j$ のときかつそのときに限り有向辺 (i, j) があるトーナメ

38 第 3 章 グラフの彩色と Ramsey 理論

ントを，**推移的トーナメント**という．

(1) $k \leq \log_2 n$ ならば，頂点数 n のトーナメントが頂点数 k の推移的トーナメントを部分グラフにもつことを示せ．

(2) $k > 1 + 2\log_2 n$ ならば，頂点数 k の推移的トーナメントを部分グラフにもたないような頂点数 n のトーナメントが存在することを示せ．

問題 3F 自然数 n, r に対して，1 から n までの自然数を r 色で塗り分ける．このとき，「$n \geq N(r)$ ならば，同色で $x + y = z$ を満たす x, y, z がある」ような最小の自然数 $N(r)$ が存在することを示せ[9]．$N(2)$ を求めよ．また（初等的な議論で）$N(3) > 13$ を示せ．

問題 3G m を自然数とする．十分大きな n に対して，任意の n 次 $(0,1)$-行列は，下三角成分（対角成分を除く）がすべて等しく，上三角成分（対角成分を除く）がすべて等しい m 次主小行列をもつことを示せ．

問題 3H K_{17} を 3 色で塗り分けると単色三角形が少なくとも一つ存在することを示せ．

問題 3I $\{1, \alpha, \alpha^2, \ldots, \alpha^{14}\}$ を $\mathbb{F}_{16}$ の乗法群とし，K_{16} の頂点集合と同一視する．辺 $\{i, j\}$ を，$i - j = \alpha^\nu$ となる ν に応じて 3 色でうまく着色し，単色三角形を含まないようにせよ．（定理 3.3 の表記を用いると，問題 3H とあわせて $N(3, 3, 3; 2) = 17$ を得る）．

問題 3J K_n を赤色と青色で 2 辺着色し，どの辺も 2 個以上の赤色三角形に含まれないようにする．このとき，適当な自然数 $k \geq \sqrt{2n}$ に対して，赤色三角形を含まない部分グラフ K_k が存在することを示せ．

問題 3K グラフ G が定理 3.1 の条件を満たすとする．G から高々 n/d 個の辺をうまく除くと，染色数 $d - 1$ 以下の部分グラフ G' が得られることを示せ．

---

[9] ［訳注］I. Schur (1916) の結果．

ノート

1976 年に Appel と Haken によって解決されるまで，四色問題は組合せ論最大の未解決問題として位置付けられてきた．Appel らの証明はコンピュータによる大規模計算に依存しており，その証明の正当性はコンピュータの計算とプログラムの信頼性に関わっている．このため，現在でも，多くの数学者が計算機を用いないエレガントな証明に挑み続けている．平面地図が 5 色で塗り分けられる事実（**五色定理**）は，四色定理よりもずっと古い結果であり，計算機を用いない証明がいくつか知られている[10]．

R. L. Brooks はケンブリッジ大学の学生時代に定理 3.1 を証明した．Brooks の定理にはいくつか別証明が知られているが，いずれも純粋なグラフ理論のテクニックに基づいている．たとえば，何かしらの代数的な道具を用いて定理の別証明を与えることができれば，とても面白いと思う．

F. P. Ramsey (1902–1928) は若くしてこの世を去った．もしも彼がもう少し長生きしていたなら，Ramsey 理論に関するより多くの結果を生んでいたであろう．なお，Ramsey は数理論理学に興味をもっていたが，不思議なことに，そのことが彼自身を Ramsey 理論へと導いたようである．

定理 3.5 は P. Erdős (1947) によって証明された．確率的手法の基礎および応用に関する良書として，Erdős, Spencer (1974) をお薦めする．

Ramsey 数 $N(p, q; 2)$ の決定問題とその周辺のトピックスについては，Radziszowski (1999) などを参照されたい．ちなみに，$N(3, 9; 2)$ は Grinstead, Roberts (1982) によって決定されたものである．

定理 3.6 の証明は，エルデシュと Szekeres によるオリジナルの証明ではなく，当時ハイファ大学の学生であった M. Tarsy によるものである．驚くべきことに，Tarsy は試験中にその証明を思いついたというが，残念ながら，単位の方は落としてしまったそうである（Lewin (1976) を参照）．なお，Johnson (1986) による証明も Tarsy の証明と趣が似ていて面白い．

参考文献

[1] K. Appel, W. Haken (1977), Every planar map is four-colorable, *Illinois J. Math.* **21**, 429–567.

---

[10] ［訳注］たとえば第 34 章を参照のこと．

40 第3章 グラフの彩色と Ramsey 理論

[2] R. L. Brooks (1941), On colouring the nodes of a network, *Proc. Cambridge Philos. Soc.* **37**, 194–197.

[3] P. Erdős (1947), Some remarks on the theory of graphs, *Bull. Amer. Math. Soc.* **53**, 292–294.

[4] P. Erdős, J. L. Spencer (1974), *Probabilistic Methods in Combinatorics*, Academic Press.

[5] P. Erdős, G. Szekeres (1935), A combinatorial problem in geometry, *Compositio Math.* **2**, 463–470.

[6] R. L. Graham, B. L. Rothschild (1974), A short proof of van der Waerden's theorem on arithmetic progressions, *Proc. Amer. Math. Soc.* **42**, 385–386.

[7] R. L. Graham, B. L. Rothschild, J. L. Spencer (1980), *Ramsey Theory*, Wiley.

[8] C. M. Grinstead, S. M. Roberts (1982), On the Ramsey numbers $R(3, 8)$ and $R(3, 9)$, *J. Combin. Theory Ser. B* **33**, 27–51.

[9] S. Johnson (1986), A new proof of the Erdős–Szekeres convex k-gon result, *J. Combin. Theory Ser. A* **42**, 318–319.

[10] M. Lewin (1976), A new proof of a theorem of Erdős and Szekeres, *The Math. Gazette* **60**, 136–138.

[11] S. P. Radziszowski (1999), Small Ramsey Numbers, *The Electron. J. Combin.* **1**, DS 1.

[12] F. P. Ramsey (1930), On a problem of formal logic, *Proc. London Math. Soc.* **30**, 264–286.

[13] B. L. van der Waerden (1927), Beweis einer Baudetschen Vermutung, *Nieuw Archief voor Wirkunde* **15**, 212–216.

第4章 Turánの定理と極値グラフ

　はじめに，有限単純グラフが必ず三角形をもつには少なくともいくつ辺が必要か，という問題を考えよう[1]．完全二部グラフ $K_{m,m}$, $K_{m,m+1}$ には三角形 K_3 が含まれないので，$\lfloor n^2/4 \rfloor$ 本の辺では不十分である．実は，これよりも 1 本でも多くの辺をもつグラフには必ず K_3 が含まれる (W. Mantel, 1907)．以下の証明は驚くべきものである．実際，三角形を含まない頂点数 n のグラフ G について，$V(G) := \{1, 2, \ldots, n\}$ とおき，各頂点 i に $\sum_i z_i = 1$ を満たすように重み付ける ($z_i \geq 0$)．このとき

$$S := \sum_{\{i,j\} \in E(G)} z_i z_j$$

を最大化することを考えよう．非隣接な 2 頂点 k, l について，頂点 k の隣接点の重みの総和を x，頂点 l の隣接点の重みの総和を y とおく．もちろん，一般性を失うことなく $x \geq y$ としてよい．任意の $\epsilon > 0$ に対して

$$(z_k + \epsilon)x + (z_l - \epsilon)y \geq z_k x + z_l y$$

なので，より重い頂点にもう一方の重みを移しても，S の値が小さくなることはない．このことは，「重みの移動」を繰り返して，特定のクリーク[2]H に重みを集中させることで，S が最大化されることを意味している．すな

---

[1]　[訳注] つまり，自然数 n が与えられたとき，辺数 N のいかなる n 頂点単純グラフにも K_3 が含まれるような最小の自然数 N は何か，という問題を考える．

[2]　[訳注] 完全部分グラフのこと．

42　第 4 章　Turán の定理と極値グラフ

わち，H は完全グラフ K_2 になる．よって $S \leq \frac{1}{4}$．一方，すべての z_i を n^{-1} とすると，$S = n^{-2}|E(G)|$ を得る．したがって，$|E(G)| \leq \frac{1}{4}n^2$ を得る（**Mantel の定理**）．

　Ramsey の定理より，頂点数 n を十分大きくとれば（$n \geq N(p,q;2)$ ならば），n 頂点のグラフはクリーク K_p か要素数 q の**独立点集合**[3]のいずれかを含んでいる．では，自然数 p, n が与えられたとき，頂点数 n の任意の単純グラフ G がクリーク K_p を含むためには，辺数 $|E(G)|$ をどのくらい大きくとればよいだろうか．われわれはその答えを $p = 3$ のときにはすでに知っているが，そのアイデアは一般の p にも適用される．

　頂点集合 V がほぼ同じサイズの $p - 1$ 個の部集合に分割されているとする．すなわち，要素数が $t+1$ の r 個の部集合と要素数が t の $p-1-t$ 個の部集合に分かれていて（$n = |v| = t(p-1) + r, 1 \leq r \leq p-1$），$S_i$ 内の 2 頂点間には辺がなく，S_i の頂点と S_j の頂点（$i \neq j$）はすべて辺で結ばれているとする[4]．このグラフの辺数は

$$M(n,p) := \frac{p-2}{2(p-1)}n^2 - \frac{r(p-1-r)}{2(p-1)}$$

となることに注意する．

定理 4.1（Turán の定理）　少なくとも $M(n,p) + 1$ 本の辺をもつ頂点数 n の単純グラフはクリーク K_p を部分グラフにもつ．

証明　t に関する帰納法で証明する．$t = 0$ のとき，主張は明らかに正しい．一般に，K_p を含まない頂点数 n のグラフで辺数最大のものを考えて，G とおく．グラフ G はクリーク K_{p-1}（H とおく）を含んでいる（そうでないと辺を 1 本加えても K_p を生成することができない）．$V(G) \setminus V(H)$ の各頂点は高々 $p-2$ 個の $V(H)$ の頂点と隣接しており，$V(G) \setminus V(H)$ に K_p が含まれることもない．$n - p + 1 = (t-1)(p-1) + r$ なので，$V(G) \setminus V(H)$ に対して帰納法の仮定を適用すると，

---

[3]　［訳注］どの 2 頂点も辺で結ばれていない頂点集合の部分集合．
[4]　［訳注］一般に，頂点集合 V が $S_1, \ldots, S_p$ に分割されており，$u, v \in V$ が異なる S_i に属するときかつそのときに限り $\{u, v\} \in E$ であるとき，G を**完全 p 部グラフ**という．$S_1, \ldots, S_p$ をそれぞれ**部集合**という．

$$|E(G)| \le M(n-p+1,p) + (n-p+1)(p-2) + \binom{p-1}{2}.$$

これは $M(n,p)$ に等しい. $\square$

注 Mantel の定理の証明と同様にして,クリーク K_p を含まないような頂点数 n のグラフは高々 $\frac{p-2}{2(p-1)} n^2$ 本の辺をもつとわかる.

問題 4A 頂点数 10,辺数 26 の単純グラフ G は少なくとも五つの三角形を含むことを示せ.また,頂点数 10,辺数 26 の単純グラフで,ちょうど五つの三角形が含まれるものはあるか?

定理 4.1 を含む Turán (1941) の論文は,極値グラフ理論の先駆けとなった[5].極値グラフ理論のテーマの一つとして,いくつかの制約条件を満たすグラフ全体の中で,最も辺の多いもの(**極値グラフ**)を分類する問題がある.

たとえば,上述の Turán の問題のケースでは,辺数 $M(n,p)$ の完全多部グラフが極値グラフとなる.本章を読み進める前に,読者には $p=3$ の場合を考えてもらいたい.

問題 4B G を,頂点数 n,辺数 $\lfloor n^2/4 \rfloor$ の単純グラフのうち三角形を含まないものとする.$n = 2k$ のとき $G = K_{k,k}$,$n = 2k+1$ のとき $G = K_{k,k+1}$ となることを示せ.

問題 4C 頂点数 n,辺数 e の単純グラフは少なくとも $\frac{e}{3n}(4e - n^2)$ 個の三角形を含むことを示せ.

グラフの内周の定義から,G が単純グラフであることと,G の内周が 3 以上であることは同値である(森の内周は ∞ と見なす).また,Mantel の定理より,少なくとも $n^2/4 + 1$ 本の辺をもつグラフの内周は 3 以下になる.さらに次の事実がよく知られている.

定理 4.2 $|V(G)| = n$,$|E(G)| \ge \frac{1}{2} n\sqrt{n-1} + 1$ のグラフ G の内周は 4 以

---

[5] [訳注] Bollobás (1978) 参照.

下である．つまり，G は，多重グラフになるか，三角形 P_3 か四角形 P_4 のいずれかを含んでいる．

証明 G の内周が 5 以上であったと仮定しよう．G の頂点 x を任意に一つとり，その隣接点を $y_1, \ldots, y_d$ とおく（$d := \deg(x)$）．G は三角形を含まないので，$y_1, \ldots, y_d$ のうちのどの 2 頂点間にも辺がない．また，G は四角形も含まないので，x 以外のどの頂点も $y_1, \ldots, y_d$ の高々一つの頂点と隣接する．したがって，$(\deg(y_1) - 1) + \cdots + (\deg(y_d) - 1) + d + 1$ は頂点数 n を超えない．つまり，

$$\sum_{y \in V, \{y,x\} \in E} \deg(y_i) \leq n - 1$$

であり，

$$n(n-1) \geq \sum_{x} \sum_{y \in V, \{x,y\} \in E} \deg(y) = \sum_{y \in V} \deg(y)^2 \geq \frac{1}{n} \Big(\sum_{y \in V} \deg(y) \Big)^2$$
$$= \frac{1}{n}(2|E|)^2.$$

$\square$

定理 4.2 の $\frac{1}{2} n \sqrt{n-1}$ は不等式にすぎず，すべての n について最良な評価を与えるわけではない．この問題について極値グラフ（内周 ≥ 5 の辺数最大のグラフ）の決定は絶望的なほど難しい．しかし，驚くべきことに，$n \geq 2$，内周 ≥ 5，辺数 $\frac{1}{2} n \sqrt{n-1}$ のグラフの候補は五角形（$n = 5$），Petersen グラフ（$n = 10$），頂点数 50 の「ある」グラフ（$n = 50$），そして $n = 3250$（極値グラフの例は見つかっていない）の四つに限られるのである．詳しくは第 21 章を参照されたい．

問題 4D 内周 g 以上で r 正則なグラフ G について，$|V(G)|$ の下界を与えよ．

頂点数 n のいかなるグラフにもハミルトン閉路が含まれるような辺数の最小値を求める問題はさほど面白くない．しかし，いかなるグラフにもハミルトン閉路が含まれるような次数の最小値を求める問題は興味深い．

定理 4.3（Dirac の定理） 各頂点の次数が $n/2$ 以上であるような頂点数 n の単純グラフはハミルトン閉路を含む.

証明 主張が誤りだとする. すなわち, 各頂点の次数が $n/2$ 以上で, ハミルトン閉路を含まないような頂点数 n のグラフ G が存在したと仮定する. そのようなグラフのうち辺数最大のグラフを G とおく.

非隣接な 2 頂点 y, z をとる. G に辺 $\{y, z\}$ を新たに加えて得られるグラフはハミルトン閉路をもつので, G において y から z への長さ $n-1$ の単純道が存在する. この道上の頂点を, y から順に $(y =)\ x_1, x_2, \ldots, x_n\ (= z)$ とおく. 集合

$$\{i \mid \{y, x_{i+1}\} \in E(G)\}, \quad \{i \mid \{z, x_i\} \in E(G)\}$$

はそれぞれ少なくとも $n/2$ 個の要素からなり, かつ $\{1, 2, \ldots, n-1\}$ に含まれる. よって, これら二つの集合に共に属する要素 i_0 がある. ところがこのとき, 頂点列

$$y = x_1, x_2, \ldots, x_{i_0}, z = x_n, x_{n-1}, \ldots, x_{i_0+1}, x_1 = y$$

は長さ n の単純閉路をなし, 矛盾が生じる. □

「$n/2$」を「$(n-1)/2$」に置き換えると, Dirac の定理は成り立たなくなる. たとえば, 完全二部グラフ $K_{k, k+1}$ は, 頂点次数はすべて $(n-1)/2$ 以上であるが, 明らかにハミルトン閉路を含まない. Dirac の定理には, さまざまな改良や一般化が知られている（たとえば, Lovász (1979) の Problem 10.21 を参照のこと）.

問題 4E サイズ $3 \times 3 \times 3$ のチーズを 27 個の $1 \times 1 \times 1$ ピースに分割する. 今, 一匹のねずみが一日に一つずつピースを食べていくとしよう. ただし, ねずみがたいらげるピースは前日に食べたピースと面を共有するものとする. ねずみは, 中心のピースが最後にくるように, すべてのピースを食べつくせるだろうか？

問題 4F G を頂点数 n の単純グラフとし, $e \in E(G)$ を任意に一つ固定する. 各頂点の次数が $(n+1)/2$ 以上ならば, 辺 e を含むようなハミルトン閉

46　第 4 章　Turán の定理と極値グラフ

路が存在することを示せ.

問題 4G　定理 4.1 に続く注を示せ.

問題 4H　頂点数 n で, 長さ 4 の閉路を含まないグラフが高々 $\frac{n}{4}(1 + \sqrt{4n-3})$ 本の辺をもつことを示せ.

ノート

　P. Turán (1910–1976) は 20 世紀を代表するハンガリーの数学者であり, 解析的整数論や実解析, 複素解析の分野において数多くの顕著な業績を残した.

　すべての $r \geq 2$ と $g \geq 2$ について, r 正則で内周 $g \geq 2$ のグラフが存在する. 詳しくは Lovász (1979) の問題 10.12 を参照されたい.

　定理 4.2 において, 辺数 $\frac{1}{2}n\sqrt{n-1}$ 以上で, 内周 5 以上であるような頂点数 $n \geq 2$ のグラフは $\sqrt{n-1}$ $(:= k)$ 正則であり, さらに, 非隣接な 2 頂点が長さ 2 のユニークな道で結ばれるとわかる. このようなグラフを強正則グラフといい, $srg(n, k, 0, 1)$ と書く. 詳細は第 21 章に譲るが, k は 2, 3, 7, 57 のいずれかに等しくなるとわかる. この事実は Hoffman と Singleton (1960) によって初めて示された. Hoffman らは $(n, k) = (50, 7)$ の具体例も与えた (**Hoffman–Singleton グラフ**)[6]. $srg(3250, 57, 0, 1)$ の存在性については現時点ではわかっていない.

参考文献

[1]　B. Bollobás (1978), *Extremal Graph Theory*, Academic Press.

[2]　A. J. Hoffman, R. R. Singleton (1960), On Moore graphs with diameters two and three, *IBM J. Res. Develop.* **4**, 497–504.

[3]　L. Lovász (1979), *Combinatorial Problems and Exercises*, North Holland.

[4]　W. Mantel (1907), Problem 28, *Wiskundige Opgaven* **10**, 60–61.

[5]　P. Turán (1941), An extremal problem in graph theory (in Hungarian), *Mat. Fiz. Lapok* **48**, 435–452.

---

[6]　［訳注］$(n, k) = (5, 2), (10, 3)$ については五角形 P_5 と Petersen グラフがそれぞれ具体例になっている.

第5章　個別代表系

　本章では Hall の結婚定理を 2 通りの方法で定式化し，結婚定理の構成的証明および数え上げによる証明を与える．グラフの頂点集合の部分集合 A について $\Gamma(A) = \sum_{a \in A} \Gamma(a)$ とおく．G を二部グラフとし，X と Y をそれぞれ部集合とする．すなわち，どの辺も X と Y の頂点を端点とする．G の各頂点が $E_1 \subseteq E(G)$ の高々一つの辺に結合しているとき，E_1 を G のマッチングという．とくに，X の任意の頂点がちょうど一つの E_1 の辺に結合するとき，X から Y への**完全マッチング** (complete matching) という．たとえば，X, Y の頂点をそれぞれ男性と女性の集まりとすると，完全マッチングは結婚相手になり得る男女の対応関係を表すと思うことができる．

定理 5.1（Hall の結婚定理）（X, Y を部集合とする）二部グラフ G について，X から Y への完全マッチングが存在するための必要十分条件は，任意の $A \subseteq X$ に対して $|\Gamma(A)| \geq |A|$ が成り立つことである．

証明　(1)　必要性は明らか．

(2)　任意の $A \subseteq X$ に対して $|\Gamma(A)| \geq |A|$ と仮定する．$|X| = n$ とし，m ($< n$) 本の辺からなるマッチング M があったとして，より大きなマッチングがあることを示したい．ここで，「より大きい」とは集合の要素数としての大小であって，M を包含するようなマッチングの存在を意味するのではないことに注意しよう．

　　マッチング M の要素を「赤辺」，G のそのほかの辺を「青辺」とよぶことにする．M のいずれの辺とも結合していない $x_0 \in X$ を任意に

48 第 5 章 個別代表系

一つとる．このとき，x_0 を始点とし，M のいずれの辺とも結合しない Y の一つの頂点を終点とするような，青辺と赤辺の「交互道」p が存在する．もしもそのような道 p が得られれば，M の赤辺を p の青辺と一斉に取り換えることで，辺数 $m+1$ のマッチングを得る（つまり，p 上の辺の色を反転させる）．実際，$|\Gamma(\{x_0\})| \geq 1$ なので，x_0 に隣接する頂点 $y_1 \in Y$ が存在する．y_1 が赤辺と結合していなければ，これが所望の単純道（長さ 1）になる．y_1 が赤辺に結合しているとき，そのもう一方の端点を x_1 とおく．同様の操作を繰り返して，$x_0, x_1, x_2, \ldots, x_k, y_1, y_2, \ldots, y_k$ が定義されたとしよう．$|\Gamma(\{x_0, x_1, \ldots, x_k\})| \geq k+1$ なので，頂点 $y_1, y_2, \ldots, y_k$ とは異なり，かつ $x_0, x_1, \ldots, x_k$ の少なくとも一つの頂点と隣接するような頂点 $y_{k+1} \in Y$ が存在する．y_{k+1} が赤辺と結合していなければ操作を終える．そうでなければ青辺の端点 $x_{k+1} \in X$ を得る．

上の操作が終了したとき，青辺 $\{y_{k+1}, x_{i_1}\}$，赤辺 $\{x_{i_1}, y_{i_1}\}$，青辺 $\{y_{i_1}, x_{i_2}\}$（$i_2 < i_1$），赤辺 $\{x_{i_2}, y_{i_2}\}$，青辺 $\{y_{i_2}, x_{i_3}\}$（$i_3 < i_2$），…をうまくたどると，y_{k+1} を始点とし x_0 を終点とする単純道 p が得られる□

問題 5A グラフ G（二部グラフとは限らない）のマッチング M は，G の任意の頂点が M のただ一つの辺と結合するとき，**完全マッチング** (perfect matching) という．(1) d 正則 ($d > 0$) な有限二部グラフ G が完全マッチングをもつことを示せ．(2) 完全マッチングをもたない 3 正則単純グラフを構成せよ．(3) X, Y を部集合とする二部グラフ G を考える．X の各頂点の次数を $s > 0$，Y の各頂点の次数を t とする[1]．$|X| \leq |Y|$ のとき（つまり $s \geq t$ のとき），X から Y への完全マッチングがあることを示せ．

例 5.1 マジシャンとパートナーが 52 枚一組のトランプ（ジョーカーを除く）を使ってマジックをする．マジシャンは，5 枚のトランプを無作為に選んで，そのうち 1 枚を手元に残し，それ以外の 4 枚を「ある」順序で封筒に入れる．別室で控えるパートナーは，封筒の中身を見て，マジシャンの手元のトランプを言い当てる．もちろん，この間，マジシャンとパートナーが

---

[1] ［訳注］この条件を**半正則性** (semi-regularity) という．

直接連絡を取り合うことはできない.

スーツ（絵柄のマーク）とランクに着目し，手元に残すカードとそうでないカードを，巧妙に，あるいは（比較的）単純に決める方法がある[2]. それらを実演するとなると話は別だが，この問題は，トランプの集合の 5 元部分集合全体からトランプの（順序付き）4 元部分集合の族への単射 f で，$f(S) = (c_1, c_2, c_3, c_4)$ ならば $\{c_1, c_2, c_3, c_4\} \subseteq S$ を満たすものの存在問題に帰着される.

$X \sqcup Y$ を頂点集合とし，$\{c_1, c_2, c_3, c_4\} \subseteq S$ のとき $S \in X$ と $\{c_1, c_2, c_3, c_4\} \in Y$ を辺で結んで，二部グラフ G を構成する. すると，上の問題は，G における X から Y への完全マッチングの探索問題になる. G は半正則である. また $|X| \leq |Y|$ であるための必要十分条件は $N \leq 124$ である. よって，問題 5A(3) より，X から Y への完全マッチングが存在する.

続いて定理 5.1 のもう一つの定式化を与える. 以下では，事実の証明だけでなく，マッチングの総数に関する下界も導出する. S を有限集合とし，$A_0, A_1, \ldots, A_{n-1}$ を S の部分集合とする. 任意の自然数 $k \leq n$ について，A_i のうち任意の k 個の和集合の要素数が少なくとも k であるとき，$A_0, A_1, \ldots, A_{n-1}$ は **Hall 条件**を満たすという. ある k 個の $A_{i_0}, \ldots, A_{i_{k-1}}$ の和集合の要素数が k であるとき，$\{A_{i_0}, \ldots, A_{i_{k-1}}\}$ を**臨界ブロック** (critical block) という.

集合 A_i $(0 \leq i \leq n-1)$ から要素 a_i を一つずつ選ぶ. これらが互いに異なるとき，$a_0, \ldots, a_{n-1}$ を $A_0, \ldots, A_{n-1}$ の**個別代表系** (system of distinct representatives) という[3].

非減少整数列 $m_0 \leq m_1 \leq \cdots \leq m_{n-1}$ に対して，関数

$$F_n(m_0, m_1, \ldots, m_{n-1}) := \prod_{i=0}^{n-1} (m_i - i)_*$$

を定義する. ただし $(a)_* := \max\{1, a\}$ とおく.

以後，数列 $\{m_i := |A_i|\}$ は非減少であるとする.

---

[2]　[訳注] どのような単射を定めるかがマジシャンのセンスの見せ所である. 詳しくは章末のノートを参照されたい.

[3]　[訳注] 頭文字をとって SDR と書くことが多い.

50　第5章　個別代表系

定理の証明に先だって補題を準備しておこう.

補題 5.2　整数 $n \geq 1$ に対して,写像 $f_n : \mathbb{Z}^n \to \mathbb{N}$ を

$$f_n(a_0, a_1, \ldots, a_{n-1}) := F_n(m_0, m_1, \ldots, m_{n-1})$$

で定める.ただし $m_0, m_1, \ldots, m_{n-1}$ は $a_0, a_1, \ldots, a_{n-1}$ の順序交換で得られる非減少列とする.このとき f_n は各 a_i の非減少関数となる.

証明　$m_0, m_1, \ldots, m_{n-1}$ を $a_0, a_1, \ldots, a_{n-1}$ の順序交換によって得られる非減少列としよう.すなわち

$$m_0 \leq \cdots \leq m_{k-1} \leq a_i = m_k \leq m_{k+1} \leq \cdots \leq m_l \leq m_{l+1} \leq \cdots \leq m_{n-1}.$$

また,$a_i' \geq a_i$ とし,

$$m_0 \leq \cdots \leq m_{k-1} \leq m_{k+1} \leq \cdots \leq m_l \leq a_i' \leq m_{l+1} \leq \cdots \leq m_{n-1}$$

を $a_0, \ldots, a_i', \ldots, a_{n-1}$ の順序を入れ換えて得られる非減少列とする.このとき

$$\frac{f_n(a_0, \ldots, a_{i-1}, a_i', a_{i+1}, \ldots, a_{n-1})}{f_n(a_0, \ldots, a_{n-1})}$$

$$= \frac{(m_{k+1} - k)_*}{(a_i - k)_*} \cdot \frac{(a_i' - l)_*}{(m_l - l)_*} \prod_{j=k+1}^{l-1} \frac{(m_{j+1} - j)_*}{(m_j - j)_*}$$

であるが,$a_i \leq m_{k+1}$, $a_i' \geq m_l$, $m_{j+1} \geq m_j$ $(j = k+1, \ldots, l-1)$ なので,これは ≥ 1 となる.　　　　　　　　$\square$

さて,Hall の定理の二つめの定式化を与えよう.以下では,集合 $A_0, \ldots, A_{n-1}$ の個別代表系の総数を $N(A_0, \ldots, A_{n-1})$ とおく.

定理 5.3　集合 S の部分集合 $A_0, \ldots, A_{n-1}$ をとる.$m_i := |A_i|$ とおき,$m_0 \leq m_1 \leq \cdots \leq m_{n-1}$ と仮定する.$A_0, \ldots, A_{n-1}$ が Hall 条件を満たすならば,

$$N(A_0, \ldots, A_{n-1}) \geq F_n(m_0, \ldots, m_{n-1})$$

が成り立つ.

証明 n に関する帰納法で示す. $n = 1$ のとき主張は明らかに正しい. 次の二つの場合を考える.

場合 1. 臨界ブロックがない場合.

要素 $a \in A_0$ を任意に一つ選んで, 各 $A_i \neq A_0$ から a を除いて得られる集合を $A_i(a)$ とおく. 明らかに, これら $n - 1$ 個の集合は Hall 条件を満たしている. 帰納法の仮定と補題 5.2 から,

$$
\begin{aligned}
N(A_0, \ldots, A_{n-1}) &\geq \sum_{a \in A_0} f_{n-1}(|A_1(a)|, \ldots, |A_{n-1}(a)|) \\
&\geq \sum_{a \in A_0} f_{n-1}(m_1 - 1, \ldots, m_{n-1} - 1) \\
&= m_0 f_{n-1}(m_1 - 1, \ldots, m_{n-1} - 1) \\
&= F_n(m_0, m_1, \ldots, m_{n-1}).
\end{aligned}
$$

場合 2. 臨界ブロック $\{A_{\nu_0}, \ldots, A_{\nu_{k-1}}\}$ $(\nu_0 < \cdots < \nu_{k-1}, 0 < k < n)$ がある場合.

$A_{\nu_0}, \ldots, A_{\nu_{k-1}}$ 以外の集合を $A_{\mu_0}, \ldots, A_{\mu_{l-1}}$ とおく (つまり, $\{\nu_0, \ldots, \nu_{k-1}, \mu_0, \ldots, \mu_{l-1}\} = \{0, 1, \ldots, n-1\}, k + l = n$). 各 $0 \leq i \leq l-1$ に対して, A_{μ_i} から $A_{\nu_0} \cup \cdots \cup A_{\nu_{k-1}}$ のすべて要素を除いて得られる集合を A'_{μ_i} とおく. $\{A_{\nu_0}, \ldots, A_{\nu_{k-1}}\}$ と $\{A'_{\mu_0}, \ldots, A'_{\mu_{l-1}}\}$ はそれぞれ Hall 条件を満たしており, 各々の個別代表系は互いに排反である. よって, 帰納法の仮定と補題 5.2 から,

$$
\begin{aligned}
N(A_0, \ldots, A_{n-1}) &= N(A_{\nu_0}, \ldots, A_{\nu_{k-1}}) N(A'_{\mu_0}, \ldots, A'_{\mu_{l-1}}) \\
&\geq f_k(m_{\nu_0}, \ldots, m_{\nu_{k-1}}) f_l(|A'_{\mu_0}|, \ldots, |A'_{\mu_{l-1}}|) \\
&\geq f_k(m_{\nu_0}, \ldots, m_{\nu_{k-1}}) f_l(m_{\mu_0} - k, \ldots, m_{\mu_{l-1}} - k) \\
&\geq f_k(m_0, \ldots, m_{k-1}) f_l(m_{\mu_0} - k, \ldots, m_{\mu_{l-1}} - k). \quad (5.1)
\end{aligned}
$$

ここで

52　第 5 章　個別代表系

$$m_{\nu_{k-1}} \leq |A_{\nu_0} \cup \ldots \cup A_{\nu_{k-1}}| = k$$

より，$k \leq r \leq \nu_{k-1}$ のとき $(m_r - r)_* = 1$ で，$\mu_i \leq \nu_{k-1}$ のとき $(m_{\mu_i} - k - i)_* = 1$. よって

$$f_k(m_0, \ldots, m_{k-1}) = \prod_{0 \leq i \leq \nu_{k-1}} (m_i - i)_*,$$

$$f_l(m_{\mu_0} - k, \ldots, m_{\mu_{l-1}} - k) = \prod_{\nu_{k-1} < j < n} (m_j - j)_*.$$

以上より，式 (5.1) の最後の項は $F_n(m_0, \ldots, m_{n-1})$ に等しくなる．$\qquad\square$

問題 5B　定理 5.3 の不等式が（要素数 $|A_i|$ に関する不等式として）最良であることを示せ．

次の König の定理は Hall の定理と同値である．なお，定理の主張の $A = (a_{ij})$ は $(0, 1)$ 行列[4]で，その行ベクトルあるいは列ベクトルを単にベクトルとよぶことにする．

定理 5.4（König の定理）　成分 1 をすべて「カバー」するような A のベクトルの個数の最小値 m は，どの二つも A の同じ行または列に含まれないように選ぶことができる 1 の最大個数 M に等しい．

証明　成分 1 をカバーするベクトルの本数の最小値を m，どの二つの 1 も同じベクトルに現れない 1 の個数の最大値を M とおく．$m \geq M$ は明らか．逆に，$m := r + s$ として，r 個の行と s 個の列ですべての成分 1 がカバーされたとする．これらの行と列を，第 1 行から第 r 行，第 1 列から第 s 列としても一般性を失わない．各 $1 \leq i \leq r$ に対して，

$$A_i := \{j > s \mid a_{ij} = 1\}$$

とおく．和集合の要素数が $k - 1$ 以下になるような k 個の集合 A_i があったとすると，最初の k 行を $k - 1$ 個以下の列と置き換えてもすべての成分 1 をカバーできることになり，矛盾．すなわち，$A_1, \ldots, A_r$ は Hall 条件を満

---

[4]　［訳注］すべての成分が 0 か 1 の行列を，**(0, 1) 行列**という．

たしており，個別代表系をとることができる．よって，最初の r 行に含まれるが，最初の s 列に含まれない成分 1 を r 個うまくとって，どの二つの 1 も同じベクトルに現れないようにできる．同様の議論により，最初の s 列に含まれるが，最初の r 行に含まれない成分 1 を s 個うまくとって，どの二つの 1 も同じベクトルに現れないようにできる．つまり，$M \geq r + s = m$ を得る． □

次の Birkhoff の定理は Hall の定理の応用である．

定理 5.5（Birkhoff の定理） 各成分が非負の整数で，すべての行和，列和が一定 $(= l)$ であるような n 次正方行列 $A = (a_{ij})$ を考える．このとき，A は l 個の置換行列の和で表される．

証明 各 $1 \leq i \leq n$ に対して

$$A_i := \{ j \mid a_{ij} > 0 \}$$

とおく．任意の k 個の A_i に対して，対応する行の成分の総和（行和）は kl である．また，各列和は l なので，これら k 個の行に現れる非零成分は少なくとも k 個の列に現れなければならない．よって，$A_1, \dots, A_n$ は Hall 条件を満たし，個別代表系をとることができ，これをもとに**置換行列** $P = (p_{ij})$ を定める[5]．l に関する帰納法より，定理の主張を得る． □

問題 5C 定理 5.5 の仮定において，「整数」を「実数」に置き換える．このとき行列 A が置換行列の非負一次結合で表されることを示せ．このことは，二重確率行列が置換行列の凸一次結合で表されることと同値である（第11章参照）．

問題 5D $S := \{1, 2, \dots, mn\}$ をサイズ n の m 個の集合 $A_1, \dots, A_m$ に分割する．これとは別に，S をサイズ n の m 個の集合 $B_1, \dots, B_m$ に分割する．このとき，集合 A_i が $A_i \cap B_i \neq \emptyset$ を満たすように添え字を付け直せることを示せ．

---

[5]　［訳注］個別代表系を $\{j_1, \dots, j_n\}$ $(j_i \in A_i)$ とおくと，$P = (p_{ij})$ は $p_{i, j_i} = 1$ を定まる行列である．

54　第 5 章　個別代表系

問題 5E　各 $1 \leq i \leq n$ に対して

$$A_i := \{i-1, i, i+1\} \cap \{1, 2, \ldots, n\}$$

とおく. A_1, …, A_n の個別代表系の総数を S_n とおく. S_n および $\lim_{n \to \infty} S_n^{1/n}$ を求めよ.

　G を二部グラフ（可算無限グラフも許容する）とし, X と Y を部集合とする（つまり G の辺は X と Y に 1 つずつ端点をもつ）. M を G のマッチングとする. 頂点集合 $V(G)$ の部分集合 S に対して, S の各要素が M の少なくとも一つの辺と結合しているとき, マッチング M は S を**被覆** (cover) するという.

定理 5.6　上の表記に加えて, X_0, Y_0 を部集合 X, Y の部分集合とする. このとき, X_0 を被覆する G のマッチング M_1 と Y_0 を被覆する G のマッチング M_2 が存在するならば, $X_0 \cup Y_0$ を被覆する G のマッチング M_3 が存在する.

証明　M_1 の辺を「赤辺」, M_2 の辺を「青辺」とよぶことにする. ただし, M_1, M_2 の両方に属する辺は「紫辺」とよぶことにする. やりたいことは, 紫辺をすべてとり, さらに $H = (V(G), M_1 \cup M_2)$ で紫辺に関与していない各連結成分から赤辺と青辺を「うまく」とって, G のマッチング M_3 を構成することである.

　すべての頂点の次数が高々 2 の連結グラフは, (a) 長さが有限の道[6], (b) 長さが有限の閉路, (c) 次数 1 の頂点を一つだけもつ無限パス[7], (d) 次数 1 の頂点をもたない無限パス, のいずれかである. グラフ $H = (V(G), M_1 \cup M_2)$ の各頂点の次数は 2 以下であり, H の連結成分は上のいずれかのタイプになる. また, 紫辺のみからなる連結成分以外では, 赤辺と青辺が交互に現れていることにも注意しておこう（とくに多角形は偶数長になる）. $X_0 \cup Y_0$ の各頂点は, これらの（非自明な）連結成分の一つに属している.

　さて, マッチング M_3 の存在証明の方針は, 紫辺すべてと, H の連結成

---

[6]　［訳注］ただ一つの頂点からなる自明なグラフも道と見なす.
[7]　［訳注］無限経路と称されることもある.

分ごとに赤辺か青辺のどちらか一方のみをとることである．まず，(b) と (d) の場合には，ただ単純に赤辺か青辺のいずれか一方のみを選べば，連結成分のすべての頂点を被覆することができる．また，連結成分が奇数長の（有限の）道であるとき，あるいは (c) の場合には，始点に結合する辺と同色の辺を集めてくればよい．

連結成分が偶数長の道（P とおく）の場合には，少し議論が必要になる．P の頂点を「道なり」に $v_0, v_1, \ldots, v_k$ とおく．v_0, v_k はともに X に含まれるか，ともに Y に含まれる．前者の場合には P から赤辺を選んで M_3 に加え，後者の場合には青辺を選んで M_3 に加えることにする．選ばれた辺でカバーされていないのは，道の片方の端点のみである．

たとえば，v_0, v_k がともに X に含まれる場合を考えてみよう（Y に含まれる場合も議論は同じ）．P の最初の辺（v_0 の結合辺）が赤辺なら，最後の辺は青辺であり，$v_k \notin X_0$ となる．つまり，P の赤辺全体は $(X_0 \cup Y_0) \cap V(P)$ の頂点をすべて被覆していることになる．同様に，P の最初の辺が青辺ならば $v_0 \notin X_0$ となり，P の赤辺全体はもともと P にあった X_0 と Y_0 の頂点をすべて被覆することになる． □

$X_0 = X$, $Y_0 = Y$ で，かつグラフ G が完全二部グラフのとき，X_0, Y_0 を被覆するマッチングを，それぞれ X から Y への単射 $X \to Y$ と Y から X への単射 $Y \to X$ と見なすことができる．したがって，定理 5.6 より，次の結果を得る．

系 集合 X, Y に対して，X から Y への単射 $f : X \to Y$ と Y から X への単射 $g : Y \to X$ が存在するとしよう．このとき X から Y への（Y から X への）全単射が存在する．

集合の「濃度」の言葉でこの系を読み替えると $|X| \leq |Y|$ かつ $|Y| \leq |X|$ ならば $|X| = |Y|$ となり，有名な **Schröder–Bernstein** の定理を得る[8]．詳しくは P. R. Halmos (1974) の第 22 章を参照されたい．なお，このことは有限集合の場合は明らかであろう．

---

[8] ［訳注］Cantor–Bernstein の定理とよぶ人もいる．

56 第 5 章 個別代表系

問題 5F 有限集合 A_1, A_2, ..., A_n が与えられたとき,

$$\sum_{1 \le i < j \le n} \frac{|A_i \cap A_j|}{|A_i| \cdot |A_j|} < 1$$

ならば A_1, A_2, ..., A_n が個別代表系をもつことを示せ.

問題 5G (1) 演習問題 5A から, 頂点数 $2n$ の 3 正則二部グラフが完全マッチングをもつとわかる. $n = 4$ のとき, 異なる完全マッチングがいくつあるか答えよ. (2) 頂点数 10 の 4 正則二部グラフについて, (1) と同様の問題に答えよ.

ノート

定理 5.1 は Philip Hall の 1935 年の論文で初めて発表された. 本章で紹介した Hall の定理の証明は, Ostrand (1970), Hautus–Van Lint (1972) によるものだが, その基本的なアイデアは Halmos, Vaughan, Rado, M. Hall らの仕事にある. 詳しくは Van Lint (1974) などを参照されたい. 完全マッチングの問題は結婚問題 (marriage problem) とよばれることが多い.

D. König (1884–1944) はブダペスト大学の教授で, グラフ理論の教科書 (*Theorie der endlichen und unendlichen Graphen*, 1936) を初めて執筆した人物でもある. König の定理 (定理 5.4) のオリジナルの証明は König (1916) にある.

定理 5.4 の直前で述べたように, Hall の定理と König の定理は互いに「論理的に同値」な言い換えになっている. 二つの主張の一方から他方が形式的に導かれるとき, 論理的同値という言葉が用いられる.

Birkhoff の定理 (定理 5.5) は強力で, さまざまな分野に応用がきく. 読者もまた, 本書を読み進めていく過程で, そのことを実感されるだろう.

最後に, 例 5.1 のマジックの種明かしをする. まず, 5 枚のトランプの中に同じスーツのものが 2 枚以上あることに注意する. マジシャンは, 保持しているカードと同じスーツのカードを, パートナーが封筒から最初に取り出せるようにセットしておく. また, パートナーがマジシャンよりもランクの「大きい」カードを選べるようにしておく. ただし, 2, 3, ..., 10, J, Q,

K, A をこの順番で円周上に時計回りに配置し，ランク a からランク b へ時計回りに $\min\{|a-b|, 13-|a-b|\}$ 回で移動できるとき，「a は b より大きい」ということにする．たとえば，$S = \{3\spadesuit, Q\diamondsuit, 6\clubsuit, 3\diamondsuit, 7\spadesuit\}$ の場合には，$7\spadesuit$ か $3\diamondsuit$ のいずれかがパートナーの手元にくることになる．それを参考にして，パートナーはマジシャンの手元のカードを絞り込んでいく．たとえば，52 枚のカードを辞書式に順序付けておいて，残り 3 枚のカードの置換と 1 から 6 までの整数の間の 1 対 1 対応を決めておけば，マジックの完成である．

参考文献

[1] G. Birkhoff (1946), Tres observaciones sobre el algebra lineal, *Univ. Nac. Tucumán, Rev. Ser. A* **5**, 147–151.

[2] P. Hall (1935), On representatives of subsets, *J. London Math. Soc.* **10**, 26–30.

[3] P. R. Halmos (1974), *Naive Set Theory*, Springer-Verlag.

[4] D. König (1916), Über Graphen und ihre Anwendung auf Determinantentheorie und Mengenlehre, *Math. Annalen* **77**, 453–465.

[5] J. H. van Lint (1974), *Combinatorial Theory Seminar Eindhoven University of Technology*, Lecture Notes in Mathematics **382**, Springer-Verlag.

[6] P. Ostrand (1970), Systems of distinct representatives, *J. Math. Anal. Appl.* **32**, 1–4.

第6章　Dilworthの定理と極値集合論

二項関係 $\leq$ が定められた集合 S は，条件

(1) 任意の $a \in S$ に対して $a \leq a$（反射律）

(2) $a \leq b, b \leq c$ ならば $a \leq c$（推移律）

(3) $a \leq b, b \leq a$ ならば $a = b$（反対称律）

を満たすとき，**半順序集合** (partially ordered set) と呼ばれる[1]．二項関係 $\leq$ を半順序という．任意の $a, b \in S$ に対して $a \leq b$ または $a \geq b$ が成り立つとき[2]，半順序 $\leq$ を**全順序**（または**線形順序**）という．全順序をもつ集合 S を，**全順序集合**あるいは**鎖**という．たとえば，整数全体の集合 $\mathbb{Z}$ は通常の大小関係 $\leq$ について半順序集合をなす．また，集合の冪集合も，包含関係 $\subseteq$ について半順序集合をなす（が，全順序集合にはならない）．任意の異なる要素が比較不能であるような半順序集合を**反鎖**という．$a \leq b$ かつ $a \neq b$ のとき，$a < b$ と書くことにする．

次の定理は R. Dilworth (1950) によるものである．なお，以下の証明は H. Tverberg (1967) による．

定理 6.1（Dilworth の定理） 有限の半順序集合 P に対して，P を被覆する互いに素な鎖の総数の最小値 m は，P の反鎖の要素数の最大値 M に等しい．

---

[1] ［訳注］poset という略語がよく使われる．

[2] ［訳注］$a \leq b$ か $b \leq a$ のいずれか一方が成り立つとき，S の要素 a, b は比較可能であるといい，そうでないとき比較不能であるという．

60 第6章 Dilworth の定理と極値集合論

証明 (1) $m \geq M$ は明らか.

(2) 逆に, $M \geq m$ を $|P|$ に関する帰納法で示す. P の極大鎖 C を考えよう[3]. $P \setminus C$ において, 任意の反鎖が高々 $M - 1$ 個の要素からなるなら証明終了. そうでないとすると, $P \setminus C$ において要素数 M の反鎖 $\{a_1, \ldots, a_M\}$ が存在する. さて, $S^- := \{x \in P \mid \exists_i[x \leq a_i]\}$ として, S^+ も同様に定義する. C は極大なので, C の最大の要素は S^- に含まれない. S^- に帰納法の仮定を適用すると, S^- は $a_i \in S_i^-$ を満たす M 個の互いに素な鎖 $S_1^-, \ldots, S_M^-$ の和集合で表される. $x \leq a_j$ を満たす j が存在することから, もしも $x > a_i$ を満たす $x \in S_i^-$ が存在するなら, $a_i < a_j$ となって, 矛盾. このことは, 各 $1 \leq i \leq M$ に対して a_i が鎖 S_i^- における最大の要素となることを示している. 同様の議論により, S^+ は $a_i \in S_i^+$ を満たす M 個の互いに素な鎖 $S_1^+, \ldots, S_M^+$ の和集合で表され, 各 a_i は鎖 S_i^+ の最小の要素となることがわかる. このとき, $S^+ \cup S^- = P$, $S^+ \cap S^- = \{a_1, \ldots, a_M\}$ より, $S_i^- \cup S_i^+$ $(i = 1, \ldots, M)$ は P を被覆する互いに素な鎖である. $\square$

つぎの事実は Mirsky (1971) によるもので, ある意味で Dilworth の定理の双対版になっている.

定理 6.2 半順序集合 P が要素数 $m + 1$ の鎖を含まなければ, P は m 個の反鎖の和集合で表される.

証明 (m に関する帰納法) $m = 1$ のとき主張は明らか. $m \geq 2$ のとき, 定理の主張が $m - 1$ で正しいと仮定する. P を要素数 $m + 1$ の鎖を含まない半順序集合とする. P の極大元からなる集合 M を考える. 明らかに M は反鎖をなす. $P \setminus M$ において要素数 m の鎖 $x_1 < \cdots < x_m$ が存在したと仮定する. この鎖は P における極大鎖なので, $x_m \in M$ でなければならず, 矛盾. よって $P \setminus M$ は要素数 m の鎖を含まない. 帰納法の仮定より, $P \setminus M$ は $m - 1$ 個の反鎖の和集合で表されて, 定理の主張を得る. $\square$

---

[3] [訳注] すなわち, C の要素を昇順に $x_1 < x_2 < \cdots < x_c$ とするとき, 各 $1 \leq i \leq c - 1$ に対して $x_i < z < x_{i+1}$ を満たす P の要素 z が存在しないとき (x_{i+1} は x_i を**カバー**するという), C を**極大鎖**という.

次の事実は Sperner の定理 (1928) として知られている．なお，以下の証明は Lubell (1966) によるものである．

定理 6.3（Sperner の定理）　集合 $N := \{1, 2, \ldots, n\}$ の部分集合 $A_1, \ldots, A_m$ を考える．任意の異なる A_i, A_j の間に包含関係が成り立たないとすると[4]，$m \le \binom{n}{\lfloor n/2 \rfloor}$．

証明　集合 N の冪集合は包含関係 $\subseteq$ に関して半順序集合（P とおく）をなす．この半順序集合において $\mathcal{A} = \{A_1, \ldots, A_m\}$ は反鎖をなす．

P の極大鎖 $\mathcal{C}$ はサイズ $0, 1, \ldots, n$ の N の部分集合を一つずつ含んでいる．そして，空集合を含む 1 元部分集合は n 通りあり，各 1 元部分集合を含む 2 元部分集合は $n-1$ 通りあり，……という具合になっている．したがって，P の極大鎖は $n!$ 個存在し，さらに，N の特定の k 元部分集合 A を含むような極大鎖はちょうど $(n-k)!k!$ 個ある．

さて，$A \in \mathcal{A}$，および $A \in \mathcal{C}$ を満たす極大鎖 $\mathcal{C}$ の組 $(A, \mathcal{C})$ を数え上げよう．各極大鎖は反鎖の要素を二つ以上もち得ないので，所望の組の総数は高々 $n!$ である．一方，要素数 k の集合 $A \in \mathcal{A}$ の個数を α_k とおくと，所望の組の総数は $\sum_{k=0}^{n} \alpha_k k!(n-k)!$ と表されるから，

$$\sum_{k=0}^{n} \alpha_k k!(n-k)! \le n! \quad \text{つまり} \quad \sum_{k=0}^{n} \frac{\alpha_k}{\binom{n}{k}} \le 1.$$

$m = \sum \alpha_k$ であり二項係数 $\binom{n}{k}$ が $k = \lfloor n/2 \rfloor$ で最大値をとることから，定理が得られる． $\square$

$\mathcal{A}$ が集合 N の $\lfloor n/2 \rfloor$ 元部分集全体からなるとき，定理 6.3 の不等式の等号が成り立つ．

n 元集合 N の冪集合 B_n を考えよう．B_n は 2^n 個の要素をもち，集合の包含関係に関して自然に半順序集合をなす．N の i 元部分集合全体からなる集合を $\mathcal{A}_i$ とおく．B_n の要素の列 $P_k, P_{k+1}, \ldots, P_{n-k}$ は，$P_i \in \mathcal{A}_i$ および $P_i \subseteq P_{i+1}$ ($k \le i \le n-k-1$) を満たすとき，**対称鎖**とよばれる．

---

[4]　[訳注] つまり任意の異なる i, j に対して $A_i \not\subseteq A_j$ かつ $A_j \not\subseteq A_i$ が成り立つ．

62 第 6 章 Dilworth の定理と極値集合論

De Bruijn, Von Ebbenhorst, Kruyswijk (1949) のアルゴリズム：
B_1 から始めて帰納法を用いる．B_n が対称鎖に分割されているとする．このとき，対称鎖 $P_k, \ldots, P_{n-k}$ について，B_{n+1} の対称鎖 $P_{k+1}, P_{k+1}, \ldots, P_{n-k}$ と，$P_k, P_k \cup \{n+1\}, P_{k+1} \cup \{n+1\}, \ldots, P_{n-k} \cup \{n+1\}$ を考える．

上のアルゴリズムが B_{n+1} の対称鎖分割を与えることは容易に確かめられる．これは B_n における k 元部分集合と $(n-k)$ 元部分集合の自然な対応を与えている（定理 5.1 参照）．また演習問題 6D も参照してほしい．

問題 6A $a_1, a_2, \ldots, a_{n^2+1}$ を自然数 $1, 2, \ldots, n^2+1$ を並べ替えて得られる数列とする．この数列が長さ $n+1$ の単調な部分列 $a_{i_1}, a_{i_2}, \ldots, a_{i_{n+1}}$ を含むことを示せ（Dilworth の定理を用いよ）．

問題 6A について，次のような直接的な解法がある．$n+1$ 項からなる単調増加部分列がないと仮定する．各 a_i を初項にもつ最長の（長さ b_i とする）単調増加部分列の集合を考える．**鳩の巣原理**により，ある i について長さ b_i の部分列が少なくとも $n+1$ 個含まれている．$i < j$ かつ $b_i = b_j$ ならば $a_i < a_j$ となるので，長さ $n+1$ の単調減少列を得る．

第 5 章と第 6 章のつながりを意識して，定理 6.1 から定理 5.1 を導いてみよう．まず，（頂点集合 $X \cup Y$ 上の）二部グラフ G を考えて，$|X| = n$，$|Y| = n' \geq n$ とおく．$X \cup Y$ に半順序 $\leq$ を次のように入れる．すなわち，$x_i \in X$，$y_j \in Y$ に対して，$\{x_i, y_j\} \in E(G)$ のときかつそのときに限り $x_i < y_j$ と定義する．半順序集合 $X \cup Y$ における要素数最大の反鎖 $\{x_1, \ldots, x_h, y_1, \ldots, y_k\}$ を考え，$s = h + k$ とおく．$\Gamma(\{x_1, \ldots, x_h\}) \subseteq Y \setminus \{y_1, \ldots, y_k\}$ なので，$h \leq n' - k$，つまり $s \leq n'$ を得る．一方，$X \cup Y$ は s 個の互いに素な鎖の和集合で表される．これは，G のサイズ a のマッチングの辺と，X の残りの $n - a$ 個の要素と，Y の残りの $n' - a$ 個の要素からなる．よって，$n + n' - a = s \leq n'$ であり，$n \leq a$ を得る．これは X から Y への完全マッチングが存在することを示している．

定理 6.3 は極値集合論の代表的な結果の一つである．ここで次の簡単な問題を考えてみよう．

問題 6B 集合 $\{1, 2, \ldots, n\}$ の異なる部分集合 $A_1, \ldots, A_k$ を考える．$A_i \cap$

$A_j \neq \emptyset$ $(i \neq j)$ ならば $k \leq 2^{n-1}$ となることを示せ．また，この不等式において等号が成り立つような例を与えよ．

Sperner の定理を証明する際に用いた手法を使って，次の Erdős–Ko–Rado の定理を示してみよう．

定理 6.4（Erdős–Ko–Rado の定理） 集合 $\{1, 2, \ldots, n\}$ の m 個の異なる k 元部分集合の族 $\mathcal{A} = \{A_1, \ldots, A_m\}$ を考える．$k \leq n/2$, $A_i \cap A_j \neq \emptyset$ $(i \neq j)$ ならば，$m \leq \binom{n-1}{k-1}$ が成り立つ．

証明 整数 $1, 2, \ldots, n$ をこの順番に円周上に配置し，k 個の連続整数からなる集合の族 $\mathcal{F} := \{F_1, \ldots, F_n\}$ を考える．すなわち，$F_i := \{i, i+1, \ldots, i+k-1\}$ とおき，F_i の各要素は n を法として巡回的に処理することにする．$F_i \in \mathcal{A} \cap \mathcal{F}$ のとき，各整数 $i+1 \leq l \leq i+k-1$ に対して，

$$\{l, l+1, \ldots, l+k-1\}, \quad \{l-k, l-k+1, \ldots, l-1\}$$

のうち高々一つが $\mathcal{A}$ に属する．よって $|\mathcal{A} \cap \mathcal{F}| \leq k$．同様のことは $\mathcal{F}^\pi := \{F_1^\pi, \ldots, F_n^\pi\}$ についても成り立つから[5]，

$$\Sigma := \sum_{\pi \in S_n} |\mathcal{A} \cap \mathcal{F}^\pi| \leq k \cdot n!.$$

各ペア $(A_j, F_i) \in \mathcal{A} \times \mathcal{F}$ について $F_i^\pi = A_j$ を満たす置換 π が $k!(n-k)!$ 個あるので，$\Sigma = m \cdot n \cdot k!(n-k)!$ を得る．よって定理の主張を得る．　□

$\mathcal{A}$ の各要素のサイズを k 以下とし，さらに $\mathcal{A}$ を反鎖としても，Erdős–Ko–Rado の定理と同様の結論が導かれる（定理 6.5）．これは，定理 6.4 の証明の議論を微修正しても証明されるが，ここでは Hall の定理（定理 5.1）を用いた証明を与える．

定理 6.5 $N := \{1, 2, \ldots, n\}$ の m 個の異なる部分集合の族 $\mathcal{A} = \{A_1, \ldots, A_m\}$ を考える．任意の異なる i, j に対して，$|A_i| \leq k \leq n/2$, $A_i \not\subseteq A_j$, $A_i \cap A_j \neq \emptyset$ と仮定する．このとき $m \leq \binom{n-1}{k-1}$ が成り立つ．

---

[5] ［訳注］$F_i^\pi := \{\pi(x) \mid x \in F_i\}$．

64 第 6 章 Dilworth の定理と極値集合論

証明 (1) すべての A_i の要素数が等しい場合, 定理 6.4 より, 主張は明らか.

(2) サイズの異なる部分集合があったとしよう. 最小サイズ (l とおく) の部分集合を $A_1, \ldots, A_s$ とおく. 少なくとも一つの A_i ($1 \leq i \leq s$) を含むサイズ $l + 1$ の N の部分集合 B_j の集合に注目する. 明らかに各 B_j は $\mathcal{A}$ に属さない. A_i はちょうど $n - l$ 個の B_j に含まれ, また各 B_j は高々 $l + 1 \leq n - l$ 個の A_i を含んでいる. よって, 定理 5.1 より, $A_i \subseteq B_i$ を満たす s 個の異なる集合 $B_1, \ldots, B_s$ が存在する. $A_1, \ldots, A_s$ を $B_1, \ldots, B_s$ と取り換えて, $\mathcal{A}$ から $\mathcal{A}'$ を構成する. $\mathcal{A}'$ の各要素のサイズは $l + 1$ 以上である. この議論を繰り返すと, (1) の場合に帰着されて証明が終わる. $\qquad\square$

定理 6.4 の証明における数え上げの議論を重み付き集合について補正すると, 次の B. Bollobás (1973) の結果を得る.

定理 6.6 集合 $\{1, 2, \ldots, n\}$ の m 個の異なる部分集合の族 $\mathcal{A} = \{A_1, \ldots, A_m\}$ を考える. 任意の異なる i, j に対して, $|A_i| \leq n/2$, $A_i \not\subseteq A_j$, $A_i \cap A_j \neq \emptyset$ と仮定する. このとき次が成り立つ.

$$\sum_{i=1}^{m} \frac{1}{\binom{n-1}{|A_i|-1}} \leq 1.$$

証明 円周上に配置された整数 $1, 2, \ldots, n$ の置換 π を考える. π を施した後, A_i のすべての要素が連続して (隣り合うように) 円周上に現れるとき, $A_i \in \pi$ と書くことにする. 定理 6.4 の証明と同様にすると, $A_i \in \pi$ のとき, $A_j \in \pi$ を満たす A_j は高々 $|A_i|$ 個あるとわかる.

さて, 関数 f を

$$f(\pi, i) := \begin{cases} \dfrac{1}{|A_i|} & A_i \in \pi \text{ のとき}, \\ 0 & \text{そうでないとき}, \end{cases}$$

で定めると, 上の議論から, $\sum_{\pi \in S_n} \sum_{i=1}^{m} f(\pi, i) \leq n!$ を得る. この不等式

において，左辺の和の順番を交換し，$A_i \in \pi$ を満たす置換を数え上げると $n \cdot |A_i|! \cdot (n - |A_i|)!$ なので

$$\sum_{i=1}^{m} \sum_{\pi \in S_n} f(\pi, i) = \sum_{i=1}^{m} \frac{1}{|A_i|} \cdot n \cdot |A_i|!(n - |A_i|)! = \sum_{i=1}^{m} \frac{n!}{\binom{n-1}{|A_i|}}.$$

$\square$

問題 6C $N := \{1, \ldots, n\}$ の m 個の異なる部分集合の族 $\mathcal{A} = \{A_1, \ldots, A_m\}$ を考える．任意の異なる i, j に対して $A_i \not\subseteq A_j$, $A_i \cap A_j \neq \emptyset$, $A_i \cup A_j \neq N$ と仮定する．このとき

$$m \leq \binom{n-1}{\lfloor n/2 \rfloor - 1}$$

を示せ．

問題 6D 冪集合 B_n の対称鎖分解を用いて，定理 6.3 を示せ．B_n の対称鎖分解を用いて，定理 6.5 が定理 6.4 に帰着されることを示せ．また，$\mathcal{A}_i$ の最小元をもつ鎖はいくつあるか？

問題 6E 集合 $N = \{1, 2, \ldots, n\}$ の冪集合 B_n において，ある要素 S（N の部分集合）を含む対称鎖を構成したいとする．S の特性ベクトルを x とおく．たとえば，$n = 7$, $S = \{3, 4, 7\}$ のとき，$x = (0, 0, 1, 1, 0, 0, 1)$．簡単のため，これを 0011001 と書く．隣り合う座標対に現れる 10（この順序で）にドットをのせて，x から「除去する」操作を繰り返すことにする．すると，最終的に，$00 \cdots 01 \cdots 11$ の形のベクトルが得られる．上の例の場合，x から $00\dot{1}\dot{1}\dot{0}\dot{0}1$ が得られ，ドットの付いたところを除くと 001 を得る．一般に，x でドットの付いている座標の値を固定し，その他の座標の値を $0 \cdots 000, 0 \cdots 001, 0 \cdots 011, \ldots, 1 \cdots 111$ で定めることによって，S を含む対称鎖の要素はすべてつくされる．上の例の場合，

$$00\dot{1}\dot{1}\dot{0}\dot{0}0$$
$$00\dot{1}\dot{1}\dot{0}\dot{0}1$$
$$01\dot{1}\dot{1}\dot{0}\dot{0}1$$
$$11\dot{1}\dot{1}\dot{0}\dot{0}1$$

となり，これらは $S = \{3,4,7\}$ を含む対称鎖

$$\{3,4\}, \quad \{3,4,7\}, \quad \{2,3,4,7\}, \quad \{1,2,3,4,7\}$$

に対応する．このアルゴリズムで得られる対称鎖が，De Bruijn らのアルゴリズムで得られた対称鎖と同じものであることを示せ．

ノート

第23章と第25章では半順序集合に関する，より高度な内容を学ぶことになる．

E. Sperner (1905–1980) はオーバーヴォルファッハ数学研究所を立ちあげたメンバーの一人で，組合せ的位相幾何学の分野で有名な「Sperner の補題」を発見した人物でもある．Sperner の補題は彼の学位論文に記されており，Brouwer の不動点定理の証明などに用いられた（Sperner は組合せ論で有名なケーニヒスベルクで研究者としての第一歩を歩んだ）．

極値集合論の概説論文として Frankl (1988) を挙げておく．

Erdős–Ko–Rado の定理の G. O. H. Katona (1974) による短い別証明は有名である．定理 6.5 の証明は Kleitman–Sperner (1973)，Schönheim (1971) によるものである．定理 6.6 の証明は Greene, Katona, Kleitman (1976) による．

参考文献

[1] B. Bollobás (1973), Sperner systems consisting of pairs of complementary subsets, *J. Combin. Theory Ser. A* **15**, 363–366.

[2] N. G. De Bruijn, C. van Ebbenhorst Tengbergen, D. Kruyswijk (1949), On the set of divisors of a number, *Nieuw. Arch. Wisk.* **23**, 191–193.

[3] R. P. Dilworth (1950), A decomposition theorem for partially ordered sets, *Annals of Math.* **51**, 161–166.

[4] P. Erdős, C. Ko, R. Rado (1961), Extremal problems among subsets of a set, *Quart. J. Math. Oxford Ser.* **12**, 313–318.

[5] P. Frankl (1988), Old and new problems on finite sets, Proc. Nineteenth S. E. Conf. on Combinatorics, Graph Th. and Computing, Baton Rouge.

[6] C. Greene, G. O. H. Katona, D. J. Kleitman (1976), Extensions of the Erdős–Ko–Rado theorem, *Stud. Appl. Math.* **55**, 1–8.

[7] G. O. H. Katona (1974), Extremal problems for hypergraphs, in *Combinatorics* (edited by M. Hall Jr. and J. H. van Lint), Reidel.

[8] D. J. Kleitman, J. Spencer (1973), Families of k-independent sets, *Discrete Math.* **6**, 255–262.

[9] D. Lubell (1966), A short proof of Sperner's lemma, *J. Combin. Theory* **1**, 299.

[10] L. Mirsky (1971), A dual of Dilworth's decomposition theorem, *Amer. Math. Monthly* **78**, 876–877.

[11] J. Schönheim (1971), A generalization of results of P. Erdős, G. Katona, and D. J. Kleitman concerning Sperner's theorem, *J. Combin. Theory Ser. A* **11**, 111–117.

[12] E. Sperner (1928), Ein Satz über Untermengen einer endlichen Menge, *Math. Z.* **27**, 544–548.

[13] H. Tverberg (1967), On Dilworth's decomposition theorem for partially ordered sets, *J. Combin. Theory* **3**, 305–306.

第7章 ネットワークフロー

ソースとシンクとよばれる特別な頂点 s, t があり，各辺 e に非負の実数 $c(e)$ が割り当てられている有限の有向グラフ D を，**ネットワーク**という[1]．$c(e)$ を辺 e の**容量**という．本章ではネットワークに関する基礎理論を学ぶ．多重グラフについてもネットワークの理論を展開することができるが，ここでは単純有向グラフのみを扱うこととする．

たとえば，図 7.1 はネットワークの一例である．ネットワークを水道網のようなものだと思うことにすると，辺の容量は単位時間当たりに水道管を流れ得る水量の上限のようなものだと解釈できる．

ネットワーク D が与えられたとき，

(1) 各辺 $e \in E(D)$ に対して $0 \le f(e) \le c(e)$,

(2) 各頂点 $v \in V(D) \setminus \{s, t\}$ に対して，

$$\sum_{(v,u) \in E(D)} f((v,u)) = \sum_{(u,v) \in E(D)} f((u,v))$$

を満たす写像 $f : E(D) \to \mathbb{R}_{\ge 0}$ を，D の**フロー**（流れ）という．条件 (1) を**実行可能則** (feasibility law)，条件 (2) を**保存則** (conservation law) とい

---

[1] ［訳注］原著では transpotation network とよばれている．もう少し定式的に述べると，条件
(1) $(v, s) \notin E(D)$ を満たす $s \in V(D)$ と，$(t, v) \notin E(D)$ を満たす $t \in V(D)$ が存在する．
(2) 辺集合 $E(D)$ から $\mathbb{R}_{\ge 0}$ への写像 c が定義されている．

を満たす有限有向グラフ D を，ネットワークという．

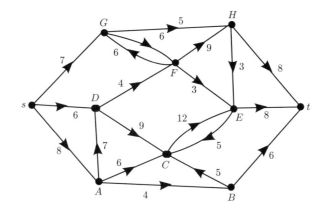

図 **7.1**

う.

s を端点とする辺の f の値（流量）の総和を $|f|$ とおき[2]，これを f の**強さ**という．実は，f の強さはシンク t を端点とする辺の f 値の総和に等しくなる．読者には，本書を読み進める前に，まずこの事実の証明にトライしてもらいたい．

ネットワークに関する基本的な問題の一つとして，強さ最大のフロー（**最大流**）の探索問題がある．そこでまず，フローの強さの上界を導こう．すぐにわかることとして，ソースから出る辺の容量の総和は一つの上界になる．頂点集合 $V := V(D)$ の分割集合の組 (X, Y) は，$s \in X$, $t \in Y$ を満たすとき，（s と t を分離する）**カット**とよばれる．X の頂点から Y の頂点に向かう辺の容量の総和を，カット (X, Y) の**容量**という[3]．実は任意のカットの容量が任意のフローの強さを下回ることはない．これを示すために，より強い命題を証明しよう．すなわち，任意のカット (X, Y) とフロー f に対して

---

[2]　［訳注］すなわち

$$|f| := \sum_{(s,v) \in E(D)} f((s,v))$$

である．

[3]　［訳注］すなわち，

$$c(X, Y) := \sum_{\substack{v \in X, u \in Y, \\ (v,u) \in E(D)}} c((v,u)).$$

$$|f| = f(X, Y) - f(Y, X) \tag{7.1}$$

が成り立つことを示そう．ただし，X に始点，Y に終点をもつ有向辺の f の値の総和を $f(X, Y)$ とおく．式 (7.1) を認めると，実行可能則より $|f| \leq c(X, Y)$ となり，最小容量のカットが $|f|$ の上界を与えるとわかる．たとえば，図 7.1 のネットワークには容量 20 のカットがあり，これが最小カットである．

さて，式 (7.1) を示すために，関数 $\phi : V \times E \to \{\pm 1, 0\}$ を

$$\phi(x, e) := \begin{cases} 1 & \exists y \in V, \ e = (x, y) \in E \ \text{のとき}; \\ -1 & \exists y \in V, \ e = (y, x) \in E \ \text{のとき}; \\ 0 & \text{その他} \end{cases}$$

で定める[4]．フローの保存則は，任意の $x \in V \setminus \{s, t\}$ に対して $\sum_{x \in X} \phi(x, e) f(e) = 0$ が成り立つ．e が X から Y への辺なら $\sum_{x \in X} \phi(x, e) = 1$ で，Y から X への辺なら $\sum_{x \in X} \phi(x, e) = -1$．さらに，辺 e の両端点がともに X（あるいは Y）に属するとき $\sum_{x \in X} \phi(x, e) = 0$ が成り立つ．したがって

$$\begin{aligned} |f| &= \sum_{e \in E} \phi(s, e) f(e) = \sum_{x \in X} \sum_{e \in E} \phi(x, e) f(e) \\ &= \sum_{e \in E} f(e) \sum_{x \in X} \phi(x, e) = f(X, Y) - f(Y, X). \end{aligned}$$

（二つめの等号で，各 $x \neq s$ について $\sum_{e \in E} \phi(x, e) f(e) = 0$ となることを用いた．）

式 (7.1) の特別な場合として，$X = V \setminus t$ とすると $|f| = f(X, \{t\})$ を得る．

さて，ネットワーク D においてフロー f が与えられたとしよう（0-フロー，つまり $f \equiv 0$ も許容する）．D の異なる頂点の列 $x_0, x_1, \ldots, x_{k-1}, x_k$ は，各 $1 \leq i \leq k$ に対して

(1) $e = (x_{i-1}, x_i) \in E$ かつ $c(e) - f(e) > 0$,

---

[4] ［訳注］関数 ϕ は有向グラフの結合行列と同一視できる（第 36 章参照）．

72 第7章 ネットワークフロー

(2) $e = (x_i, x_{i-1}) \in E$ かつ $f(e) > 0$

のいずれか一方が成り立つとき，x_0 から x_k への**特別道** (special path) とよ
ばれる[5]．$e \in E$ は，$f(e) = c(e)$ を満たすとき，**飽和状態**にあるという．
上の条件 (1) は「前向き」の辺が飽和状態にないことを，条件 (2) は「後向
き」の辺の流量が正であることを意味している．

 s から t への特別道が存在したとする．各 $1 \le i \le k$ について，α_i を，
e がタイプ (1) の辺なら $c(e) - f(e)$ とし，タイプ (2) の辺なら $f(e)$ と定め
る．ただし (1) と (2) がともに起こるときには，好きな方を選ぶことにす
る．$\alpha := \min_i \alpha_i$ とおく．目下の特別道において，(1) のタイプの辺の流
量を α だけ増やし[6]，(2) のタイプの辺の流量を α だけ減らすことを考えよ
う．この操作によって新たに得られたフローを f' とおくと（実行可能則と
保存則を満たすのは明らか），$|f'| = |f| + \alpha$ が成り立つ．

上述の手続きに従って s から t への特別道を取り続けると，より強いフ
ローを得ることができる．このアルゴリズムが収束するか，収束するなら
オーダーはどのくらいかなど議論の余地がある．しかしながら，ひとまずは
そうした議論を後回しにして，仮に何かしらの方法で s から t への特別道が
これ以上とれない状況に辿り着けたとしたら，ほかにどのようなよいことが
あるだろうか？以下では，この点について明らかにする．

あるフロー f_0 に関してソース s からシンク t への特別道がないと仮定し
よう．s から特別道を通って辿り着くことができる頂点全体の集合を X_0 と
し，$Y_0 := V(D) \setminus X_0$ とおく．明らかに (X_0, Y_0) はカットをなす．$x \in X_0$，
$y \in Y_0$ に対して，$e = (x, y) \in E(D)$ とすると，辺 e は飽和状態にある
（そうでないとすると，s から x への特別道に y を付け加えることで s から
y への特別道が得られ，X_0 と Y_0 の取り方に矛盾する）．同様の理由から，
$e' = (y, x) \in E(D)$ ならば，$f(e') = 0$ でなければならない．ゆえに，式
(7.1) より，

$$|f_0| = f_0(X_0, Y_0) - f_0(Y_0, X_0) = c(X_0, Y_0).$$

---

[5]　[訳注] **増大道** (augmenting path) ともいう．
[6]　[訳注] つまり辺 e での f の値 $f(e)$ を $f(e) + \alpha$ で定義し直す．

任意のフロー f に対して $|f| \le c(X_0, Y_0)$ が成り立つことから，f_0 よりも強いフローが存在しないとわかる.

f_0 を最大流とすると（連続性から，そのようなフローは必ず存在する．アルゴリズムの収束性などはひとまず気にしない），s から t への特別道は存在しない．任意のカット (X, Y) に対して $c(X, Y) \ge |f_0|$ であるから，上述の (X_0, Y_0) は容量最小のカット（最小カット）になっている．以上より，次の Ford と Fulkerson の結果 (1956) を得る[7].

定理 7.1（Ford–Fulkerson の定理） ネットワークにおいて最大流の強さは最小カットの容量に等しい.

これを**最大流最小カット定理**ともいう．上述の流量の大きいフローを構成するアルゴリズムは，最大流と最小カットの関係以上のことを教えてくれる.

定理 7.2 ネットワークにおいて各辺の容量が整数ならば[8]，すべての辺 e で $f(e)$ が整数となるような最大流 f が存在する.

証明 強さ 0 のフロー f を考える．上述のアルゴリズムにおいて，各ステップで値 α は整数であることから，所望の結果を得る． $\qquad\square$

問題 7A 図 7.1 のネットワークについて最大流を与えよ.

問題 7B ネットワーク D において，ソース s からシンク t への有向単純道の各辺に正の定数 α を割り当てて，そのほかのすべての辺に 0 を割り当てるフローを，D の**基本流**という．任意のフローはいくつかの基本流と強さ 0 のフローの和で表されることを示せ.（このことは，0-フローから始めて，「前向き」の辺からなる特別道だけを使って，最大流が得られることを示している.）最大流ではないが「前向き」の辺のみからなる特別道がないような例を作れ.

問題 7C ネットワーク D における最小カット (X_1, Y_1), (X_2, Y_2) に対し

7　[訳注] L. R. Ford, D. R. Fulkerson (1956), Maximum flow through a network, Canad. J. Math. 8, 399–404.

8　[訳注] 各辺の流量が整数であるようなフローを，**整数流**という.

74 第 7 章 ネットワークフロー

て, $(X_1 \cup X_2, Y_1 \cap Y_2)$ も D の最小カットをなすことを示せ（ネットワークフローの定義条件，あるいは最大流に関する議論から）.

問題 7D 定理 7.1（あるいは定理 7.2）を用いて定理 5.1（Hall の定理）を示せ.

本章のトピックスが実用上重要であることは明らかであろう．たとえば，製品の配送経路の設計問題は，ネットワークにおける最適フローの探索アルゴリズムに依存する．ただ，本章では，ネットワークのアルゴリズム的側面には立ち入らないことにする．その代わりに，定理 7.2 の Birkhoff の定理（定理 5.5）に関する「ある」問題への応用的側面を紹介する（定理 7.3）．以下で紹介する証明は，A. Schrijver による（定理 7.3 で $b = v$ とすると，定理 5.5 の状況になる）．定理 5.5 を用いて証明する試みもいくつかあるが，いずれもうまくいっていない.

定理 7.3 各行の成分の和（行和）が r，各列の成分の和（列和）が k であるようなサイズ $b \times v$ の $(0, 1)$ 行列を $A = (a_{ij})$ とおく（つまり $b = v$）．$0 < \alpha < 1$ を満たし，$k' = \alpha k$, $r' = \alpha r$ がともに整数となる有理数 α をとる．このとき，各行和が r'，各列和が k', $a'_{ij} = 1$ ならば $a_{ij} = 1$ であるようなサイズ $b \times v$ の $(0, 1)$ 行列 $A' = (a'_{ij})$ が存在する.

証明 s（ソース），t（シンク），$x_1, \ldots, x_b$（A の行に対応する頂点），$y_1, \ldots, y_v$（A の列に対応する頂点）を頂点集合とし，(s, x_i), (y_j, t), そして $a_{ij} = 1$ のときかつそのときに限り (x_i, y_j) を辺とするネットワークを考える．ただし各辺 (u, v) の容量を

$$c((u, v)) := \begin{cases} k & (u, v) = (s, x_i) \text{ のとき,} \\ 1 & (u, v) = (x_i, y_j) \text{ のとき,} \\ r & (u, v) = (y_j, t) \text{ のとき,} \end{cases}$$

で定める[9]．明らかに，このネットワークにはすべての辺が飽和状態にあるような最大流がある．各辺 (s, x_i) の容量を k', (y_j, t) の容量を r' と置き換

---

[9] ［訳注］ここは原著では数式の形では書かれていない.

えて，別のネットワークを構成する．その各辺の容量はすべて整数なので，定理7.2より，すべての辺 (x_i, y_j) で $f^*((x_i, y_j)) = 0, 1$ を満たすような最大流 f^* がある．このことは，所望の行列 A' の存在性を示している．　　□

上の定理は本質的に同じ証明でさまざまな形に一般化されるが，以下ではそれとは少し異なるアプローチを見よう．

次の定理は，フローの容量や強さの概念を必要とせず，組合せ論の問題に応用されることもある．定理7.2を用いた証明も知られているが（Ford–Fulkerson (1956) 参照），以下では直接的に証明してみよう．

さて，有向グラフ D について，すべての頂点で保存則が成り立つ写像 $f : E(D) \to \mathbb{R}$ を，D の**循環流** (circulation) という[10]．代数的には，循環流は有向グラフの結合行列の解空間に属している．

定理 7.4　有限有向グラフ D の循環流 f について，各辺 e で $g(e)$ が $\lfloor f(e) \rfloor$ か $\lceil f(e) \rceil$ となる循環流 g が存在する．

定理7.4において，g の値は f の値の切り上げ，切り捨てになる．もちろん f が整数流ならば $f = g$ となる．

証明　グラフ D の各辺 e に対して，

$$\lfloor f(e) \rfloor \le g(e) \le \lceil f(e) \rceil \tag{7.2}$$

を満たす循環流で，整数の流量をもつ辺の総数が最大の g を考えよう．

整数の流量をもたない辺全体からなる D の全域部分グラフを，H とおく．循環流の保存則から H の各頂点の次数は1ではない．よって，g が整数流でないとすると，H は多角形 P を含む．

P に沿って「前向き」の辺全体を A，「後向き」の辺全体を B とおく．任意の実数 c に対して，循環流

---

[10] ［訳注］すなわち，

$$\forall v \in V(D) \Big(\sum_{(v, y) \in E(D)} f((v, y)) = \sum_{(x, v) \in E(D)} f((x, v)) \Big)$$

を満たす写像 $f : E(D) \to \mathbb{R}$ を，D の循環流という．f の値に負値が許容されていることに注意する．

76 第7章 ネットワークフロー

$$g'(e) := \begin{cases} g(e) + c & e \in A \text{ のとき}, \\ g(e) - c & e \in B \text{ のとき}, \\ g(e) & e \in E(D) \setminus E(P) \text{ のとき} \end{cases}$$

を考える. $|c|$ が十分小さければ, g' についても式 (7.2) が成り立つ. とくに

$$c := \min\left\{ \min_{e \in A}(\lceil f(e) \rceil - g(e)), \min_{e \in B}(g(e) - \lfloor f(e) \rfloor) \right\}$$

としてよい. ところが, このとき, g' は g よりも整数値の流量をもつ辺をたくさん含んでおり, g の取り方に矛盾する. $\qquad\square$

系 f を有限有向グラフの整数流, d を任意の自然数とする. このとき f は, 各辺 e に対して

$$\lfloor f(e)/d \rfloor \le g_j(e) \le \lceil f(e)/d \rceil, \quad j = 1, \dots, d \tag{7.3}$$

を満たす整数流 g_j の和 $g_1 + \cdots + g_d$ で表される.

証明 d に関する帰納法. $d = 1$ のとき主張は明らか. $d \ge 2$ のとき, 循環流 f/d に定理 7.4 を適用すれば, 式 (7.3) を満たす整数流 g_1 を得る. 帰納法の仮定より,

$$f - g_1 = g_2 + g_3 + \cdots + g_d$$

と

$$\lfloor (f(e) - g_1(e))/(d-1) \rfloor \le g_j(e) \le \lceil (f(e) - g_1(e))/(d-1) \rceil$$

をともに満たす整数流 $g_2, \dots, g_d$ が存在する. 一般に a が整数で, b が $\lfloor a/d \rfloor$, $\lfloor a/d \rfloor$ のいずれかに等しいとすると,

$$\lfloor \frac{a}{d} \rfloor \le \lfloor \frac{a-b}{d-1} \rfloor, \qquad \lceil \frac{a-b}{d-1} \rceil \le \lceil \frac{a}{d} \rceil$$

が成り立つ. したがって, $j = 2, 3, \dots, d$ について式 (7.3) が成り立つ. $\qquad\square$

定理 7.3 と同様にして, サイズ $m \times n$ の実行列 $A = (a_{ij})$ から, 頂点数

$m+n+2$ で辺数 $mn+m+n+1$ の有向グラフの循環流 f を構成する.この有向グラフは定理 7.3 の証明中のグラフと似ていて,$s, t, x_1, \ldots, x_m, y_1, \ldots, y_n$ を頂点とし[11],$(s, x_i), (x_i, y_j), (y_j, t)$ $(i = 1, \ldots, m, \ j = 1, \ldots, n)$ を辺とする.また各辺 e のフロー f を

$$f(e) := \begin{cases} a_{ij} & e = (x_i, x_j) \text{ のとき}, \\ \displaystyle\sum_j a_{ij} & e = (s, x_i) \text{ のとき}, \\ \displaystyle\sum_i a_{ij} & e = (y_j, t) \text{ のとき}, \\ \displaystyle\sum_{i,j} a_{ij} & e = (t, s) \text{ のとき} \end{cases}$$

と定める[12].この循環流 f に定数 α をかけて,定理 7.4 に適用すると,次の定理 7.5 (1) を得る.(2) の主張は定理 7.4 の系より示される.

定理 7.5 (1) A を実行列,α を実数とする.このとき,各成分,各行和,各列和,全成分和がそれぞれ αA のそれらの「切り上げ」,「切り捨て」に一致するような整数行列 B が存在する.

(2) A を整数行列,d を任意の自然数とする.このとき

$$A = B_1 + B_2 + \cdots + B_d$$

を満たす整数行列 $B_1, \ldots, B_d$ が存在して,B_i の各成分,各行和,各列和,全成分和がそれぞれ $(1/d)A$ のそれらの「切り上げ」,「切り捨て」に一致するようにできる.

問題 7E 定理 7.5 を使って,次の事実を示せ:(1) 問題 5A (3),(2) 定理 5.5,(3) 定理 7.3,(4) すべての頂点の次数が偶数の有限(無向)グラフには,各頂点の入次数と出次数が等しくなるような辺の向き付けが可能である.このような向き付けを,**均整**がとれた向き付け (balanced orientation) という.(5) 最小次数 $\underline{d}$,最大次数 $\overline{d}$ の二部グラフについて,各頂点に現れる色が相異なるような $\overline{d}$ 辺着色が存在し,また各頂点に $\underline{d}$ 色すべて現れる

---

[11]　[訳注] s, t はソースとシンクであり,x_i は第 i 行,y_j は第 j 列に対応している.

[12]　[訳注] ここは原著では数式の形では書かれていない.

78 第7章 ネットワークフロー

ような d 辺着色が存在する.

問題 7F D を連結な有向グラフとする. D 上のすべての循環流のなす実ベクトル空間の次元は $|E(D)| - |V(D)| + 1$ に等しいことを示せ.

ノート

「特別道」の代わりに「増大道」という用語が使われることもある.

ネットワークのすべての辺の容量が整数であるとき, 特別道を取り続けることで最大流に達することができる. この探索アルゴリズムは有限回のステップで必ず終了する (各ステップでフローの強さが少なくとも一つ上がるので). 同様のことはすべての容量が有理数であっても成り立つが, 無理数まで許容すると状況が少し変わってくる. たとえば, Ford と Fulkerson (1962) は, ある選び方に従って特別道を取り続けることで, 最大流の4分の1程度の値に収束するようなフローを無数に見つけた. 一方,「最短」の特別道を取り続ければ, オーダー $O(n^3)$ 程度のステップで最大流に辿り着くことができる (n は頂点数). 詳細は Edmonds–Karp (1972) を参照されたい.

最大流の探索問題は線形計画問題に帰着されるため, たとえばシンプレックス法で解くことができる. ネットワーク問題の制約条件は全ユニモジュラーな結合行列を与えており, 定理 7.2 の事実が整数容量のネットワークについて成り立つことへの一つの説明になっている. 線形計画や整数計画の詳細については章末の文献[13]を参考されたい. 大抵の場合, グラフを使って線形計画問題を解く方が, シンプレックス法を使うよりもはるかに早く, 私たちの洞察力を養ってくれる.

代数的トポロジーの分野では循環流のことを 1-cycle などとよぶ. 全ユニモジュラー行列が与えられたとき, その解空間に属する循環流 f について定理 7.4 の類似が成り立つ.

定理 7.1, 定理 7.2, 定理 7.4, そして特別道を用いた最大流の探索アルゴリズムは, 組合せ論のさまざまなトピックスと結びついている. たとえば,

---

[13] ［訳注］Hu (1969), Chvátal (1983).

ネットワークが与えられたとき，最大の整数流の探索問題は二部グラフにおける**最大マッチング**の存在問題に帰着されるし（参考文献参照），このほかにも，$(0,1)$ 行列や集合の分割にまつわる諸話題とも深く関係している．詳細は第 16 章や第 38 章を参照されたい．

参考文献

[1] J. Edmonds, R. M. Karp (1972), Theoretical improvements in algorithm efficiency for network flow problems, *J. Assn. for Computing Machinery* **19**, 248–264.

[2] L. R. Ford, D. R. Fulkerson (1962), Flows in Networks, Princeton University Press.

[3] T. C. Hu (1969), *Integer Programming and Network Flows*, Addison-Wesley.

[4] V. Chvátal (1983), *Integer Programming*, W. H. Freeman.

第8章 De Bruijn 系列

　下記の**回転ドラム問題** (Rotating Drum Problem) は実用的な起源のある問題である．まずは図 8.1 の円盤（回転ドラム）を考えよう．

　円盤上にシンボル 0 と 1 を配置して，長さ 4 のすべての $(0,1)$ 列が連続部分列として 1 回ずつ現れるようにしたいとする．これは 0 から 15 までの整数が 2 進表示で一つずつ盤上に埋め込まれることを意味する．一般にそのような盤配置は存在するのか，またあるとすれば何通りあるのだろうか[1]？一つ目の問いについて確かめるのは簡単である．いずれの問題も 1946 年に N. G. De Bruijn（ド・ブライン）によって考えられたものであることから，所望の盤配置 ($(0,1)$ 列) を彼の名に因んで **De Bruijn 系列**とよび[2]，以下に登場するグラフを **De Bruijn グラフ**とよぶ．

　長さ 3 の $(0,1)$ 列（符号語）を頂点とし，各頂点 $x_1x_2x_3$ から二つの頂点 x_2x_30, x_2x_31 への有向辺を考えて，有向グラフを定義する（のちほど G_4 と名付ける）．$x_1x_2x_3x_4$ が整数 j の 2 進表示になっているとき，有向辺 $(x_1x_2x_3, x_2x_3x_4)$ を e_j で番号付けることにする．このグラフには頂点 000 と頂点 111 にループがある．また，各頂点の入次数と出次数はともに 2 であるから，第 1 章で見たように，オイラー閉路が含まれている．これらのオイラー閉路は長さ 16 の De Bruijn 系列を与える．たとえば，G_4 にはオイラー閉路 000 $\rightarrow$ 000 $\rightarrow$ 001 $\rightarrow$ 011 $\rightarrow$ 111 $\rightarrow$ 111 $\rightarrow$ 110 $\rightarrow$ 100 $\rightarrow$

---

[1] ［訳注］一般の n についても，円盤上にシンボル $0, 1$ を 2^n 個配置し，連続する n 個のシンボルの列として $\{0,1\}^n$ の各要素がちょうど 1 回ずつ現れるようにしたい．また，そのような盤配置の個数を数え上げたい．

[2] ［訳注］所望の盤配置をなす（周期 2^n の）シンボル列を，n 次の **De Bruijn 系列**という．

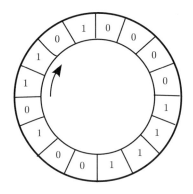

図 8.1

$001 \to 010 \to 101 \to 011 \to 110 \to 101 \to 010 \to 100 \to 000$ が含まれており，盤配置 0000111100101101（巡回的に読む）が対応している．このような閉道を，**完全サイクル** (complete cycle) という．

上と同様にして，長さ $n-1$ の $(0,1)$ 列を頂点とする有向グラフ G_n を定義する[3]．つまり G_n には 2^n 個の辺がある．

図 8.2 はグラフ G_4 を表している．本章で扱うグラフは，入次数と出次数がともに 2 の有向グラフである[4]．入次数と出次数がともに 2 の有向グラフ G が与えられたとき，

(i) G の辺集合を G^* の頂点集合とする．
(ii) G^* の頂点 a, b について，a の終点が b の始点に等しいときかつそのときに限り (a, b) を G^* の辺とする．

として，グラフ G^* を定める．

明らかに $G_n^* = G_{n+1}$ が成り立つ．

定理 8.1 G を頂点数 m で，各頂点の入次数と出次数がともに 2 の有向グ

---

[3] ［訳注］長さ $n-1$ のシンボル $(0,1)$ 列を頂点とし，各頂点 $x_1 x_2 \cdots x_{n-1}$ を 2 頂点 $x_2 x_3 \cdots x_{n-1} 0, x_2 x_3 \cdots x_{n-1} 1$ と有向辺

$$(x_1 x_2 \ldots x_{n-1}, x_2 x_3 \ldots x_{n-1} 0), (x_1 x_2 \ldots x_{n-1}, x_2 x_3 \ldots x_{n-1} 1)$$

で結んで，有向グラフ G_n を定める．

[4] ［訳注］原著では 2-in 2-out ghraph とよんでいる．

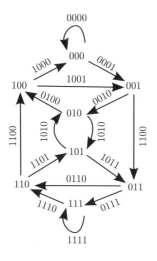

図 8.2

ラフとする.さらに,G には M 個の完全サイクルが含まれているとする.このとき,G^* には $2^{m-1}M$ 個の完全サイクルが存在する.

証明 m に関する帰納法で示す.

(a) $m=1$ のとき,G は一つの頂点と二つのループからなる.G^* は G_2 と同型なグラフで,一つだけ完全サイクルを含んでいる.

(b) G を連結グラフとしても一般性を失わない.G は頂点数 m で,G のすべての頂点に対して,それらを端点とするループが存在するとしよう.すなわち,G は有向閉路

$$p_1 \to p_2 \to \cdots \to p_m \to p_1$$

の各頂点に一つずつループを付け加えて得られるグラフである.ループ $p_i \to p_i$ を A_i,辺 $p_i \to p_{i+1}$ を B_i とおく.G^* の状況を図 8.3 に記す.

図 8.3 からも明らかなように,G^* の回路において,頂点 b_i から頂点 b_{i+1} に向かう方法は二通りある.よって,G^* はちょうど 2^{m-1} 個の完全サイクルをもつ.なお,明らかに,G には一つだけ完全サイクルがある.

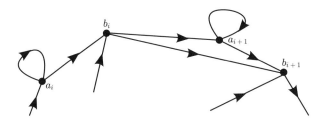

図 8.3

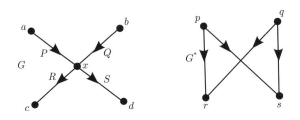

図 8.4

(c) ループのない頂点 $x \in V(G)$ がある場合を考えよう．頂点 x 周辺の状況をおおまかに図示すると，図 8.4（左）のようになる．ただし，辺 P, Q, R, S は互いに異なるが，頂点 a, b, c, d のいくつかは等しくなることを許容する．

　グラフ G から頂点 x とその結合辺を取り除き，P と R, Q と S をそれぞれ一本の辺と見なして，グラフ G_1 を定める．同様に，頂点 x とその結合辺を取り除き，P と S, Q と R を一本の辺と見なして，グラフ G_2 を定める．G_1, G_2 はグラフ G よりも頂点数が（1つ）少なく，いずれのグラフにおいても各頂点の入次数と出次数はともに 2 である．ゆえに，G_1, G_2 に帰納法の仮定を用いることができる．

　グラフ G^* の完全サイクル C の「構造」は，おおまかに次の三つに分類される．すなわち，頂点 r から頂点 p, q への道が一つずつある場合，頂点 r から頂点 p への道がちょうど二つある場合，頂点 r から頂点 q への道がちょうど二つある場合，のいずれかである．

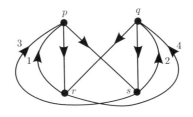

図 8.5

最初のケースを考える(残りの二つのケースも議論は同様).図 8.5 のように,頂点 r から p への「道 1」,s から q への「道 2」,s から p への「道 3」,r から q への「道 4」を考える.

上の定義のもとで,G^* の四つの完全サイクル

$$1, \quad pr, \quad 4, \quad qs, \quad 3, \quad ps, \quad 2, \quad qr$$
$$1, \quad ps, \quad 2, \quad qr, \quad 4, \quad qs, \quad 3, \quad pr$$
$$1, \quad ps, \quad 3, \quad pr, \quad 4, \quad qs, \quad 2, \quad qr$$
$$1, \quad ps, \quad 2, \quad qs, \quad 3, \quad pr, \quad 4, \quad qr$$

を得る.状況を簡略化して表すと図 8.6 のようになる.

このことから,G_1^* および G_2^* において,道 1 から道 4 をすべて通るオイラー閉路がただ一つ存在することがわかる.同様の議論により,残りの二つの場合も,G^* の四つの完全サイクルに対応する G_1^*,G_2^* の完全サイクルを二つずつ得ることができる.よって,G^* における完全サイクルの総数は G_1^*,G_2^* における完全サイクルの総数の和の 2 倍になる.一方,G の完全サイクルの総数は G_1,G_2 の完全サイクルの総数の和に等しい.したがって,帰納法の仮定より,定理の主張が得られる.   □

さて,De Bruijn グラフにいくつの完全サイクルがあるかに答えよう.

定理 8.2 G_n にはちょうど $2^{2^{n-1}-n}$ 個の完全サイクルがある.

証明 n に関する帰納法で示す.$n = 1$ のとき定理は明らかに正しい.一般

図 8.6

に，$G_n^* = G_{n+1}$ なので，定理 8.1 より所望の結果を得る． □

定理 8.2 の別証明については第 36 章を参照されたい．

問題 8A α を $\mathbb{F}_{2^n}$ の原始元とし，$m := 2^n - 1$ とおく．各 $1 \leq i \leq m$ について

$$\alpha^i = \sum_{j=0}^{n-1} c_{ij} \alpha^j$$

とおく．このとき

$$0, c_{10}, c_{20}, \ldots, c_{m0}$$

が n 次の De Bruijn 系列をなすことを示せ．

問題 8B シンボル $0, 1, 2$ からなる長さ 3 の順序列すべてが連続した位置に現れる長さ 27 の巡回 3 元列を作れ．シンボル数 2 の場合と同様に，頂点数 9 の有向グラフをうまく定めて，オイラー閉路の存在問題に帰着させればよい．

問題 8C 長さ 3 の各 $(0,1)$ 列が，スライドする窓（部分列）a_i, a_{i+1}, a_{i+3} ($0 \leq i \leq 7$) にちょうど一回ずつ現れるような，長さ 8 の巡回 $(0,1)$ 列 a_0, $\ldots, a_7$ を考えたい[5]．ただし添え字は $\mathrm{mod}\, 8$ で考える．所望の数列が存在しないことを示せ（単に場合分けをするのではなく一工夫してほしい）．

問題 8D（**Ford 系列**） $m := 2^n - 1$ として，次のようなアルゴリズムを考える．まず $a_0 = a_1 = \cdots = a_{n-1} = 0$ を初期状態とする．一般に，各

---

[5] ［訳注］a_i の添え字を 8 を法として計算する．

$k > n$ に対して数列 $(a_{k-n+1}, \ldots, a_{k-1}, a_k)$ が $(a_0, \ldots, a_{k-1})$ の連続部分列にならないように，$a_k \in \{0, 1\}$ を決めていく．ただし，0, 1 のどちらを a_k としてもよい場合には，$a_k := 1$ とする．こうして得られた数列（Ford 数列）が De Bruijn 系列をなすことを示せ．

ノート

本章で紹介したグラフは広く De Bruijn グラフとよばれているが，実は定理 8.1 は 1894 年に C. Flye Sainte-Marie (1894) によって示されていた．この事実に De Bruijn 自身が気づいたのは，1946 年の仕事から 30 年後のことであった (De Bruijn, 1975).

N. G. De Bruijn (1918–2012) はオランダを代表する数学者の一人であり，解析学，数論，組合せ論，暗号理論など幅広い分野で多くの功績を残した[6].

オランダ人の名前の省略方法について簡単にメモしておこう．たとえば，N. G. De Bruijn の場合，イニシャル「N.G.」を省略し，「de」を大文字で書いて，著者名を「B」で引用する．B. L. van der Waerden の場合には，「Van der Waerden」と書いて，著者名を「W」で引用するのである．

定理 8.1 には代数的な別証明が知られている．詳しくは第 36 章などを参照されたい．

参考文献

[1] N. G. De Bruijn (1946), A combinatorial problem, *Proc. Kon. Ned. Akad. v. Wetensch.* **49**, 758–764.

[2] N. G. De Bruijn (1975), Acknowledgement of priority to C. Flye Sainte-Marie on the counting of circular arrangements of 2^n zeros and ones that show each n-letter word exactly once, T. H. report 75-WSK-06, Eindhoven University of Technology.

[3] C. Flye Sainte-Marie (1894), Solution to question nr. 48, *Intermédiaire des Mathématiciens* **1**, 107–110.

---

[6] ［訳注］原著の執筆当時，De Bruijn はまだ存命であった．

第9章 (0, 1, *)問題：グラフのアドレッシングとハッシュコーディング

　下記の問題は通信理論に端を発している．電話通信ネットワークにおいて，ターミナル A と B の通信路はメッセージの送信前に確立されていなければならない．A のメッセージの送信時に B は A が送信していることを感知していなくてもよい（同期をとらなくてよい）通信方式が望ましい．そのために，メッセージにアドレスを付けて，ネットワークの各ノードでメッセージをどの方向に送るべきか判断できるようにしたい．

　自然なアプローチとして，グラフ G の各頂点に $\{0,1\}^k$ の要素（アドレス）を割り当てて，任意の2頂点のグラフ距離と割り当てられたアドレス間の**ハミング距離**（二つのアドレスで $0, 1$ が異なる座標の数）が等しくなるようにしたい．これを G の（k 次の）**等長埋め込み**という[1]．これはグラフ G を**超立方体** H_k の誘導部分グラフとして見なすことと等価である．なお，超立方体 H_k は，$V(H_k) := \{0,1\}^k$ を頂点とし，ハミング距離1の頂点を辺で結んで得られるグラフである．定義から明らかなように完全グラフ K_3 は等長埋め込み不可能である．そこで，新たにシンボル $*$ を考えて，アドレスの集合を $\{0,1,*\}^k$ に拡張する．この場合，二つのアドレスの「ハミング距離」を，シンボル 0 とシンボル 1 が一つずつ現れている座標位置の

---

[1]　［訳注］より定式的に，任意の頂点 $u, v \in V$ について
$$d_G(u, v) = d_H(f(u), f(v))$$
が成り立つような頂点集合 V から集合 $\{0,1\}^k$ への写像 f を，G の（k 次の）等長埋め込みという．ただし d_G はグラフ距離を表す．なお，原著では，等長埋め込みという用語は用いられていないが，現在では，この用語が一般的であると思われる．

90 第 9 章 $(0, 1, *)$ 問題：グラフのアドレッシングとハッシュコーディング

個数として定義する（つまり $*$ は「距離」に貢献しない）[2]．G の任意の頂点 u, v について，u と v のグラフ距離とそれらに割り当てられたアドレス間のハミング距離が等しくなるとき，これを G の（長さ k の）アドレッシングとよぶ[3]．グラフ G が与えられたとき，k を十分大きくとると，G が長さ k のアドレッシングをもつことは明らかであろう．G が長さ k のアドレッシングをもつような k の最小値を考えて，これを $N(G)$ と表記する．

木は $*$ なしでアドレッシング可能である．まず頂点数 2 の木は 1 次の自明な等長埋め込みをもつ．一般に，k 頂点の任意の木が $k - 1$ 次の等長埋め込みをもつと仮定する．$x_0, x_1, \ldots, x_k$ を T の頂点とし，x_0 を次数 1 の頂点とする．x_0 を T から除去して得られる木は長さ $k - 1$ のアドレッシングをもつ．$\boldsymbol{x}_i$ を頂点 x_i のアドレスとし，x_1 を x_0 の T における隣接点とする．T において頂点 x_i $(1 \leq i \leq k)$ のアドレスを $(0, \boldsymbol{x}_i)$ に置き換えて，頂点 x_0 のアドレスを $(1, \boldsymbol{x}_1)$ と定める．これは明らかに T の長さ k のアドレッシングをなしており，$N(T) \leq |V(T)| - 1$ を得る．

二つ目の例として，完全グラフ K_n が長さ $n - 1$ のアドレッシングをもつことを確かめよう．実際，$(n - 1)$ 次の単位行列の上三角成分（対角を除く）を $*$ で置き換え，$(n - 1)$ 次元の零ベクトルを 1 行目に「付け加えて」サイズ $n \times (n - 1)$ の行列を作る．すると，任意の 2 行は距離 1 であり，$N(K_n) \leq n - 1$ を得る．

もう一つ例を見てみよう（図 9.1）．

---

[2]　［訳注］より定式的に，集合 $\{0, 1, *\}^k \times \{0, 1, *\}^k$ から非負整数の集合 $\mathbb{Z}_{\geq 0}$ への写像
$$d^{(k)}(x, y) := |\{i \mid \{x_i, y_i\} = \{0, 1\}\}|$$
を考える．厳密には $d^{(k)}$ は距離関数ではないが，以下では簡単のため $d^{(k)}(x, y)$ を x, y の「ハミング距離」とよぶことにする．

[3]　［訳注］連結グラフ $G = (V, E)$ に対して，
$$d_G(u, v) = d^{(k)}(f(u), f(v)), \quad u, v \in V$$
を満たす写像 $f : V \to \{0, 1, *\}^k$ を，G の（k 次の）擬等長埋め込みということもある．

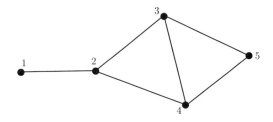

図 9.1

$$\begin{array}{c}1\\2\\3\\4\\5\end{array}\begin{pmatrix}1 & 1 & 1 & * & *\\1 & 0 & * & 1 & *\\* & 0 & 0 & 0 & 1\\0 & 0 & 1 & * & *\\0 & 0 & 0 & 0 & 0\end{pmatrix}$$

は 5 次の（最適でない）アドレッシングを考えている．

さて，グラフのアドレッシングは**二次形式**の言葉で書ける（Graham–Pollak (1971) のアイデア）．たとえば，図 9.1 のグラフを考えて，上の行列の 1 列目に二次式 $(x_1 + x_2)(x_4 + x_5)$ を対応させる．各 x_i を，行列の i 行目に 1 が現れるときに最初の一次式に，i 行目に 0 が現れるときにもう一方に割り振ることにする．i 行目に $*$ が現れる場合には，いずれの一次式にも x_i を反映させないこととする．2 列目以降にも同様に二次式を対応させて，それらの和をとると，二次形式 $\sum d_{ij} x_i x_j$ を得る．ただし d_{ij} は頂点 i と頂点 j のグラフ距離を表す．こうして，G の長さ n のアドレッシングは，$\sum d_{ij} x_i x_j$ の n 個の積

$$(x_{i_1} + \cdots + x_{i_k})(x_{j_1} + \cdots + x_{j_l})$$

（各 x_i が二つの因子に同時に現れることはない）の和による表現に等しくなる[4]．変数の個数は $|V(G)|$ である．

---

[4] ［訳注］つまり，$M = (m_{ij})$ を図 9.1 のような「埋め込み行列」として，$m_{ij} = 1$ のとき $p_{ij} = 1$ であるような $(0, 1)$ 行列 $P = (p_{ij})$ と，$m_{ij} = 0$ のとき $q_{ij} = 1$ であるような $(0, 1)$ 行列 $Q = (q_{ij})$ を考えると，

92 第9章 $(0, 1, *)$ 問題：グラフのアドレッシングとハッシュコーディング

定理 9.1 連結グラフ G の距離行列 (d_{ij}) の正および負の固有値の個数をそれぞれ n_+, n_- とおく[5]．このとき不等式

$$N(G) \geq \max\{n_+, n_-\}$$

が成り立つ[6]．

証明 上述の二次形式はそれぞれ $\frac{1}{2}\boldsymbol{x}^T A \boldsymbol{x}$ と表される．ただし，$\boldsymbol{x} := (x_1, \ldots, x_n)$ とし，$A := (a_{ij})$ について $x_i x_j$ が二次形式に現れるときに $a_{ij} = 1$，そうでないとき $a_{ij} = 0$ とする．このとき行列のランクは 2，トレースは 0 である．よって，それは正の固有値と負の固有値を一つずつもつ．距離行列 (d_{ij}) は二次形式に対応する行列の和なので，高々 n 個の正の（負の）固有値をもつ． □

定理 9.2 $N(K_m) = m - 1$．

証明 $N(K_m) \leq m - 1$ であることをすでに確認した．K_m の距離行列は $J - I$ であり，固有値 $m - 1$ を 1 個，固有値 -1 を $m - 1$ 個もつ[7]．よって，定理 9.1 より，所望の結果を得る． □

　もう少しアイデアを練って，木 T のアドレッシングの長さの最小値が $|V(T)| - 1$ であることを示そう．

定理 9.3 頂点数 n の任意の木 T に対して $N(T) = n - 1$．

証明 T の距離行列 (d_{ij}) の行列式の値を求める．次数 1 の頂点を p_n，その隣接点を p_{n-1} として，頂点をラベリングする．第 n 行から第 $(n-1)$ 行を引き，さらに第 n 列から第 $(n-1)$ 列を引く．これによって，第 n 行および第 n 列の成分（対角成分を除く）は 1 になり，(n, n) 成分は -2 になる．

$$\sum_{1 \leq i < j \leq n} d_{ij} x_i x_j = \sum_{j=1}^{k} \Big(\sum_{i=1}^{n} x_i p_{ij}\Big)\Big(\sum_{i=1}^{n} x_i q_{ij}\Big)$$

を得る．

[5] ［訳注］(d_{ij}) をグラフ G の **距離行列** という．

[6] ［訳注］この不等式は Witsenhausen の結果である．Graham–Pollak (1971) で発表された．

[7] ［訳注］J は成分がすべて 1 の m 次正方行列であり，I は m 次単位行列である．

次に，頂点 $p_1, \ldots, p_{n-1}$ の番号を付け換えて，$T \setminus \{p_n\}$ の頂点 p_{n-1} が p_{n-2} と隣接しているようにする．この行列式の $n-1$ 行・列と $n-2$ 行・列に，上と同様の操作を施す．この手順を $n-1$ 回繰り返したのち，

$$\begin{vmatrix} 0 & 1 & 1 & \cdots & 1 \\ 1 & -2 & 0 & \ldots & 0 \\ 1 & 0 & -2 & \cdots & 0 \\ \vdots & \vdots & \vdots & \ddots & \vdots \\ 1 & 0 & 0 & \cdots & -2 \end{vmatrix}$$

を得る．こうして，頂点数 n の木の距離行列の行列式 D_n について，

$$D_n = (-1)^{n-1}(n-1)2^{n-2}$$

となることがわかる．すでに述べたとおり，k 回目の操作の後，行列の $(n-k)$ 次主小行列式は頂点数 $n-k$ の木の距離行列の行列式に等しい．よって，$1, D_1, D_2, \ldots, D_n$ は数列

$$1, \ 0, \ -1, \ \ldots, \ (-1)^{n-1}(n-1)2^{n-2}$$

になる．この数列において連続する 2 項の正負は異なっている．ただし，第 2 項の 0 は無視し，初項と第 3 項で正負が 1 回だけ変わったと解釈する．すると，B. W. Jones (1950) の定理 4 から，(d_{ij}) に対応する二次形式の正の慣性指数が 1 であるとわかる．よって，定理 9.1 より，所望の結果を得る． $\square$

　一般に，すべての連結グラフ G について $N(G) \le |V(G)| - 1$ が成り立つという予想は，1983 年に，P. Winkler が構成的な証明により解決した．Winkler の証明に先だっていくつか準備をしよう．たとえば，図 9.2（左図）のグラフ G について，頂点 x_0 を任意に一つ選んで，幅優先探索で G の全域木 T を構成する．次いで深さ優先探索で頂点をラベル付けると，図 9.2（右図）を得る．この図において，点線は $E(G) \setminus E(T)$ の辺を表している．

　$M := |V(G)| - 1$ とおく．各 $i \le M$ に対して，全域木 T 内の始点 x_0 から終点 x_i への（ただ一つの）道 $P_{0,i}$ を考えて，$P(i) := \{j \mid x_j \in V(P_{0,i})\}$

94　第 9 章　$(0,1,*)$ 問題：グラフのアドレッシングとハッシュコーディング

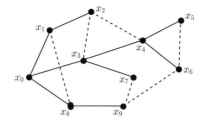

図 9.2

とおく．たとえば，図 9.2 の場合，$P(6) = \{0, 3, 4, 6\}$ となる．

$$i \Delta j := \max(P(i) \cap P(j))$$

とおく．その状況を図 9.3 に表す．この図において，$i < j$ のときかつそのときに限り $k < l$ が成り立っていることに注意しよう[8]．

各 $i \leq M$ に対して，

$$i' := \max(P(i) \setminus \{i\})$$

とおく．たとえば図 9.2 の場合には，$7' = 3$ となる．$i, j \leq M$ の関係 $\sim$ を

$$i \sim j \Leftrightarrow P(i) \subseteq P(j) \text{ または } P(j) \subseteq P(i)$$

によって定める．グラフ G および全域木 T におけるグラフ距離をそれぞれ d_G, d_T とおく．関数

$$c(i, j) := d_T(x_i, x_j) - d_G(x_i, x_j)$$

を**相違関数** (discrepancy function) とよぶ[9]．図 9.2 の場合，$c(6, 9) = 4$ となる．

補題 9.4　(1)　$c(i, j) = c(j, i) \geq 0$．
(2)　$i \sim j$ ならば，$c(i, j) = 0$．
(3)　$i \not\sim j$ ならば，$c(i, j') \leq c(i, j) \leq c(i, j') + 2$．

---

[8]　［訳注］$i \Delta j$ は x_0 から x_i, x_j への道の分岐点を表している．
[9]　［訳注］$d_G(x_i, x_j)$ と $d_T(x_i, x_j)$ が必ずしも一致するとは限らない．このギャップを表す関数が c である．

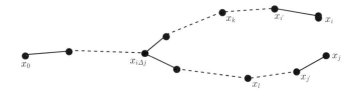

図 9.3

証明 (1) は明らか. また, T の定義から

$$d_G(x_i, x_j) \geq |d_G(x_i, x_0) - d_G(x_j, x_0)| = d_T(x_i, x_j)$$

となるので (2) を得る. 最後に, $|d_G(x_i, x_j) - d_G(x_i, x_{j'})| \leq 1$ および $d_T(x_i, x_j) = 1 + d_T(x_i, x_{j'})$ より, (3) を得る. □

さて, 各 $0 \leq i \leq M$ について, 頂点 x_i のアドレス $\boldsymbol{a}_i \in \{0, 1, *\}^M$ を

$$\boldsymbol{a}_i := (a_i(1), a_i(2), \ldots, a_i(M)),$$

$$a_i(j) := \begin{cases} 1 & j \in P(i) \text{ の場合}, \\ * & \begin{cases} c(i,j) - c(i,j') = 2, \\ c(i,j) - c(i,j') = 1, & i < j, \quad c(i,j) \equiv 0 \pmod{2}, \\ c(i,j) - c(i,j') = 1, & i > j, \quad c(i,j) \equiv 1 \pmod{2}, \end{cases} \\ & \text{のいずれかの場合}, \\ 0 & \text{その他} \end{cases}$$

で定める.

定理 9.5 すべての i, k について $d(\boldsymbol{a}_i, \boldsymbol{a}_k) = d_G(x_i, x_k)$ が成り立つ.

証明 一般性を失うことなく $i < k$ としてよい.

(1) $i \sim k$ とする. このとき $d_G(x_i, x_k) = |P(k) \setminus P(i)|$ となる. $j \in P(k) \setminus P(i)$ となる j の個数は, $a_k(j) = 1, a_i(j) \neq 1$ となる j の個数に等しくなる. そのような j について $c(i,j) = 0$ が成り立ち, $a_i(j) = 0$ を得る. よって所望の等式を得る.

96 第9章 $(0, 1, *)$ 問題：グラフのアドレッシングとハッシュコーディング

(2) 難しいのは $i \not\sim k$ の場合である．一般に，$|n_{i+1} - n_i| \le 2$ を満たす非減少整数列 $n_1 \le n_2 \le \cdots \le n_l$ について，m が n_1 から n_l のいずれとも異なる偶数なら，$n_i = m - 1, n_{i+1} = m + 1$ を満たすような添え字 i がある．ゆえに，数列

$$c(i, k) \ge c(i, k') \ge c(i, k'') \ge \cdots \ge c(i, i\Delta k) = 0$$

について，$a_i(j) = *$ かつ $a_k(j) = 1$ となる j の総数は，$c(i, i\Delta k)$ から $c(i, k)$ までの偶数の個数に等しくなる．同様に，$a_k(j) = *$ かつ $a_i(j) = 1$ となる j の総数は，$c(i, i\Delta k)$ から $c(i, k)$ までの奇数の個数に等しくなる．よって，

$$d(\boldsymbol{a}_i, \boldsymbol{a}_k) = |P(k) \setminus P(i)| + |P(i) \setminus P(k)| - c(i, k)$$
$$= d_T(x_i, x_k) - c(i, k) = d_G(x_i, x_k).$$

$\square$

以上より，次の Winkler の定理を得る．

定理 9.6（Winkler の定理） 任意の連結グラフに対して $N(G) \le |V(G)| - 1$.

問題 9A Winkler の構成法を図 9.2 のグラフに適用すると，頂点 x_2 と x_6 のアドレスはそれぞれ何か？

問題 9B 頂点数 $2n$ のサイクル（多角形）P_{2n} に対して $N(P_{2n})$ を求めよ．

問題 9C 頂点数 $2n + 1$ のサイクル（多角形）P_{2n+1} に対して $N(P_{2n+1}) = 2n$ を示せ．ヒント：$j - i \equiv 1 \pmod{k}$ のときかつそのときに限り $c_{ij} = 1$ として，置換行列 C_k を定める．$\xi^k = 1$ とすると，$(1, \xi, \xi^2, \ldots, \xi^{k-1})$ が C_k の固有ベクトルになることに注意せよ．

* * *

集合 $\{0, 1, *\}^k$ に関する話題をもう一つ紹介しよう．これは Rivest (1974) によって導入された話題であり，彼は，**結合的ブロックデザイン**とよんで

いる．ブロックデザインについては第 19 章を参照されたい[10]．k を自然数，w を非負整数として，$b := 2^w$ とおく．サイズ $b \times k$ の行列 C が，条件

(1) C の各行に現れる $*$ の総数は $k - w$ である，

(2) C の各列に現れる $*$ の総数は $b(k - w)/k$ である，

(3) 任意の異なる 2 行のハミング距離は 1 以上である，

を満たすとき，C を $\mathrm{ABD}(k, w)$ と表記する[11]．定義から，$\mathbb{F}_2^k$ の各ベクトルとハミング距離が 0 の行が C に一つだけあるとわかる．

　上記の問題の起源を述べておく．ビット数 k の 2 値データのファイルを考える．$\{0, 1, *\}^k$ の各要素は**部分一致クエリ**と呼ばれる．クエリが与えられたとき，これが $0, 1$ をとる座標位置で完全に一致するワードをファイルから全探索する問題を，部分一致検索問題という．いわゆる**ハッシュコーディング**では，ファイルを b 個の互いに素なリスト $L_1, L_2, \ldots, L_b$ に分割し，記録 x を $h(x)$ で番号付けられたリストに格納する．ここで h は $\{0, 1\}^k$ から $\{1, 2, \ldots, b\}$ へのハッシュ関数である．ABD は，検索対象となるリストが最悪どのくらい必要なのか教えてくれる．$h(x)$ は x とハミング距離 0 の C の行のインデックスを表している．

例 9.1 次の行列は $\mathrm{ABD}(4, 3)$ をなす：

$$\begin{pmatrix} * & 0 & 0 & 0 \\ 0 & * & 1 & 0 \\ 0 & 0 & * & 1 \\ 0 & 1 & 0 & * \\ * & 1 & 1 & 1 \\ 1 & * & 0 & 1 \\ 1 & 1 & * & 0 \\ 1 & 0 & 1 & * \end{pmatrix}.$$

　まず，ABD の基本的性質を示しておこう．

---

[10]　[訳注] 下記の論文における結合的ブロックデザインは第 19 章のブロックデザインとネーミングは似ているが，まったく異なる概念である．R. L. Rivest (1974), On hash-coding algorithms for partial-match retrieval, *Proc. of the 15th Annual Symposium on Switching and Automata Theory*, 95–103.

[11]　[訳注] 原訳は associative block design であり，頭文字をとって ABD と略記する．

98　第 9 章　$(0, 1, *)$ 問題：グラフのアドレッシングとハッシュコーディング

定理 9.7　$C = (c_{ij})$ を $\mathrm{ABD}(k, w)$ とする．このとき次が成り立つ．

(1)　各列にはシンボル $0, 1$ がそれぞれ $(bw)/(2k)$ 個ずつ現れる．

(2)　任意の $x \in \mathbb{F}_2^k$ に対して，ちょうど u 個の座標位置で一致するような C の行は $\binom{w}{u}$ 個ある[12]．

(3)　不等式

$$w^2 \geq 2k \left(1 - \frac{1}{b} \right)$$

が成り立つ．

(4)　C の任意の行に対して，$*$ の座標位置（$*$ パターン）が一致するような行が偶数個ある．

証明　(1)　C の行で j 列目に $*$ をもつものは，$\mathbb{F}_2^k$ の 2^{k-w-1} 個のベクトルを「代表」している（ハミング距離 0 の要素が 2^{k-w-1} 個ある）[13]．同様に，C の行で j 列目に 0 をもつものは，$\mathbb{F}_2^k$ の 2^{k-w} 個のベクトルを代表している．ABD の定義条件 (1) と (2) から，C の j 列目には $bw/(2k)$ 個の 0 が現れる．

(2)　$x \in \mathbb{F}_2^k$ を任意に一つとる．x とちょうど i 個の座標位置で一致するような C の行の総数を n_i とおく．明らかに，x とちょうど l 個の座標位置で一致するような $\mathbb{F}_2^k$ のベクトルは $\binom{k}{l}$ 個ある．よって，$\binom{k}{l} = \sum n_i \binom{k-w}{l-i}$ であり，

$$(1 + z)^k = (1 + z)^{k-w} \cdot \sum n_i z^i.$$

つまり，$n_i = \binom{w}{i}$ を得る．

(3)　C の行の各ペアについてハミング距離を考えると，(1) よりそれらの総和は $k \left(\frac{bw}{2k} \right)^2$ となる．任意の 2 行のハミング距離は少なくとも 1 なの

---

[12]　［訳注］

$$d^{(k)}(x, \mathbf{1} + c_i) = u$$

を満たすような C の行 c_i がちょうど $\binom{w}{u}$ 個ある．ただし $\mathbf{1}$ はすべての成分が 1 であるようなベクトルとする．

[13]　［訳注］つまり，$x := (x_1, \ldots, x_k) \in \mathbb{F}_2^k$ に対して

$$|\{j \mid c_j \neq * \;\Rightarrow\; c_j \neq x_j\}| = 0$$

を満たす $\{0, 1, *\}$ 上のベクトル $c = (c_1, \ldots, c_k)$ があるとき，c は x を代表するという．

で，この和が $\binom{b}{2}$ を下回ることはない．

(4) C の行 c を任意に一つとる．c の $*$ の座標位置に 0 をもつような $\mathbb{F}_2^k$ の ベクトルの集合を考えて，その要素数を数え上げる．c と異なる $*$ パ ターンをもつ（C の）行は，この集合の偶数個の要素を代表している． また，c と $*$ パターンの等しい行はこの集合の唯一つの要素を代表して いる．   □

定理 9.7 (1) から，$\mathrm{ABD}(k,w)$ が存在するための必要条件として $w \cdot 2^{w-1} \equiv 0 \pmod{k}$ を得る．

次の結果は A. E. Brouwer (1999) によるものであり，定理 9.7 (3) より強 い結果を得ている．

定理 9.8 C を $\mathrm{ABD}(k,w)$ とし，$w > 3$ とする．このとき次が成り立つ：

(1) 座標位置が 1 か所だけ異なるような C の行が二つ存在するならば，

$$\binom{w}{2} \geq k.$$

(2) (1) の状況にないとき，$w^2 > 2k$．

証明 (1) c_1, c_2 を座標位置が 1 か所だけ異なるような（C の）二つの行と する．このほかの行は，c_1 と c_2 の座標が異なっている位置（1 か所だ け）以外の座標位置で c_1 と異なっている．ゆえに，ABD の定義条件 (1) と定理 9.7 (3) より，

$$b - 2 \leq (w - 1) \cdot \frac{bw}{2k}$$

を得る．この不等式について，右辺が $b-2$, $b-1$ と等しくなることは ない．そうでないとすると，初等整数論的な議論から，k は 2^{w-1} で割 り切れなければならない．定理 9.7 より，$w = 4$ となるが代入すると矛 盾が生じる[14]．

---

[14] ［訳注］$w = 4$ を $(w - 1)wb/(2k) = b - 2, b - 1$ に代入すると，いずれのケースも矛盾が 生じる．

100 第9章 $(0, 1, *)$ 問題：グラフのアドレッシングとハッシュコーディング

(2) C には $*$ パターンの等しい行 c, c' がある[15]. 仮定から，これらのハミング距離は少なくとも2であり，したがって，c とそれ以外の行とのハミング距離の総和は $2 + (b - 2) = b$ 以上になる．定理 9.7 (1) より，この和は $w \cdot (bw)/(2k)$ に等しい．ゆえに $w^2 \geq 2k$ を得る．この不等式において等号が成り立たないとすると，先の議論と同様にして，c と c' のハミング距離はちょうど2になり，c と c, c' 以外の各行とのハミング距離はちょうど1になる．一般性を失うことなく

$$c = (* * \cdots * 00 \cdots 000), \quad c' = (* * \cdots * 00 \cdots 011)$$

としてよい．すると，k 番目の座標位置に1をもつ c, c' 以外の $bw/(2k) - 1$ 個の各行において，最後の二つの座標成分は 01 でなければならない[16]. 同様に，k 番目の座標位置が 0 の c, c' 以外の $bw/(2k) - 1$ 個の各行において，最後の二つの座標成分は 10 でなければならない距離2の行が二つあるので，$bw/(2k) - 1 = 1$ でなければならない．よって $2^w = 2w$ となるが，$w \geq 3$ のときにはこれは起こり得ない． □

系 ABD$(8, 4)$ は存在しない．

以上の結果から，$w \leq 4$ の ABD(k, w)（C とおく）を分類することができる．$w = 0$ の場合は明らかである．$w = 1, 2, 4$ のときは $w = k$ であり，C のいずれの行にも $*$ が現れない．$w = 3$ とすると $k = 3, 4$ となる．$k = 3$ の場合，C のどの行にも $*$ が現れない．$k = 4$ の場合，C の候補は二つあって，そのうち一つは例 9.1 の ABD である．

問題 9D 例 9.1 のデザインと最初の4行が一致しており，残りの4行が異なるような ABD$(4, 3)$ の例を構成せよ．

La Poutré, van Lint (1985) は ABD$(10, 5)$ の非存在を証明した．しかし，その当時，もっとパラメータの小さい ABD$(8, 5)$ の存在が未解決なままであった．1999 年，D. E. Knuth は Brouwer に問題の進捗状況を尋ねた．これに触発された Brouwer は，同年，ABD$(8, 5)$ の例を発見した．し

---

[15] ［訳注］定理 9.7 (4) より．
[16] ［訳注］そうでないと，c と c' とのハミング距離が 0 と > 1 となって矛盾が生じる．

かし，この例には特別な構造が見られないようである[17]．現在，定理 9.7，定理 9.8 の必要条件を満たすパラメータで，存在性がわかっていない最小の場合は ABD(12, 6) である．

ABD の構成法をいくつか紹介しよう．その基本的なアイデアはほかの章にも応用される[18]

定理 9.9　ABD(k_1, w_1)，　ABD(k_2, w_2) が存在するならば，ABD$(k_1 k_2, w_1 w_2)$ が存在する．

証明　$w_2 > 0$ としてよい．ABD(k_2, w_2) の行全体をサイズの等しい集合 R_0, R_1 に分割する．ABD(k_1, w_1) の i 行目において，シンボル $*$ を長さ k_2 の $*$ パターンに，シンボル 0, 1 をそれぞれ R_0, R_1 の一つの行で置き換え，R_0, R_1 からの行の選び方をすべて考慮する[19]．初等的な計算から，この行列が ABD$(k_1 k_2, w_1 w_2)$ をなすとわかる．　□

系　整数 $t \geq 0$ に対して ABD$(4^t, 3^t)$ が存在する．

次の定理の証明に先だってシンボル「$-$」を新たに導入しよう．$0, 1, *, -$ からなる長さ k のベクトルは，各 $-$ を 0, 1 で置き換えて得られる $\{0, 1, *\}^k$ のすべてのベクトルを代表している．

定理 9.10　$w > 0$ とし，$k = k_0 \cdot 2^l$ とおく．ただし k_0 は奇数とする．ABD(k, w) が存在したと仮定する．このとき，各 $0 \leq i \leq (k - w)/k_0$ について，ABD$(k, w + i k_0)$ が存在する．

証明　$i = 1$ の場合を考えれば十分である．ABD(k, w) を $C = (c_{ij})$ とおく．C と同じサイズの行列 $A = (a_{ij})$ を，$c_{ij} = *$ のとき $a_{ij} = 1$ で，それ以外のとき $a_{ij} = 0$ と定める．定理 7.3 より，A は，行和が k_0，列和が 2^{w-l} の $(0, 1)$ 行列 A_1 と，行和が $k - w - k_0$，列和が $2^w (k - w)/k - 2^{w-l}$ の $(0, 1)$ 行列 A_2 の和で表される．C の行において，A_1 が成分 1 をもつ座標位置を $-$ で置き換えれば，ABD$(k, w + k_0)$ を得る．　□

---

[17]　［訳注］単に計算機をまわして得られた例なので．
[18]　［訳注］たとえば第 19 章を見よ．
[19]　［訳注］結果，サイズ $2^{w_1 w_2} \times k_1 k_2$ の行列 $(0, 1, *)$ 行列を得る．

102 第 9 章 $(0, 1, *)$ 問題：グラフのアドレッシングとハッシュコーディング

定理 9.11 $\mathrm{ABD}(k, w)$ があると仮定する．$\alpha k, \alpha w$ がともに整数となるような実数 $\alpha \geq 1$ について，$\mathrm{ABD}(\alpha k, \alpha w)$ が存在する．

証明 $(k + l)/(w + m) = k/w$, $(l, m) = 1$ を満たす非負整数 l, m に対して，$\mathrm{ABD}(k + l, w + m)$ が存在することを示せばよい．奇数 k_0 について $k = k_0 \cdot 2^e$ とおく．

ABD の定義 (2) より，$k_0 | w$．また，$wl = km$, $(l, m) = 1$ より，l は 2 冪である．各行に $*$ が $l - m$ 個，$-$ が m 個現れるような l 次巡回行列を M とおく．b は l で割り切れるので，$\mathrm{ABD}(k, w)$ の行列 C の列方向に，M の b/l 個のコピーを貼り付けて，サイズ $2^w \times (k + l)$ の行列を作る．この行列から $\mathrm{ABD}(k + l, w + m)$ を得ることができる． $\square$

例 9.2 定理 9.9 の系より $\mathrm{ABD}(64, 27)$ が存在する．この ABD に定理 9.10 の構成法を適用すると，任意の $27 \leq w \leq 64$ に対して $\mathrm{ABD}(64, w)$ が存在するとわかる．とくに $\mathrm{ABD}(64, 32)$ の存在がわかる．よって，定理 9.11 の事実をあわせて，任意の $w \geq 32$ に対して $\mathrm{ABD}(2w, w)$ を得る．すでに述べたとおり，$w = 4, 5$ の場合については非存在が証明されているが，$w = 6$ の場合は未解決である．

ノート

本章の前半で紹介した問題は，ベル研究所の J. R. Pierce によって提案されたもので，**ループ・スイッチング** (Loop Switching Problem) とよばれている．この問題は（著者の一人も含めて）幾人もの挑戦をはねのけたが，R. L. Graham が$200 の懸賞金をかけて程なくして，P. Winkler によって解決された．Winkler 曰く，彼の頂点ラベリングのアイデアはコンピュータサイエンスの分野では標準的とのことである．証明を読むと，そのアイデアが非常に肝になっているとわかる．

参考文献

[1] A. E. Brouwer (1999), An Associate Block Design ABD(8,5), *SIAM J. Comput.* **28**, 1970–1971.

[2] R. L. Graham, H. O. Pollak (1971), On the addressing problem for loop

switching, *Bell System Tech. J.* **50**, 2495–2519.

[3] B. W. Jones (1950), *The Theory of Quadratic Forms*, Carus Math. Monogr. **10**, Math. Assoc. of America.

[4] J. A. La Poutré, J. H. van Lint (1985), An associative block design ABD(10, 5) does not exist, *Utilitas Math.* **31**, 219–225.

[5] P. Winkler (1983), Proof of the squashed cube conjecture, *Combinatorica* **3**, 135–139.

第10章 包除原理と反転公式

　これまでに何度も確かめたように，組合せ解析の多くは数え上げの問題にかかわっている．本章では，そのような数え上げの手法の中でもとくに重要な包除原理を紹介する．基本的なアイデアは以下のとおりである．有限集合 S の部分集合 A, B について集合 $S \setminus (A \cup B)$ の要素数を数え上げたいとしよう．誤って $|A \cap B|$ を2回差し引いて $|S| - |A| - |B|$ とするのではなく，$|S| - |A| - |B| + |A \cap B|$ と答えなければならない．次の定理はこのアイデアを一般化している．

定理 10.1 S を要素数 N の有限集合，$E_1, \ldots, E_r$ を S の部分集合とする[1]．$\{1, \ldots, r\}$ の任意の部分集合 M に対して，$\bigcap_{i \in M} E_i$ の要素数を $N(M)$ とおく．各 $0 \leq j \leq r$ に対して $N_j := \sum_{|M|=j} N(M)$ とおく．このとき，$E_1, \ldots, E_r$ のいずれにも属さないような S の要素数は

$$N - N_1 + N_2 - N_3 + \cdots + (-1)^r N_r \tag{10.1}$$

で表される．

証明 (1) $x \in S$ とする．すべての i について $x \notin E_i$ が成り立つとき，x の式 (10.1) への「貢献度」は明らかに1である．

(2) x がちょうど k 個の E_i に属するとき，x の式 (10.1) への貢献度は

---

[1] ［訳注］$E_1, \ldots, E_r$ の中に同じものが含まれてもよい．

106 第 10 章 包除原理と反転公式

$$1 - \binom{k}{1} + \binom{k}{2} - \cdots + (-1)^k \binom{k}{k} = (1-1)^k = 0$$

となる.

$\square$

注 式 (10.1) について，特定の正の項以降（あるいは負の項以降）をすべて切り捨てれば，$S \setminus \bigcup_{i=1}^{r} E_i$ の要素数の上界（下界）を得ることができる.

包除原理は非常に重要な方法であるので，いくつかの例を挙げておこう.

例 10.1 シンボル $\{1, \ldots, n\}$ 上の置換 π で，各 $1 \le i \le n$ について $\pi(i) \ne i$ を満たすものを，n 次の**完全順列** (derangement) という．n 次の完全順列の総数を d_n とおく．定理 10.1 の S を対称群 S_n とし，E_i を $\pi(i) = i$ となる置換の集合とすると，

$$d_n = \sum_{i=0}^{n} (-1)^i \binom{n}{i} (n-i)! = n! \sum_{i=0}^{n} \frac{(-1)^i}{i!}. \tag{10.2}$$

$n \to \infty$ とすると，置換 π が完全順列になる確率は e^{-1} に収束する．また，式 (10.2) より，漸化式

$$d_n = n d_{n-1} + (-1)^n \tag{10.3}$$

を得る．冪級数の逆元を考えて式 (10.2) を得ることもできる.

$$D(x) := \sum_{n=0}^{\infty} d_n \frac{x^n}{n!} \quad (d_0 := 1), \quad F(x) := e^x D(x)$$

とおくと，

$$F(x) = \sum_{m=0}^{\infty} \left(\sum_{r=0}^{m} \binom{m}{r} d_{m-r} \right) \frac{x^m}{m!}$$

となる．$\sum_{r=0}^{m} \binom{m}{r} d_{m-r} = m!$ より，$F(x) = (1-x)^{-1}$ を得る．したがって，$D(x) = e^{-x}(1-x)^{-1}$．右辺の二つの項をそれぞれ冪級数展開すれば，

式 (10.2) を得る.

例 10.2 X を要素数 n の有限集合, $Y := \{y_1, \ldots, y_k\}$ として, X から Y への全射を数え上げよう. X から Y への写像全体の集合を S とし, y_i が X の像に属さないような写像の集合を E_i とおく. すると, 式 (10.1) より, S の要素数は $\sum_{i=0}^{k}(-1)^i \binom{k}{i}(k-i)^n$ で表される. これは, $k > n$ のときに 0 で, $k = n$ のとき $n!$ に等しくなる. したがって

$$\sum_{i=0}^{k}(-1)^i \binom{k}{i}(k-i)^n = \begin{cases} n! & k = n \text{ のとき,} \\ 0 & k > n \text{ のとき.} \end{cases} \tag{10.4}$$

式 (10.4) に似た恒等式で直接証明することが困難なものは少なくない. 興味深いことに, -1 の冪が複雑に絡み合っている数え上げの問題には, 包除原理で理解されるものがたくさんある.

式 (10.4) について, 次のような別証明が知られている. $P(x)$ を次数 n の 1 変数多項式とし, その主係数を a_n とおく. $\mathbb{P} := (P(0), P(1), P(2), \ldots)$ とおく. 次に, $Q_1(x) := P(x+1) - P(x)$ とおくと, 主係数 na_n で次数 $n-1$ 以下の多項式を得る. $\mathbb{Q}_1 := (P(1)-P(0), P(2)-P(1), \ldots)$ とおく. 上と同様にして, 主係数 $n(n-1)\cdots(n-k+1)a_n$ で次数 $n-k$ の多項式 $Q_k(x) := \sum_{i=0}^{k}(-1)^i \binom{k}{i}P(x+k-i)$ と, 数列 $\mathbb{Q}_k := (Q_{k-1}(1)-Q_{k-1}(0), Q_{k-1}(2)-Q_{k-1}(1), \ldots)$ を順次定めていく. $\mathbb{Q}_k$ の項は, $k = n$ のときにすべて $n!a_n$ で, $k > n$ のときには 0 に等しくなる. とくに, $P(x) := x^n$ とすると, 式 (10.4) を得る.

例 10.3 二項係数に関する有名な恒等式

$$\sum_{i=0}^{n}(-1)^i \binom{n}{i}\binom{m+n-i}{k-i} = \begin{cases} \binom{m}{k} & m \geq k \text{ のとき,} \\ 0 & m < k \text{ のとき} \end{cases} \tag{10.5}$$

を示そう. これを包除原理で示すのなら, ある n 元集合から i 個の要素を選んだのち要素数 $m + n - i$ のある集合から $k - i$ 個の要素を選んで, E_i を定めることになる. より組合せ論的には, $X := \{x_1, \ldots, x_n\}$ を n 個の青いボールからなる集合, Y を m 個の赤いボールからなる集合として, 赤い

108 第 10 章 包除原理と反転公式

ボールのみの要素数 k の（$Z = X \cup Y$ の）部分集合の総数を数え上げることになる．Z の k 元部分集合全体からなる集合を S，x_i を含む部分集合の全体を E_i とおくと，式 (10.1) から，式 (10.5) を得る．

恒等式

$$\sum_{j=0}^{\infty} \binom{a+j}{j} x^j = (1-x)^{-a-1} \tag{10.6}$$

を用いて，式 (10.5) を直接的に示す方法もある．$(1-x)^n$ の級数展開において，x^i の係数は $(-1)^i \binom{n}{i}$．また，式 (10.6) より，$(1-x)^{k-m-n-1}$ の級数展開における x^{k-i} の係数は $(-1)^i \binom{m+n-i}{k-i}$ である．よって，式 (10.5) の左辺は $(1-x)^{k-m-1}$ の級数展開における x^k の係数に等しくなる．これは，$m \leq k-1$ のときに 0 で，$m \geq k$ のときに $\binom{m}{k}$ となる．

例 10.4（オイラー関数） $p_1, \ldots, p_r$ を素数，$a_1, \ldots, a_r$ を正の整数とし，$n = p_1^{a_1} \cdots p_r^{a_r}$ とおく．最大公約数 $(n, k) = 1$ を満たす自然数 $1 \leq k \leq n$ の総数を $\phi(n)$ と書く[2]．$S := \{1, 2, \ldots, n\}$ とし，各 p_i で割り切れる n の約数の集合を E_i とおいて，定理 10.1 を使う．式 (10.1) より，

$$\phi(n) = n - \sum_{i=1}^{r} \frac{n}{p_i} + \sum_{1 \leq i < j \leq n} \frac{n}{p_i p_j} - \cdots = n \prod_{i=1}^{r} \left(1 - \frac{1}{p_i}\right) \tag{10.7}$$

を得る．

定理 10.2 $\sum_{d|n} \phi(d) = n$.

証明 $N := \{1, 2, \ldots, n\}$ とおく．各 $m \in N$ について明らかに $(m, n)|n$．$(m, n) = d$ を満たす整数 m，すなわち，$m = m_1 d, n = n_1 d, (m_1, n_1) = 1$ を満たす整数 m の総数は $\phi(n_1) = \phi(n/d)$ に等しい．よって，$n = \sum_{d|n} \phi\left(\frac{n}{d}\right)$ であり，これは所望の式と等価になる． $\square$

ここでメビウス関数を定義しよう：

---

[2] ［訳注］オイラーのトーシェント関数ともよばれる．

$$\mu(d) := \begin{cases} 0 & d \text{ が平方因子をもつとき}, \\ 1 & d \text{ が相異なる偶数個の素数の積になるとき}, \quad (10.8) \\ -1 & d \text{ が相異なる奇数個の素数の積になるとき}. \end{cases}$$

定理 10.3

$$\sum_{d|n} \mu(d) = \begin{cases} 1 & n = 1 \text{ のとき}, \\ 0 & \text{その他}. \end{cases}$$

証明 $n = 1$ のとき定理の主張は明らか. 一般に $n = p_1^{a_1} p_2^{a_2} \cdots p_r^{a_r}$ とおくと, 式 (10.8) より,

$$\sum_{d|n} \mu(d) = \sum_{i=0}^{r} \binom{r}{i} (-1)^i = (1-1)^r = 0.$$

$\square$

定理 10.1 と定理 10.3 の証明がよく似ていることに注意しよう.

メビウス関数を用いて, (10.7) 式を次のように書き換えることもできる:

$$\frac{\phi(n)}{n} = \sum_{d|n} \frac{\mu(d)}{d}. \quad (10.9)$$

メビウス関数は整数論などの分野においても重要な役割を果たす.

問題 10A 2 以上で 9 以下の約数をもたないような 1000 以下の自然数の総数を数え上げよ.

問題 10B $\mathbb{F}_p$ の元を零点にももたない $\mathbb{F}_p[x]$ の次数 n のモニック多項式[3]の総数を数え上げよ.

問題 10C $\sum_{n \leq x} \mu(n) \lfloor \frac{x}{n} \rfloor$ を求めよ.

問題 10D 複素解析の分野で有名な関数の一つとして, $s \in \mathbb{C}$, $\mathrm{Re}(s) > 1$

---

[3] ［訳注］最高次の係数が 1 の多項式.

110 第 10 章 包除原理と反転公式

で定義されているリーマンゼータ関数 $\zeta(s) := \sum_{n=1}^{\infty} n^{-s}$ がある.

$$\frac{1}{\zeta(s)} = \sum_{n=1}^{\infty} \mu(n) n^{-s}$$

が成り立つことを示せ.

問題 10E $\eta^n = 1$ かつ $\eta^k \neq 1$ $(1 \leq k < n)$ を満たす $\eta \in \mathbb{C}$ をすべて零点とする関数を $f_n(z)$ とおく[4]. このとき, 次式が成り立つことを示せ:

$$f_n(z) = \prod_{k|n} (z^k - 1)^{\mu\left(\frac{n}{k}\right)}.$$

定理 10.3 を用いるとメビウスの反転公式を得ることができる.

定理 10.4（メビウスの反転公式） $\mathbb{N}$ 上の関数 f, g が条件

$$f(n) = \sum_{d|n} g(d) \tag{10.10}$$

を満たすとする. このとき次式が成り立つ:

$$g(n) = \sum_{d|n} \mu(d) f\left(\frac{n}{d}\right). \tag{10.11}$$

証明　式 (10.10) より

$$\sum_{d|n} \mu(d) f\left(\frac{n}{d}\right) = \sum_{d|n} \mu\left(\frac{n}{d}\right) f(d)$$

$$= \sum_{d|n} \mu\left(\frac{n}{d}\right) \sum_{d'|d} g(d') = \sum_{d'|n} g(d') \sum_{m|\frac{n}{d'}} \mu(m).$$

定理 10.3 から, 右辺の $\sum_{m|(n/d')} \mu(m)$ は, $d' = n$ のとき以外すべて 0 に

---

[4]　［訳注］つまり, $\eta = \exp 2\pi\sqrt{-1}/n \in \mathbb{C}$ について,

$$f_n(z) := \prod_{(n,k)=1} (z - \eta^k) \in \mathbb{Q}[z]$$

とおく（円分多項式）.

なる. □

注 式 (10.11) から式 (10.10) を導くこともできる.

例 10.5 長さ n の $(0,1)$ 巡回列の総数を N_n とおく. ただし, 一方の「巡回シフト」によって他方が得られるとき, 二つの巡回列を同一視する. 長さ d の非周期的な数列の個数を $M(d)$ とおく. すると,

$$N_n = \sum_{d|n} M(d), \quad \sum_{d|n} d M(d) = 2^n.$$

(後者の式は, すべての巡回列を数え上げている).
定理 10.4 から, $nM(n) = \sum_{d|n} \mu(d) 2^{n/d}$ であり,

$$N_n = \sum_{d|n} M(d) = \sum_{d|n} \frac{1}{d} \sum_{l|d} \mu\left(\frac{d}{l}\right) 2^l = \sum_{l|n} \frac{2^l}{l} \sum_{k|\frac{n}{l}} \frac{\mu(k)}{k} = \frac{1}{n} \sum_{l|n} \phi\left(\frac{n}{l}\right) 2^l.$$
(10.12)

　式 (10.12) の最後の項はすべて正である. このことは, 式 (10.12) が別の数え上げで求められることを示唆している. まずは次の Burnside の補題を押さえておきたい. なお, この補題はコーシー–フロベニウスによって証明されたものである (章末のノート参照).

定理 10.5 (Burnside の補題) G を集合 X 上に作用する置換群とする. 各 $g \in G$ に対して, X の g による固定点の個数を $\psi(g)$ とおく. このとき **G 軌道**の個数は $\frac{1}{|G|} \sum_{g \in G} \psi(g)$ で表される.

証明 $g \in G$, $x \in X$, $x^g = x$ を満たす組 (g,x) を数え上げる. これは明らかに $\sum_{g \in G} \psi(g)$ に等しい. 一方, 各 $x \in X$ に対して x の G 軌道を O_x とおくと, 所望のペアは $|G|/|O_x|$ 個で, 合わせて $|G| \sum_{x \in X} 1/|O_x|$ 個あるとわかる. 一方, G 軌道は X を分割する. よって, 各軌道に属する x について $1/|O_x|$ を足し合わせると, その和はすべて 1 になる. つまり, $\sum_{x \in X} 1/|O_x|$ は G 軌道の個数を表している. □

112 第 10 章 包除原理と反転公式

例 10.6（例 10.5，再掲） 長さ n の $(0,1)$ 列を巡回シフトさせる変換全体の群を，G とおく．すると明らかに $|G| = n$．n の約数 d を任意に一つとる．$(n,g) = d$ を満たす自然数 $1 \leq g \leq n$ は $\phi(n/d)$ 個存在し，その各々について「g とび」の巡回シフトで固定される $(0,1)$ 列はちょうど 2^d 個ある．したがって，定理 10.5 より，式 (10.12) を得る．

次の例は，F. E. A. Lucas (1891) によるものである．

例 10.7（Lucas の結婚問題） どの夫婦も隣り合わないように，n 組の夫婦に男女交互に円卓に座ってもらう．このような座席表の作り方の総数を数え上げる．そこで，まずは女性に着席してもらって，次のような考察を行う．女性に 1 から n まで番号付けし，夫にも同じ番号をふる．すると，Lucas の問題は，1 から n で番号付けられた円周上に，各番号 i を位置 i と位置 $i+1$ に置かない方法の数え上げ問題になる．夫 i が妻の隣りに着席するような座り方の集合を E_i とし，r 人の夫が誤って妻の隣に座ってしまうような座り方の総数 A_r を包除原理で数え上げる．そこで，長さ $2n$ の巡回列を考えて，夫 i が妻の右隣りに座る場合には $2i-1$ 番目の成分に 1 を，妻の左隣りに座る場合には $2i$ 番目の成分に 1 を，その他の成分には 0 をおく．すると，A_r は r 個の 1 が隣り合わないような $(0,1)$ 列の総数に等しくなる．1 から始まる $(0,1)$ 列の総数を，A'_r とおく．10 を一つのシンボルだと思うと，これは $2n-r-1$ 個のものから $r-1$ 個を選ぶ選び方の総数に等しくなる．同様に，0 から始まる $(0,1)$ 列の総数を A''_r とおくと，これは $2n-r$ 個のものから r 個を選ぶ選び方の総数に等しくなる．よって，

$$A_r = A'_r + A''_r = \binom{2n-r-1}{r-1} + \binom{2n-r}{r} = \frac{2n}{2n-r}\binom{2n-r}{r}.$$

式 (10.1) より，所望の座席表は

$$\sum_{r=0}^{n} (-1)^r (n-r)! \binom{2n-r}{r} \frac{2n}{2n-r} \tag{10.13}$$

通りあるとわかる．

問題 10F　1 から $2n$ の整数を，i が赤色ならば $i-1$ も赤色となるように，2 色で塗り分ける．

$$\sum_{k=0}^{n}(-1)^k \binom{2n-k}{k} 2^{2n-2k} = 2n+1$$

が成り立つことを示せ．またこの等式を直接的に示せ．

問題 10G　$x_i + x_{i+1} \neq 2n+1 \ (1 \leq \forall i \leq 2n-1)$ を満たす $\{1,2,\ldots,2n\}$ 上の置換の総数を求めよ．

問題 10H　任意の $0 \leq k \leq n$ に対して

$$\sum_{i=0}^{k}\binom{k}{i} D_{n-i} = \sum_{j=0}^{n-k}(-1)^j \binom{n-k}{j}(n-j)!$$

が成り立つことを示せ．

ノート

　包除原理の歴史は古く，Da Silva の 1854 年の仕事や，Silvester の 1883 年の論文にも包除原理のアイデアが登場する[5]．このため，(10.1) ならびに類似の公式を，「Da Silve の公式」や「Silvester の公式」という数学者も少なくない．整数論では篩（ふるい）という用語がよく用いられる．篩法にはさまざまなバリエーションがあり，中でも「エラトステネスの篩」は有名である．つまり n^2 以下の素数を割り出すのに，n^2 以下の整数全体から n 以下の素数の積をふるいおとす方法である．

　完全順列（例 10.1）は例 14.1 や例 14.10 で改めて登場することになる．完全順列が初めて取り上げられたのは，P. R. de Montmort (1678–1719) の有名な著書 *Essai d'analyse sur les jeux de hazard* であった．De Montmort の著書では，「derangement」の代わりに「probléme des recontres」というネーミングが使われたが，現在でもそのようによばれることがよくある．雨がよく降るオランダでは，次のような式 (10.2) の覚え方がある．「雨やどり

---

[5]　［訳注］Abraham de Moivre (1667–1754) によるものとされている．

114 第 10 章 包除原理と反転公式

のために，屋内に駆け込んできた人たち（n 人）が傘をたたんで壁に立てかけたところ，突如停電になり，暗闇の中，各自が手探りで傘を手に取ったとする．このとき，誰も自分の傘を手にすることができない確率は e^{-1} である」[6].

例 10.2 の二つめの証明は，数値解析学で広く用いられる有限差分法の一例である．

メビウス (A. F. Möbius, 1790–1868) はガウスの助手を勤め，のちに天文学者になった．彼は幾何やトポロジーの分野において「メビウスの帯」などの功績を残した．

リーマン (G. F. B. Riemann, 1826–1866) はガウスのもとで学位を取得したのち，ゲッティンゲン大学の教授職に就任した．リーマンはアイデア豊富な数学者であり，リーマン積分，リーマン面，リーマン多様体およびζ関数の零点に関するリーマン予想など，多くのアイデアや業績を残しているが，彼が早世しなかったらいかほどの業績を残していたことであろう．

定理 10.5 を「Burnside の補題」とよんでいる文献がたくさんあるが，実は，これは Burnside のオリジナルの結果ではなく，コーシーとフロベニウスによるものである．誤称が定着してしまった経緯については，Neumann (1979) を参照されるとよい．

E. F. A. Lucas (1842–1891) はフランスの数学者である．整数論やいわゆるレクリエーション数学に関する有名な著書を執筆しており，そこに例 10.7 の問題もカバーされている．**フィボナッチ数**という用語も Lucas によって導入された．フィボナッチ数については，第 14 章のノートも参照されたい．

参考文献

[1] F. E. A. Lucas (1891), *Théorie des nombres*, Gauthier–Villars, Paris.
[2] P. M. Neumann (1979), A lemma that is not Burnside's, *Math. Scientists* **4**, 133–141.

---

[6]　［訳注］完全順列は深みのある研究対象であり，本書でも随所に登場することになる（例 14.1，例 14.10 など参照）．

第11章 パーマネント

　本章の主題を述べる前に，定理 10.1 を一般化しておこう．S を要素数 n の集合とし，$E_1, \ldots, E_r$ を S の部分集合とする．$\mathbb{F}$ を体として，各 $a \in S$ に重み $w(a)$ を割り当てる．$M \subseteq \{1, 2, \ldots, r\}$ に対して，$\bigcap_{i \in M} E_i$ の要素の重みの総和を $W(M)$ とおく．各 $0 \leq j \leq r$ に対して

$$W_j := \sum_{|M|=j} W(M)$$

とおく．ただし，便宜的に，$W_0 := \sum_{a \in S} w(a)$ とおく．

定理 11.1　$E_1, \ldots, E_r$ のうち，ちょうど m 個に属するような S の要素の重みの総和を $E(m)$ とおく．このとき，

$$E(m) = \sum_{i=0}^{r-m} (-1)^i \binom{m+i}{i} W_{m+i}. \tag{11.1}$$

証明　証明は定理 10.1 とほぼ同じである．$x \in S$ とする．W_j の定義より，x がちょうど m 個の E_i に属するとき，式 (11.1) への x の貢献度は $w(x)$ である．一方，x がちょうど $m + k$ 個の E_i に属するとしよう．このとき，和への貢献度は

$$w(x) \sum_{i=0}^{k} (-1)^i \binom{m+i}{i} \binom{m+k}{m+i} = w(x) \binom{m+k}{k} \sum_{i=0}^{k} (-1)^i \binom{k}{i} = 0$$

116 第11章 パーマネント

となる. □

さて，$A = (\boldsymbol{a}_1, \ldots, \boldsymbol{a}_n)$ を n 次正方行列，$\boldsymbol{a}_j = (a_{1j}, \ldots, a_{nj})^T$ として，行列 A のパーマネント (permanent) を

$$\operatorname{per} A := \sum_{\pi \in S_n} a_{1\pi(1)} \cdots a_{n\pi(n)} \tag{11.2}$$

で定める．行列式の定義と決定的に違うのは，パーマネントでは置換 $\pi \in S_n$ の符号 $\operatorname{sgn}(\pi)$ が考慮されないことである．

パーマネントの定義から，

$$\operatorname{per} A = \operatorname{per} A^T; \tag{11.3}$$

$$\text{置換行列 } P, Q \text{ に対して } \operatorname{per} A = \operatorname{per} PAQ; \tag{11.4}$$

$$\operatorname{per} A \text{ は } \boldsymbol{a}_j \text{ の実線形関数, } 1 \le j \le n \tag{11.5}$$

となることが容易にわかる．式 (11.5) は A の行ベクトルについても成り立つ．一般に，パーマネントの計算は行列式の計算よりもはるかに難しい．しかし，パーマネントについて行列式の余因子展開と同様にして次の事実が成り立つ．A の第 i 行，第 j 列を除いて得られる $(n-1)$ 次正方行列を A_{ij} とおくと，

$$\operatorname{per} A = \begin{cases} \displaystyle\sum_{i=1}^{n} a_{ij} \operatorname{per} A_{ij} & 1 \le j \le n, \\ \displaystyle\sum_{j=1}^{n} a_{ij} \operatorname{per} A_{ij} & 1 \le i \le n. \end{cases} \tag{11.6}$$

次のパーマネントの計算方法は Ryser によるもので，定理 11.1 の応用になっている．

定理 11.2 n 次正方行列 A から r 個の列を除いて得られる行列 A_r について，その行和の積を $S(A_r)$ とおく．r 個の列のすべての組合せについて $S(A_r)$ の値の総和をとり，Σ_r とおく．このとき

$$\operatorname{per} A = \sum_{r=0}^{n-1} (-1)^r \Sigma_r. \tag{11.7}$$

証明 積 $p = a_{1j_1} \cdots a_{nj_n}$ 全体からなる集合を S とし，$w(p) := p$ とおく．各 $1 \le j \le n$ について，$j \notin \{j_1, \ldots, j_n\}$ を満たす積 p の集合を E_j とおく．A のパーマネントは，$E_1, \ldots, E_n$ のいずれにも属さない（S の）要素の重みの和で与えられる．式 (11.1) より，所望の結果を得る． □

問題 11A 定理 11.2 を用いて式 (10.4) を示せ．

注 $A_1, \ldots, A_n \subseteq \{1, 2, \ldots, n\}$ とする．$j \in A_i$ のときに $a_{ij} = 1$，$j \notin A_i$ のときに $a_{ij} = 0$ とおく．このとき，$\mathrm{per}\, A$ は $A_1, \ldots, A_n$ の個別代表系の個数を数え上げている．

例 11.1 完全順列の，式 (10.2) とは異なる数え上げ公式を与えよう．完全順列の数え上げの式 (10.2) は $J - I$ のパーマネントに等しい．実際，式 (11.7) より，

$$d_n = \sum_{r=0}^{n-1} (-1)^r \binom{n}{r} (n-r)^r (n-r-1)^{n-r}. \tag{11.8}$$

$(n-r-1)^{n-r}$ の項を展開し，2 重和の順序を入れ換えてから式 (10.4) を適用する．すると式 (10.2) の少々複雑な証明を得る．

1970 年代に，$(0, 1)$ 行列のパーマネントについて，パーマネントの研究を動機づけていたさまざまな予想が巧妙なテクニックで解決された．本章の残りのパートと次章では，それらについて，できるだけたくさん紹介しよう．まず始めに，各行・各列に二つずつ 1 が現れている $(0, 1)$ 行列を考えよう．

定理 11.3 行和，列和がすべて 2 の $(0, 1)$ 行列 A に対して，

$$\mathrm{per}\, A \le 2^{\lfloor n/2 \rfloor}.$$

証明 A の行を頂点に，A の列を辺に対応させて，$a_{ij} = 1$ のときかつそのときに限り頂点 i が辺 j に結合するようなグラフ G を考える．G は 2 正則であり，互いに辺素な多角形の和で表される．各多角形（の頂点と辺）に対応する A の部分行列は，行および列に適当な置換を施すことによって

118　第 11 章　パーマネント

$$
\begin{pmatrix}
1 & 1 & 0 & 0 & \cdots & 0 & 0 \\
0 & 1 & 1 & 0 & \cdots & 0 & 0 \\
0 & 0 & 1 & 1 & \cdots & 0 & 0 \\
\vdots & \vdots & \vdots & \vdots & & \vdots & \vdots \\
0 & 0 & 0 & 0 & \cdots & 1 & 1 \\
1 & 0 & 0 & 0 & \cdots & 0 & 1
\end{pmatrix}
$$

の形に変形される（2 次の場合は 2×2 の行列 J になる[1]）．A はこのような部分行列の直和であり，各部分行列のパーマネントは 2 である．G における多角形の総数は高々 $\lfloor n/2 \rfloor$ なので，所望の不等式を得る．なお，A が 2 次正方行列 J の直和で表されるとき，不等式の等号が成り立つ．　　　　□

　定理 11.3 は，行列の行和とパーマネントを関係付ける初等的な事実の一つであり，同様の結果はほかにもたくさん知られている．このことは次で述べる難しい問題の着想につながる．1967 年，H. Minc は，行和 $r_1, \ldots, r_n$ の n 次 $(0,1)$ 行列 A について

$$
\operatorname{per} A \leq \prod_{j=1}^{n} (r_j!)^{1/r_j} \tag{11.9}
$$

が成り立つと予想した．定理 11.3 の証明から，A が J_m の直和ならば，不等式 (11.9) において等号が成り立つとわかる．Minc 予想が発表されたのち，不等式 (11.9) よりも弱い結果がいくつもアナウンスされたが，それらの証明のほとんどが繁雑で長大な議論を要するものであった．最終的に，L. M. Brégman (1973) によって完全に解決された．驚くべきことに，A. Schrijver (1977) は非常にエレガントで簡潔な別証明を与えた．Schrijver の証明において次の補題が鍵となる．

補題 11.4　非負の実数 $t_1, \ldots, t_r$ について次が成り立つ：

---

[1] ［訳注］すべての成分が 1 の 2×2 行列．

$$\left(\frac{t_1 + \cdots + t_r}{r}\right)^{t_1 + \cdots + t_r} \leq t_1^{t_1} \cdots t_r^{t_r}.$$

証明 関数 $x \log x$ の凸性を用いて,

$$\frac{t_1 + \cdots + t_r}{r} \log\left(\frac{t_1 + \cdots + t_r}{r}\right) \leq \frac{t_1 \log t_1 + \cdots + t_r \log t_r}{r}.$$

$\square$

次の定理では式 (11.6) を次の形で使う:

$$\mathrm{per}\, A = \sum_{k, a_{ik}=1} \mathrm{per}\, A_{ik}.$$

定理 11.5 行和が $r_1, \ldots, r_n$ の n 次の $(0,1)$ 行列 A に対して,

$$\mathrm{per}\, A \leq \prod_{j=1}^{n} (r_j!)^{1/r_j}.$$

証明 n に関する帰納法を用いる. $n = 1$ のとき定理の主張は明らか. 一般に, $n-1$ 次の正方行列について主張が正しいと仮定しよう. 基本的なアイデアは $(\mathrm{per}\, A)^{n\,\mathrm{per}\, A}$ に着目し, これをいくつかの積に分解することにある. r_i を $a_{ik} = 1$ を満たすような k の総数とする. 補題 11.4 より,

$$\begin{aligned}
(\mathrm{per}\, A)^{n\,\mathrm{per}\, A} &= \prod_{i=1}^{n} (\mathrm{per}\, A)^{\mathrm{per}\, A} \\
&\leq \prod_{i=1}^{n}\left(r_i^{\mathrm{per}\, A} \prod_{k, a_{ik}=1} \mathrm{per}\, A_{ik}^{\mathrm{per}\, A_{ik}}\right) \quad (11.10)
\end{aligned}$$

を得る[2]. さて, $a_{i\nu_i} = 1\ (i = 1, \ldots, n)$ を満たす $\{1, \ldots, n\}$ 上の置換 ν の集合を S とおく. 明らかに $|S| = \mathrm{per}\, A$. また, $\nu_i = k$ となる置換 $\nu \in S$ の総数は, $a_{ik} = 1$ のとき $\mathrm{per}\, A_{ik}$ で, $a_{ik} = 0$ のとき 0 に等しくなる. よって, 式 (11.10) の右辺は

---

[2] ［訳注］$\prod_{i=1}^{n} (\mathrm{per}\, A)^{\mathrm{per}\, A} = \prod_{i=1}^{n} r_i^{\mathrm{per}\, A}\left(\frac{\sum_{k, a_{ik}=1} \mathrm{per}\, A_{ik}}{r_i}\right)^{\sum_{k, a_{ik}=1} \mathrm{per}\, A_{ik}}$ に注意する.

$$\prod_{\nu \in S} \left\{ \left(\prod_{i=1}^{n} r_i \right) \cdot \left(\prod_{i=1}^{n} \operatorname{per} A_{i\nu_i} \right) \right\} \qquad (11.11)$$

に等しくなる．ここで，各 $A_{i\nu_i}$ に帰納法の仮定を適用すると，式 (11.10) は次のように書き換えられる．

$(\operatorname{per} A)^{n \operatorname{per} A}$
$$\leq \prod_{\nu \in S} \left\{ \left(\prod_{i=1}^{n} r_i \right) \cdot \prod_{i=1}^{n} \left[\prod_{\substack{j \neq i, \\ a_{j\nu_i}=0}} (r_j!)^{1/r_j} \prod_{\substack{j \neq i, \\ a_{j\nu_i}=1}} ((r_j - 1)!)^{1/(r_j-1)} \right] \right\}.$$
$$(11.12)$$

$i \neq j$ かつ $a_{j\nu_i} = 0$ を満たすような i は $(n - r_j)$ 個あり，$i \neq j$ かつ $a_{j\nu_i} = 1$ を満たすような i は $(r_j - 1)$ 個ある．よって，式 (11.12) の右辺は

$$\prod_{\nu \in S} \left\{ \left(\prod_{i=1}^{n} r_i \right) \cdot \left[\prod_{j=1}^{n} (r_j!)^{(n-r_j)/r_j} (r_j - 1)! \right] \right\}$$
$$= \prod_{\nu \in S} \prod_{j=1}^{n} (r_j!)^{n/r_j} = \left(\prod_{j=1}^{n} (r_j!)^{1/r_j} \right)^{n \operatorname{per} A}$$

と変形することができて，所望の結果を得る． $\qquad\qquad\square$

さて，行和・列和がともに k の $(0,1)$ 行列に着目して，そのような行列全体の集合を $\mathcal{A}(n,k)$ とおこう．

$$M(n,k) := \max\{\operatorname{per} A \mid A \in \mathcal{A}(n,k)\}, \qquad (11.13)$$
$$m(n,k) := \min\{\operatorname{per} A \mid A \in \mathcal{A}(n,k)\} \qquad (11.14)$$

とおく．行列の直和を考えると，

$$M(n_1 + n_2, k) \geq M(n_1, k) M(n_2, k), \qquad (11.15)$$
$$m(n_1 + n_2, k) \leq m(n_1, k) m(n_2, k) \qquad (11.16)$$

が成り立つ．次の Fekete の補題は，上の二つの不等式とあわせて，ある重要な関数の定義につながっていく（後述）．

補題 11.6（Fekete の補題） 関数 $f: \mathbb{N} \to \mathbb{N}$ について，すべての $m, n \in \mathbb{N}$ について $f(m + n) \geq f(m)f(n)$ が成り立つとする．このとき $\lim_{n \to \infty} f(n)^{1/n}$ が存在する（∞ も許容する）．

証明 m に対して $l \leq m$ を固定する．f の仮定から，帰納的に，$f(l + km) \geq f(l)[f(m)]^k$ を得る．よって，

$$\liminf f(l + km)^{1/(l + km)} \geq f(m)^{1/m}.$$

また，l は m 通りの値をとり得るので，

$$\liminf f(n)^{1/n} \geq f(m)^{1/m}$$

を得る．ここで $m \to \infty$ とすると，

$$\liminf f(n)^{1/n} \geq \limsup f(m)^{1/m}$$

となり，題意が成り立つ． $\square$

Fekete の補題において，$\geq$ を $\leq$ に置き換えても同様の主張が成り立つ．こうして

$$M(k) := \lim_{n \to \infty} \{M(n, k)\}^{1/n}, \tag{11.17}$$

$$m(k) := \lim_{n \to \infty} \{m(n, k)\}^{1/n} \tag{11.18}$$

を定めることができる．

問題 11B $M(n, k) \geq k!$, $M(k) \leq (k!)^{1/k}$ を示せ．また $M(k) \geq (k!)^{1/k}$ となる行列の例を具体的に与えよ．このことから $M(k) = (k!)^{\frac{1}{k}}$ を得る．

$m(n, k)$ は非常に扱いにくい関数である[3]．その背景には **Van der Waerden 予想**とよばれる有名な予想がある．この予想は，1981 年に二つの証明が発表されるまで，実に 50 年近く未解決な大予想であった．以下では予想を述べるだけで，証明は次章で与える．

予想（Van der Waerden 予想） 各成分が非負で，行和，列和がすべて 1

---

[3] ［訳注］問題 11B を実際に解いてみるとわかるが，$M(k) = (k!)^{1/k}$ を示すのは難しくない．

122 第11章 パーマネント

であるような n 次正方行列 A について,不等式

$$\text{per } A \geq n! n^{-n} \tag{11.19}$$

が成り立つ.

Van der Waerden 予想で考えられている行列 A は,**二重確率行列**とよばれる.明らかに,$A \in \mathcal{A}(n,k)$ の各成分を $1/k$ 倍すれば,二重確率行列を得る.こうして,上の予想が正しければ,$m(k) \geq k/e$.特筆すべきことして,$k \to \infty$ のとき,問題 11B の $M(k)$ の値は k/e に収束する(ノート参照).以上から,十分大きな k と $\mathcal{A}(n,k)$ の要素 A について $(\text{per } A)^{1/n}$ は漸近的に k/e に等しくなる.長い間,$m(n,k)$ の下界は $n+3$ であると考えられてきたが,その証明でさえ容易ではなかった.次の定理は,かなりよい下界で,基本的な結果である.その証明は Voorhoeve (1979) による.

定理 11.7 $m(n,3) \geq 6 \cdot (\frac{4}{3})^{n-3}$.

証明 各行和,各列和が 3 の n 次正方行列で,各成分が非負のものからなる集合 U_n を考え,$u(n) := \min\{\text{per } A \mid A \in U_n\}$ とおく.また,U_n の各要素(行列)から,正値の成分を一つ減らして得られる行列の集合を V_n とおき,$v(n) := \min\{\text{per } A \mid A \in V_n\}$ とする.

次の不等式が成り立つ:

$$u(n) \geq \left\lceil \frac{3}{2} v(n) \right\rceil. \tag{11.20}$$

実際,1 行目が $\boldsymbol{a} := (\alpha_1, \alpha_2, \alpha_3, 0, \ldots, 0)$ の行列 $A \in U_n$ を考えると($\alpha_i \geq 0, i = 1, 2, 3$),

$$2\boldsymbol{a} = \alpha_1(\alpha_1 - 1, \alpha_2, \alpha_3, 0, \ldots, 0) + \alpha_2(\alpha_1, \alpha_2 - 1, \alpha_3, 0, \ldots, 0)$$
$$+ \alpha_3(\alpha_1, \alpha_2, \alpha_3 - 1, 0, \ldots, 0).$$

式 (11.5) より,$2u(n) \geq (\alpha_1 + \alpha_2 + \alpha_3)v(n) = 3v(n)$ を得る.

続いて,不等式

$$v(n) \geq \left\lceil \frac{4}{3} v(n-1) \right\rceil \tag{11.21}$$

が成り立つことを，二つの場合に分けて示そう．

場合 1. $A \in V_n$ の 1 行目が $(1, 1, 0, \ldots, 0)$.

A の 1 行目を削除して得られる行列を，$(\boldsymbol{c}_1, \boldsymbol{c}_2, B)$ とおく．$\boldsymbol{c}_3 := \boldsymbol{c}_1 + \boldsymbol{c}_2$ の成分の総和は，3 か 4 である．式 (11.6) より，

$$\operatorname{per} A = \operatorname{per}(\boldsymbol{c}_1, B) + \operatorname{per}(\boldsymbol{c}_2, B) = \operatorname{per}(\boldsymbol{c}_3, B).$$

$\boldsymbol{c}_3$ の成分の和が 3 のとき，$(\boldsymbol{c}_3, B) \in U_{n-1}$．よって，式 (11.20) より，式 (11.21) を得る．$\boldsymbol{c}_3$ の成分和が 4 のとき，上と同様の議論により，$3\boldsymbol{c}_3$ を $(\boldsymbol{d}_i, B) \in V_{n-1}$ $(i = 1, 2, 3, 4)$ を満たす四つのベクトル $\boldsymbol{d}_i$ の一次結合で表すことができて，$3 \operatorname{per} A \geq 4v(n-1)$ を得る．

場合 2. $A \in V_n$ の 1 行目が $(2, 0, \ldots, 0)$.

A の 1 行目と 1 列目を削除して得られる行列を，B とおく．すると，$B \in U_{n-1}$ か $B \in V_{n-1}$ のいずれかが成り立つ．よって，$\operatorname{per} A \geq 2\min\{u(n-1), v(n-1)\}$ であり，式 (11.20) を得る．

式 (11.20)，式 (11.21) および $v(1) = 2$ から，定理の主張を得る． □

さて，各成分が非負値で，行和，列和が一定 $(= k)$ の $n \times n$ 行列を考える．そのような行列の集合を $\Lambda(n, k)$ とし，パーマネントの最小値 $\lambda(n, k)$ を調べたいとしよう．明らかに

$$\lambda(n_1 + n_2, k) \leq m(n_1, k)m(n_2, k).$$

よって，Fekete の補題より，

$$\theta(k) := \lim_{n \to \infty} (\lambda(n, k))^{1/n} \tag{11.22}$$

を定義することができる．定理 11.3 と定理 11.7 より，$\lambda(n, 2) = 2$，$\lambda(n, 3) \geq 6 \cdot (\frac{4}{3})^{n-3}$ を得る．式 (11.19) より，$\lambda(n, k) \geq n!(\frac{k}{n})^n$ となることもわかる．

すでに確認したように，パーマネントと個別代表系には関係がある．このことを使って，次の定理を証明しよう．

124　第 11 章　パーマネント

定理 11.8　$\lambda(n,k) \leq k^{2n}/\binom{nk}{n}$.

証明　集合 $\{1, 2, \ldots, nk\}$ の n 個の k 元部分集合への（順序付きの）分割からなる集合を $P_{n,k}$ とおく．すると，

$$p_{n,k} := |P_{n,k}| = \frac{(nk)!}{(k!)^n} \tag{11.23}$$

となることが容易にわかる．$\mathcal{A} := (A_1, \ldots, A_n) \in P_{n,k}$ に対して，$A_1, \ldots,$ A_n の個別代表系の総数は k^n 個である．$\mathcal{B} := (B_1, \ldots, B_n) \in P_{n,k}$ に対して，$\mathcal{A}$ と $\mathcal{B}$ に共通の個別代表系の個数を $s(\mathcal{A}, \mathcal{B})$ とおく．$\alpha_{ij} := |A_i \cap B_j|$ により定まる n 次正方行列を $A := (\alpha_{ij})$ とおく．このとき，per A は $\mathcal{A}$ と $\mathcal{B}$ に共通の個別代表系を数え上げていることに注意しよう．A の定義より $A \in \Lambda(n,k)$ なので，

$$s(\mathcal{A}, \mathcal{B}) = \mathrm{per}\, A \geq \lambda(n,k).$$

$A \in P_{n,k}$ および $\mathcal{A}$ の個別代表系を一つ固定すると，同じ個別代表系をもつ $\mathcal{B}$ の選び方は $n! p_{n,k-1}$ 通りある．したがって，

$$\sum_{\mathcal{B} \in P_{n,k}} s(\mathcal{A}, \mathcal{B}) = k^n \cdot n! p_{n,k-1}.$$

最後に，式 (11.23) と $\lambda(n,k)$ に関する不等式より，

$$\lambda(n,k) \leq \frac{k^n \cdot n! p_{n,k-1}}{p_{n,k}} = \frac{k^{2n}}{\binom{nk}{n}}.$$

$\square$

上の証明と次の系は Schrijver–Valiant (1980) による．

系　$\theta(k) \leq \frac{(k-1)^{k-1}}{k^{k-2}}$.

証明　定理 11.8 にスターリングの公式 $n! \sim n^n e^{-n} (2\pi n)^{1/2}$ を適用すればよい．

$\square$

上の系と定理 11.7 より，$\theta(3) = \frac{4}{3}$ を得る．

問題 11C 1 から 64 までの自然数を考え, そこから 9 で割って 1 余る数 ($x_1 := 1, x_2 := 9, \ldots, x_8 := 64$) を除外して, さらに, 整数 $x_i + 8$ をすべて除外する. ただし, $x_i + 8$ は mod 64 で巡回的に処理されるとする. 残りの 48 個の数からなる集合を S とおく. 区間 $(8(i-1), 8i]$ に属する自然数の集合 A_i と, 8 で割って i 余る数の集合 B_i に対して, S の分割 $A_1, \ldots, A_8$ と $B_1, \ldots, B_8$ を考える. このとき, $A_1, \ldots, A_8$ と $B_1, \ldots, B_8$ の共通の個別代表系を数え上げよ.

問題 11D（問題 5G, 再掲） 頂点数 $2n$ の 3 正則二部グラフについて, 完全マッチングの総数の下界を与えよ.

問題 11E $V := \{1, 2, \ldots, n\}$ の部分集合の族 $\mathcal{A} := \{\{i, i+1, i+2\} \mid i = 1, 2, \ldots, n\}$ を考える. ただし, 加法演算は mod n で処理されるものとする. $\mathcal{A}$ の個別代表系を数え上げよ.

ノート

Minc (1978) の著書 *Permanents* によると, パーマネントのアイデアは Cauchy (1812) まで遡るとのことである. パーマネントという用語が初めて使われたのは, Muir の 1882 年の仕事のようである. Minc はパーマネントについて多くの顕著な業績を挙げた. しかしながら, 彼の早期の仕事は必ずしも正当な評価を受けておらず, 「パーマネント」というネーミングを改めるよう雑誌のレフェリーに指摘されたこともあるそうである. 著者らが筆を走らせていた頃, Van der Waerden 予想はまだ未解決な予想であったが, 予想の解決に向けてさまざまな研究がなされた. 詳しくは Minc の書を参照されたい.

定理 11.2 は Ryser (1963) によるものである.

Minc 予想に関するさまざまな結果については, Van Lint (1974) を参照されたい.

定理 11.7 の証明で用いた Fekete の補題 (1923) にはいくつか応用がある. 詳しくは J. W. Moon (1968) などを参照されるとよい.

二重確率行列について, 各成分を条件付き確率と見なして, 確率論的に理解してもよい. ただし, パーマネントが確率論において重要な役割を果たす

126 第 11 章 パーマネント

というわけではない.

定理 11.7 の直前の $m(k)$ と $M(k)$ に関する注は, スターリングの公式と不等式 $n! \geq n^n e^{-n}$ に基づいている. 後者の不等式は, $(1 + n^{-1})^n$ が e に収束する事実を用いて帰納的に証明される. ちなみに, スターリングの公式の原形は de Moivre によって最初に与えられた. スターリング自身の業績はガンマ関数の漸近展開を行い,

$$\Gamma(x) = x^{x - \frac{1}{2}} e^{-x} (2\pi)^{\frac{1}{2}} e^{\theta/(12x)}$$

を評価したことである $(0 < \theta < 1)$. なお, $n! = \Gamma(n + 1)$ である.

A. Schrijver (1998) は,

$$\lambda(n, k) \geq \left(\frac{(k - 1)^{k-1}}{k^{k-2}} \right)^n$$

を示すことによって, 定理 11.8 直後の系の不等式で等号が成り立つことを証明した.

参考文献

[1] L. M. Brégmann (1973), Certain properties of nonnegative matrices and their permanents, *Dokl. Akad. Nauk SSSR* **211**, 27–30 (*Soviet Math. Dokl.* **14**, 945–949).

[2] M. Fekete (1923), Über die Verteilung der Wurzeln bei gewissen algebraischen Gleichungen mit ganzzahligen Koeffizienten, *Math. Zeitschr.* **17**, 228–249.

[3] J. H. van Lint (1974), *Combinatorial Theory Seminar Eindhoven University of Technology*, Lecture Notes in Mathematics **382**, Springer-Verlag.

[4] H. Minc (1967), An inequality for permanents of $(0, 1)$ matrices, *J. Combin. Theory Ser. A* **2**, 321–326.

[5] H. Minc (1978), *Permanents*, Encyclopedia of Mathematics and its Applications, vol.6, Addison-Wesley, reissued by Cambridge University Press.

[6] J. W. Moon (1968), *Topics on Tournaments*, Holt, Rinehart and Winston.

[7] H. J. Ryser (1963), *Combinatorial Mathematics*, Carus Math. Monograph **14**.

[8] A. Schrijver (1978), A short proof of Minc's conjecture, *J. Combin. Theory Ser. A* **25**, 80–83.

[9] A. Schrijver, W. G. Valiant (1980), On lower bounds for permanents, *Proc. Kon. Ned. Akad. v. Wetensch. A* **83**, 425–427.

[10] A. Schrijver (1998), Counting 1-factors in regular bipartite graphs, *J. Combin. Theory Ser. B* **72**, 122–135.

[11] M. Voorhoeve (1979), A lower bound dor the permanents of certain $(0,1)$-matrices, *Proc. Kon. Ned. Akad. v. Wetensch. A* **82**, 83–86.

第12章　Van der Waerden 予想

n 次の二重確率行列からなる集合を Ω_n とおく．また，Ω_n の要素で各成分が正の行列からなるものの集合を Ω_n^* とおく．すべての成分が 1 の n 次正方行列を J とし，$J_n := n^{-1}J$ とおく．すべての成分が 1 の n 次元ベクトルを $\boldsymbol{j}$ とおく．

1926 年，B. L. van der Waerden は，パーマネントが最小であるような（n 次の）二重確率行列の決定問題を提示した．その当時，式 (11.9) が示唆するように，最小値は $\operatorname{per} J_n = n!n^{-n}$ だろうと予想されていた．やがて

$$(A \in \Omega \text{ かつ } A \neq J_n) \ \Rightarrow \ (\operatorname{per} A > \operatorname{per} J_n) \tag{12.1}$$

は Van der Waerden 予想とよばれるようになっていった（ただし 1969 年に著者の一人が問い合わせた際，Van der Waerden はそのような予想を発表した覚えはないと答えている）．Van der Waerden 予想は 1981 年に肯定的に解決された．これまでに二つの証明がアナウンスされており，一つは 1979 年に投稿された D. I. Falikman の証明で，もう一つは 1980 年に投稿された G. P. Egoritsjev の証明である．本章では，Egoritsjev のオリジナルの証明を少し精査したバージョンを紹介する（Van Lint (1981) 参照）．

さて，$\operatorname{per} A = \min\{\operatorname{per} S \mid S \in \Omega_n\}$ を満たす $A \in \Omega_n$ を，**最小化行列** (minimizing matrix) という．A から第 i 行と第 j 列を削除して得られる行列を A_{ij} とおく．また，$A = (\boldsymbol{a}_1, \ldots, \boldsymbol{a}_n)$ のように，行列の列ベクトル表示もよく使う．後で予想を証明するときに，n 次の行列のパーマネントを $n-1$ 次の行列のパーマネントに帰着させるために，$\operatorname{per}(\boldsymbol{a}_1, \ldots, \boldsymbol{a}_{n-1}, \boldsymbol{e}_j)$

130 第 12 章 Van der Waerden 予想

を考える場面がある（e_j は標準基底ベクトル）．このパーマネントの値は j 行目と n 列目を入れ換えても変わらないことに注意する．また，問題 5C（Birkhoff の定理）より，集合 Ω_n が置換行列を頂点とする凸集合をなすことにも注意する．

予想の証明に先立ちいくつか準備をする．最初の事実は定理 5.4 の読み替えである．

定理 12.1 A を各成分が非負値の n 次の正方行列とする．このとき，per A $= 0$ であることと，A がサイズ $s \times (n+1-s)$ の零行列を部分行列にもつことは同値である．

n 次正方行列は，サイズ $k \times (n-k)$ の零行列を部分行列にもつとき，**可約** (partly decomposable) であるという．つまり，

$$PAQ = \begin{pmatrix} B & C \\ O & D \end{pmatrix}$$

となる置換行列 P, Q が存在するとき，行列 A を可約であるという．ただし，B, D は正方行列である．可約でない行列を**既約** (fully indecomposable) であるという．$A \in \Omega_n$ を可約とすると，B の成分の総和が B の列和の総和に等しことと B と C の成分の総和が B の行和の総和に等しいことから，$C = O$ を得る．この場合，A は Ω_k の要素と Ω_{n-k} の要素の直和 $B \dotplus D$ になる．

問題 12A $n \geq 2$ を自然数とし，A を各成分が非負値の n 次正方行列とする．このとき，A が既約であることと，任意の i, j に対して per $A_{ij} > 0$ が成り立つことは同値であることを示せ．

問題 12B A を各成分が非負値の n 次正方行列とする．A が既約ならば，AA^T と $A^T A$ はともに既約であることを示せ．

定理 12.2 最小化行列は既約である．

証明 可約な最小化行列 $A \in \Omega_n$ が存在したとする．このとき，適当な $B \in \Omega_k, C \in \Omega_{n-k}$ について，$A = B \dotplus C$ となる．定理 12.1 より，per $A_{k,k+1}$

$= \operatorname{per} A_{k+1,k} = 0$ が成り立つ。Birkhoff の定理より，B と C の対角成分を
すべて正であるとしてよい。A において，成分 b_{kk} を $b_{kk} - \epsilon$ に，成分 c_{11}
を $c_{11} - \epsilon$ に，さらに第 $(k, k+1)$ 成分と $(k+1, k)$ 成分を ϵ に置き換えて，
行列 M を定める。ϵ が十分小さければ，M は Ω_n に属する。M のパーマネ
ントは

$$\operatorname{per} A - \epsilon \operatorname{per} A_{kk} - \epsilon \operatorname{per} A_{k+1,k+1} + O(\epsilon^2)$$

のように評価される。$\operatorname{per} A_{kk}$ と $\operatorname{per} A_{k+1,k+1}$ はともに正なので，ϵ を十分
小さくとれば，$\operatorname{per} M < \operatorname{per} A$ となる。これは A の最小性に反する。 $\qquad\square$

系 (1) 最小化行列の各行において，正の成分が少なくとも二つある。
(2) 最小化行列の任意の成分 a_{ij} に対して，$\sigma(i) = j$ かつ $a_{s,\sigma(s)} > 0$ $(1 \leq s \leq n, s \neq i)$ を満たす置換 $\sigma \in S_n$ が存在する。

証明 (1) は明らか。(2) は問題 12A による。 $\qquad\square$

さて微積分を使ってわかることを見てみよう。式 (12.1) の証明における
重要なステップとして，Marcus–Newman (1959) による驚くべき結果があ
る。

定理 12.3 最小化行列 $A \in \Omega_n$ において，$a_{hk} > 0$ ならば，$\operatorname{per} A_{hk} = \operatorname{per} A$ が成り立つ。

証明 $a_{ij} = 0$ となるすべての (i, j) に対して，$x_{ij} = 0$ となるような二重確
率行列 X の集合を S とおく。行列 A は集合 S の内点であり，ある m に対
して $A \in \mathbb{R}^m$ と見なすことができる。$a_{ij} = 0$ を満たす組 (i, j) の集合を Z
とおくと，集合 S の要素は次の線形計画法の一つの解をなす：

132 第 12 章 Van der Waerden 予想

$$\sum_{i=1}^{n} x_{ij} = 1, \quad j = 1, \ldots, n;$$

$$\sum_{j=1}^{n} x_{ij} = 1, \quad i = 1, \ldots, n;$$

$$x_{ij} \geq 0, \quad i, j = 1, \ldots, n;$$

$$x_{ij} = 0, \quad (i, j) \in Z.$$

A は最小化行列なので，パーマネント関数は S の内点で最小値をとる．ここでラグランジュの未定乗数法を用いる．

$$F(X) := \operatorname{per} X - \sum_{i=1}^{n} \lambda_i \left(\sum_{k=1}^{n} x_{ik} - 1 \right) - \sum_{j=1}^{n} \mu_j \left(\sum_{k=1}^{n} x_{kj} - 1 \right)$$

とおくと，

$$\frac{\partial F(X)}{\partial x_{ij}} = \operatorname{per} X_{ij} - \lambda_i - \mu_j, \quad (i, j) \notin Z.$$

こうして

$$\operatorname{per} A_{ij} = \lambda_i + \mu_j, \quad 1 \leq i, j \leq n$$

を得る．よって，$1 \leq i \leq n$ に対して，

$$\operatorname{per} A = \sum_{j=1}^{n} a_{ij} \operatorname{per} A_{ij} = \sum_{j=1}^{n} a_{ij} (\lambda_i + \mu_j) = \lambda_i + \sum_{j=1}^{n} a_{ij} \mu_j. \tag{12.2}$$

同様にして，$1 \leq j \leq n$ に対して，

$$\operatorname{per} A = \mu_j + \sum_{i=1}^{n} a_{ij} \lambda_i \tag{12.3}$$

を得る．ここで $\boldsymbol{\lambda} := (\lambda_1, \ldots, \lambda_n)^T$, $\boldsymbol{\mu} := (\mu_1, \ldots, \mu_n)^T$, $\boldsymbol{j} := (1, \ldots, 1)^T$ とおくと，式 (12.2) と式 (12.3) より，

$$(\operatorname{per} A) \boldsymbol{j} = \boldsymbol{\lambda} + A \boldsymbol{\mu} = \boldsymbol{\mu} + A^T \boldsymbol{\lambda}. \tag{12.4}$$

両辺に A^T をかけると，

$$(\text{per } A)\boldsymbol{j} = A^T\boldsymbol{\lambda} + A^T A\boldsymbol{\mu}$$

となり，$\boldsymbol{\mu} = A^T A\boldsymbol{\mu}$ を得る．同様にして，$\boldsymbol{\lambda} = AA^T\boldsymbol{\lambda}$ を得る．したがって，行列 AA^T, $A^T A$ は Ω_n に属することがわかる．定理 12.2 と問題 12B より AA^T, $A^T A$ は固有値 1（重複度は 1）をもつ．$\boldsymbol{\lambda}$ と $\boldsymbol{\mu}$ はともに $\boldsymbol{j}$ の定数倍である．最後に，式 (12.4) より，

$$\text{per } A_{ij} = \lambda_i + \mu_j = \text{per } A, \quad 1 \le i, j \le n$$

を得る． $\qquad\qquad\qquad\qquad\qquad\qquad\qquad\qquad\qquad\qquad\qquad\qquad\square$

注 Marcus と Newman は，定理 12.3 を用いて，Ω_n^* の最小化行列が J_n に等しいことを示した．基本的なアイデアは以下のとおりである．まず，任意の h, k に対して $\text{per } A_{hk} = \text{per } A$ が成り立つ行列 $A \in \Omega_n$ を考える．A の列ベクトル $\boldsymbol{a}_j$ を任意に一つ選び，$\sum_{i=1}^n x_{ij} = 1$ を満たすベクトル $\boldsymbol{x}$ で置き換える．列の「代替」によって得られた行列のパーマネントは，$\text{per } A$ に等しくなる．これを**代替原理** (substitution principle) という．$A \in \Omega_n^*$ を最小化行列として，A の任意の異なる 2 列 $\boldsymbol{a}_i$, $\boldsymbol{a}_j$ をともに平均 $(\boldsymbol{a}_i + \boldsymbol{a}_j)/2$ で置き換えると，新たに最小化行列 A' を得る．このようにして，J_n に近づいていく最小化行列の系列が得られる．あとは最小化行列の一意性を示すだけで，それにはもう一手間必要となる（後述）．

　微積分を用いるもう一つの結果は定理 12.3 の一般化であり，London (1971) によるものである．

定理 12.4 $A \in \Omega_n$ を最小化行列とする．このとき，任意の i, j に対して $\text{per } A_{ij} \ge \text{per } A$.

証明 i, j を固定する．定理 12.2 の系 (2) より，$\sigma(i) = j$ かつ $a_{s,\sigma(s)} > 0$ $(1 \le s \le n, s \ne i)$ を満たすような置換 $\sigma \in S_n$ が存在する．σ に対応する置換行列を P とおく．$\theta \in [0, 1]$ に対して $f(\theta) := \text{per}((1 - \theta)A + \theta P)$ とおく．A は最小化行列なので，$f'(0) \ge 0$，すなわち

134 第 12 章 Van der Waerden 予想

$$0 \le \sum_{i=1}^{n} \sum_{j=1}^{n} (-a_{ij} + p_{ij}) \operatorname{per} A_{ij} = -n \operatorname{per} A + \sum_{s=1}^{n} \operatorname{per} A_{s,\sigma(s)}.$$

定理 12.3 より, $s \neq i$ について $\operatorname{per} A_{s,\sigma(s)} = \operatorname{per} A$ であるから, $\operatorname{per} A_{ij} \ge \operatorname{per} A$. □

問題 12C 定理 12.3 を用いて, 最小化行列 $A \in \Omega_5^*$ が存在するならば 4 次主小行列の形が aJ であるような最小化行列 $B \in \Omega_5^*$ が存在することを示せ. また, $a = 1/5$ が成り立つことを示せ.

さて, Van der Waerden 予想の証明における最も重要な道具として, 線形代数学のある知見を押さえておく. これは, Egoritsjev によるパーマネントに関する不等式であり[1], ここでは扱わないが, いわゆる Alexandroff–Frenchel 不等式[2]から導かれるものである.

$\mathbb{R}^n$ 上の対称双一次形式 $\langle \boldsymbol{x}, \boldsymbol{y} \rangle := x^T Q y$ を考える. Q が正の固有値を 1 個, 負の固有値を $n-1$ 個もつとき, $\mathbb{R}^n$ を**ローレンツ空間**という. $\langle \boldsymbol{x}, \boldsymbol{x} \rangle = 0$ を満たすベクトル x を**等方ベクトル** (isotropic vector) という. また, $\langle \boldsymbol{x}, \boldsymbol{x} \rangle < 0$ ($\langle \boldsymbol{x}, \boldsymbol{x} \rangle > 0$) を満たす x を, 負のベクトル (正のベクトル) という.

負の固有ベクトルが生成する $(n-1)$ 次元の部分空間を考える. この部分空間の非零ベクトルはすべて負である. よって, $\boldsymbol{a}$ を正のベクトルとし, $\boldsymbol{b}$ を $\boldsymbol{a}$ の定数倍でないとすると, $\boldsymbol{a}$ と $\boldsymbol{b}$ の張る平面には負のベクトルがある. ゆえに λ の二次形式 $\langle \boldsymbol{a} + \lambda \boldsymbol{b}, \boldsymbol{a} + \lambda \boldsymbol{b} \rangle$ の判別式は正になる. こうして, コーシー–シュワルツの不等式の類似を得る:

定理 12.5 $\boldsymbol{a}$ をローレンツ空間の正のベクトル, $\boldsymbol{b}$ を任意のベクトルとする. このとき, 不等式

$$\langle \boldsymbol{a}, \boldsymbol{b} \rangle^2 \ge \langle \boldsymbol{a}, \boldsymbol{a} \rangle \langle \boldsymbol{b}, \boldsymbol{b} \rangle$$

が成り立つ. とくに, $\lambda \boldsymbol{a} = \boldsymbol{b}$ を満たす λ が存在するとき, かつそのときに限り等号が成り立つ.

---

[1] ［訳注］後述の定理 12.6 の系.
[2] ［訳注］双一次形式に関する有名な結果であり, 定理 12.5 もその一種である.

以上の事実とパーマネントの関係について触れておこう. $\boldsymbol{a}_1, \ldots, \boldsymbol{a}_{n-2}$ $\in \mathbb{R}^n$ を各座標成分が正値のベクトルとし, $\boldsymbol{e}_1, \ldots, \boldsymbol{e}_n \in \mathbb{R}^n$ を標準基底とする. $\mathbb{R}^n$ の双一次形式 $\langle \cdot, \cdot \rangle$ を

$$\langle \boldsymbol{x}, \boldsymbol{y} \rangle := \mathrm{per}(\boldsymbol{a}_1, \ldots, \boldsymbol{a}_{n-2}, \boldsymbol{x}, \boldsymbol{y}), \tag{12.5}$$

すなわち,

$$\langle \boldsymbol{x}, \boldsymbol{y} \rangle = \boldsymbol{x}^T Q \boldsymbol{y},$$
$$Q := (q_{ij}) := (\mathrm{per}(\boldsymbol{a}_1, \ldots, \boldsymbol{a}_{n-2}, \boldsymbol{e}_i, \boldsymbol{e}_j)). \tag{12.6}$$

と定める. $A := (\boldsymbol{a}_1, \ldots, \boldsymbol{a}_n)$ について, 最後の2列と, 第 i 行, 第 j 行を除いて得られる行列のパーマネントは q_{ij} に等しいことに注意しておく.

定理 12.6 双一次形式 (12.5) によって定義される内積空間[3]$\mathbb{R}^n$ はローレンツ空間となる.

証明 n に関する帰納法. $n = 2$ のとき, $Q = \begin{pmatrix} 0 & 1 \\ 1 & 0 \end{pmatrix}$ であり, 題意は正しい. 一般に $\mathbb{R}^{n-1}$ について題意が成り立つと仮定する. まずは Q の固有値が 0 でないことを示す. そこで, $Q\boldsymbol{c} = \boldsymbol{0}$ と仮定する. このとき,

$$\mathrm{per}(\boldsymbol{a}_1, \ldots, \boldsymbol{a}_{n-2}, \boldsymbol{c}, \boldsymbol{e}_j) = 0, \quad 1 \le j \le n. \tag{12.7}$$

左辺のパーマネントの j 行目と n 列目を除くと, 式 (12.7) は $\mathbb{R}^{n-1}$ のベクトルに関する条件式と見なせる. $\mathbb{R}^{n-1}$ 上の双一次形式

$$\mathrm{per}(\boldsymbol{a}_1, \ldots, \boldsymbol{a}_{n-3}, \boldsymbol{x}, \boldsymbol{y}, \boldsymbol{e}_j)_{jn} \tag{12.8}$$

について, 帰納法の仮定, 式 (12.7), 定理 12.5 を用いる. 式 (12.8) は, $\boldsymbol{x} = \boldsymbol{y} = \boldsymbol{a}_{n-2}$ とすると正の値をとり, $\boldsymbol{x} = \boldsymbol{a}_{n-2}, \boldsymbol{y} = \boldsymbol{c}$ とすると 0 になる. ゆえに,

$$\mathrm{per}(\boldsymbol{a}_1, \ldots, \boldsymbol{a}_{n-3}, \boldsymbol{c}, \boldsymbol{c}, \boldsymbol{e}_j) \le 0, \quad 1 \le j \le n \tag{12.9}$$

---

[3] ［訳注］$\langle \cdot, \cdot \rangle$ は退化しており, 厳密には内積ではない.

136 第 12 章 Van der Waerden 予想

となる．等号は，各 j に対して c の j 番目の成分 c_j 以外がすべて 0 となるとき，かつそのときに限り成り立つ．式 (12.9) の左辺に a_{n-2} の第 j 成分の値を掛けて，j に関して足し合わせると，$c^T Q c$ を得る．$Q c = 0$ より，$c = 0$ を得る．

さて，$0 \leq \theta \leq 1$ に対して，式 (12.5) の a_i を $\theta a_i + (1 - \theta) j$ で置き換えて行列 Q_θ を定める．上で示したことより，任意の $\theta \in [0, 1]$ に対して行列 Q_θ の固有値は 0 にならない．ゆえに，正の固有値の個数は θ によらず一定である．$\theta = 0$ のとき正の固有値の個数は 1 なので，$Q_0 = Q$ も正の固有値を一つだけもつ． □

定理 12.5 と 12.6 を組み合わせることでただちに次の系を得る（最後の主張は「連続性」による）．

系 $a_1, \ldots, a_{n-1} \in \mathbb{R}^n$ をそれぞれ座標成分がすべて正値のベクトルとし，$b \in \mathbb{R}^n$ とする．このとき，

$$(\mathrm{per}(a_1, \ldots, a_{n-1}, b))^2$$
$$\geq \mathrm{per}(a_1, \ldots, a_{n-1}, a_{n-1}) \cdot \mathrm{per}(a_1, \ldots, a_{n-2}, b, b).$$

等号は，$b = \lambda a_{n-1}$ を満たす $\lambda \in \mathbb{R}$ が存在するとき，かつそのときに限り成り立つ．さらに，a_i の座標成分のいくつかが 0 であっても，同様の不等式が成り立つ（しかし，等号成立条件についてはその限りではない）．

ここで定理 12.3 を一般化しよう．

定理 12.7 $A \in \Omega_n$ を最小化行列とすると，任意の i, j に対して $\mathrm{per}\, A_{ij} = \mathrm{per}\, A$ が成り立つ．

証明 背理法を用いる．すると，定理 12.4 より，$\mathrm{per}\, A_{rs} > \mathrm{per}\, A$ を満たす (r, s) がある．

$a_{rt} > 0$ となる t を選ぶ．$A := (a_1, \ldots, a_n)$ として，$(\mathrm{per}\, A)^2$ を考える．一方の $\mathrm{per}\, A$ に対して a_s を a_t で置き換え，もう一方の $\mathrm{per}\, A$ に対して a_t を a_s で置き換える．すると，定理 12.5 と定理 12.6 の系より，

$$(\operatorname{per} A)^2 \geq \left(\sum_{k=1}^{n} a_{kt} \operatorname{per} A_{ks}\right)\left(\sum_{k=1}^{n} a_{ks} \operatorname{per} A_{kt}\right).$$

定理 12.4 より，各 i, j に対して $\operatorname{per} A_{ij} \geq \operatorname{per} A$ であり，かつ $\operatorname{per} A_{rs} > \operatorname{per} A$ が成り立つ．$a_{rt} > 0$ なので，不等式の右辺は $(\operatorname{per} A)^2$ よりも真に大きくなって，矛盾． □

さて代替原理を使おう．最小化行列 A について，二つの列 $\boldsymbol{u}$, $\boldsymbol{v}$ を考える．$\boldsymbol{u}$, $\boldsymbol{v}$ をともに $\frac{1}{2}(\boldsymbol{u} + \boldsymbol{v})$ で置き換えると，定理 12.7 より，再び最小化行列を得る．

Van der Waerden 予想の証明 A を n 次の最小化行列とし，第 n 列を $\boldsymbol{b}$ とおく．定理 12.2 の系 (1) より，A の各行には少なくとも二つ正の成分がある．よって，$\boldsymbol{b}$ 以外の列に代替原理を繰り返し用いることで，座標成分がすべて正のベクトル $\boldsymbol{a}'_1, \ldots, \boldsymbol{a}'_{n-1}$ に対して，最小化行列 $A' = (\boldsymbol{a}'_1, \ldots, \boldsymbol{a}'_{n-1}, \boldsymbol{b})$ を得る．定理 12.6 の系の等号成立条件から，任意の $1 \leq i \leq n-1$ に対して $\boldsymbol{b}$ は $\boldsymbol{a}'_i$ の定数倍となる．このことは，$\boldsymbol{b} = n^{-1}\boldsymbol{j}$，さらには $A = n^{-1}J_n$ が成り立つことを意味している． □

定理 12.8 主張 (12.1) は正しい．

ノート

Van Lint (1982) には，Van der Waerden 予想の二つの証明のみならず，予想の誕生から解決に至るまで，歴史的経緯を十分に踏まえながら記されている．

B. L. van der Waerden (1903–1996) はオランダの数学者で，とりわけ代数学において数多くの顕著な業績を挙げた人物である．彼の著書 *Moderne Algebra* (1931) は代数学の標準的なテキストとして多くの人々に愛用され続けた．

Van der Waerden 予想について，1978 年までになされたすべての仕事は Minc の書にまとめられている．

ローレンツ空間は，相対性理論や二次形式 $x^2 + y^2 + z^2 - t^2$ を不変にする

変換群の理論と密に関係している．ローレンツ (H. A. Lorentz) はオランダの物理学者で，その功績が称えられてノーベル賞を受賞した人物でもある．

参考文献

[1] J. H. van Lint (1981), Notes on Egoritsjev's proof of the Van der Waerden conjecture, *Linear Algebra and its Applications* **39**, 1–8.

[2] J. H. van Lint (1982), The van der Waerden conjecture: Two proofs in one year, *The Math. Intelligencer* **39**, 72–77.

[3] D. London (1971), Some notes on the van der Waerden conjecture, *Linear Algebra and its Applications* **4**, 155–160.

[4] M. Marcus and N. Newman (1959), On the minimum of the permanent of a doubly stochastic matrix, *Duke Math. J.* **26**, 61–72.

[5] H. Minc (1978), *Permanents*, Encyclopedia of Mathematics and its Applications, vol. 6, Addison-Wesley, reissued by Cambridge University Press (1984).

[6] B. L. van der Waerden (1926), *Jber. D. M. V.* **35**.

第13章 スターリング数と数え上げ

　本章および続く二，三の章では，数え上げの手法とスターリング数などにまつわる特別な組合せ論的数え上げ問題を紹介する．まずはよく用いられる初等的な数え上げの手法からはじめよう．たとえば，集合 $\{1, 2, \ldots, n\}$ から $\{1, 2, \ldots, k\}$ への写像で，何かしらの制約条件をクリアするものの総数を数え上げたいとしよう．何ら制約を課さなければ，所望の写像は k^n 個ある．全射に限ると，所望の写像は例 10.2 のように数え上げられる．この問題は定理 13.5 で再度取り上げる．単射に限ると，所望の写像の総数は，**下降階乗冪**

$$(k)_n := k(k-1)\cdots(k-n+1) = k!/(k-n)! \tag{13.1}$$

で与えられる．今度は，$1, 2, \ldots, k$ で番号付けられた k 個の箱に，n 個の互いに区別のつかないボールを分ける分け方の総数を数え上げてみよう．そこで，n 個の青球を一列に並べて，それらの間に $k-1$ 個の赤球を挟み込むことを考える．すると，所望の数え上げは，$n+k-1$ 個の球から $k-1$ 個の赤球を選ぶ選び方の総数に等しくなる．こうして，所望の組み合わせの総数は $\binom{n+k-1}{k-1}$ となる．このことは次のように定式化される：

定理 13.1　方程式

$$x_1 + x_2 + \cdots + x_k = n \tag{13.2}$$

の非負整数解の総数は $\binom{n+k-1}{k-1}$ である．

140 第13章 スターリング数と数え上げ

証明 x_i を箱 i に入る球の個数と解釈すればよい. □

系 方程式 (13.2) の正の整数解の個数は $\binom{n-1}{k-1}$ である.

証明 定理 13.1 において, 変数 x_i を $y_i := x_i - 1$ で置き換えればよい. □

例 13.1 例 10.6 と類似の問題を考えよう. すなわち, 集合 $\{1, 2, \ldots, n\}$ から, 互いに連続しない r 個の要素 $x_1, \ldots, x_r$ を選ぶ選び方の総数を数え上げたいとする. 一般性を失うことなく, $x_1 < x_2 < \cdots < x_r$ としてよい. 明らかに $x_1 \geq 1, x_2 - x_1 \geq 2, \ldots, x_r - x_{r-1} \geq 2$.

$$y_1 := x_1, \quad y_i := x_i - x_{i-1} - 1, \, 2 \leq i \leq r, \quad y_{r+1} := n - x_r + 1$$

とおくと, y_i は正の整数であり, かつ条件 $\sum_{i=1}^{r+1} y_i = n - r + 2$ を満たしている. よって, 定理 13.1 の系より, 所望の組み合わせの総数は $\binom{n-r+1}{r}$ となる.

問題 13A 長さ n の配列の両端をつないで円型にし, n 個の座標位置に整数 $1, 2, \ldots, r$ を配置することを考える. 回転で重なり合う配置を同一視することにして, 連続する整数 ($(r, 1)$ も含む) が隣り合わないような配置は何通りあるか?

例 13.2 番号札 1 のボールが r_1 個, 番号札 2 のボールが r_2 個, $\ldots$, 番号札 k のボールが r_k 個あるとして, それらを並べてできる長さ $n := r_1 + \cdots + r_k$ の列の総数を数え上げたいとする. n 個のボールがすべて区別できるなら, $n!$ 個の列を得る. しかし, そうではなく, 同じ番号札 i のボールを互いに区別しないことにすれば, 所望の組み合わせの総数は多項係数 $\binom{n}{r_1, \ldots, r_k}$ で与えられる (多項係数の定義は式 (2.1) にある).

例 13.3 集合 $\{1, 2, \ldots, n\}$ を, b_1 個の 1 元部分集合, b_2 個の 2 元部分集合, $\ldots$, b_k 個の k 元部分集合に分ける分け方の総数を数え上げよう. 明らかに $\sum_i i b_i = n$ である. 要素数の等しい部分集合どうしは区別しないので, 例 13.2 と同様にして, 所望の組み合わせの総数は

$$\frac{n!}{b_1! \ldots b_k! (1!)^{b_1} \ldots (k!)^{b_k}} \tag{13.3}$$

となる.

　経験的に，二項係数に関する数え上げには，繁雑な計算を伴うことが多い．しかしながら，ごくまれにではあるが，単純な数え上げのみで事足りるケースもある:

例 13.4　$S := \sum |A|$ を求めたいとする．ただし A は集合 $\{1, 2, \ldots, n\}$ の部分集合全体を動くものとする．$\{1, 2, \ldots, n\}$ の i 元部分集合の総数は $\binom{n}{i}$ だから，$S = \sum_{i=1}^{n} i \binom{n}{i}$ を得る．$(1+x)^n$ を微分すると

$$\sum_{i=1}^{n} i \binom{n}{i} x^{i-1} = n(x+1)^{n-1}.$$

この式に $x = 1$ を代入すれば，$S = n \cdot 2^{n-1}$ を得る．これについて，次のように簡単に理解する方法もある．任意の $A \subseteq \{1, 2, \ldots, n\}$ に対して，A とその補集合には n 個の要素が含まれる．そのような集合のペアは 2^{n-1} 個ある．したがって，それらに含まれる要素はのべ $n \cdot 2^{n-1}$ 個ある．

例 13.5　第 10 章で，二項係数を含む恒等式で組合せ論的証明の方が直接的な証明よりも容易な例があることを見た．

$$\sum_{k=0}^{n} \binom{n}{k}^2 = \binom{2n}{n} \tag{13.4}$$

もそのような例である．これは $(1+x)^n (1+x)^n$ の単項式 x^n の係数を求めることで得られる．しかし，式 (13.4) の両辺が，n 個の赤球と n 個の青球からなる $2n$ 個の球から n 個を選ぶ選び方の総数を数え上げていることに気がつけば，組合せ論的に簡単な証明を得ることもできる．

問題 13B　二項恒等式 (10.6) を用いて

$$\binom{n+1}{a+b+1} = \sum_{k=0}^{n} \binom{k}{a} \binom{n-k}{b}$$

を示せ．また，集合 $\{0, 1, \ldots, n\}$ の要素数 $a+b+1$ の部分集合 A について，A の要素を昇順に並べ，$a+1$ 番目の整数に着目することによって，上の等

142 第 13 章 スターリング数と数え上げ

式を組合せ論的に示せ.

例 13.6 前の結果を用いて得られるもう少し複雑な例もある. $\bigcup_{i=1}^{k} A_i = \{1, 2, \ldots, n\}$ を満たすような $A_i \subseteq \{1, 2, \ldots, n\}$ の列を数え上げよう. 集合 $\{1, 2, \ldots, n\}$ から i 個の数を任意にとって, それらを含まないような A_1, $\ldots$, A_k の列を数え上げると, $(2^{n-i})^k$ を得る. 定理 10.1 (包除原理) より, 所望の組み合わせの総数は

$$\sum_{i=0}^{n} (-1)^i \binom{n}{i} 2^{(n-i)k} = (2^k - 1)^n$$

となる. この恒等式には次のような解釈もある. A_1, $\ldots$, A_k をそれぞれ特性ベクトル (n 次元の $(0,1)$ ベクトル) に読み替えて, それらを列にもつ $k \times n$ 行列 A を考える. すると, A_i の和に関する条件から, 行列 A の任意の列には少なくとも一つ 1 が現れる. そのような行列は $(2^k - 1)^n$ 個あり, 所望の等式を得る.

問題 13C $A_1 \cap A_2 = \emptyset$ を満たす $\{1, 2, \ldots, n\}$ の部分集合のペア (A_1, A_2) を数え上げよ (二項係数の性質に基づく証明と純粋に組合せ論的な証明を与えよ).

問題 13D $\{1, 2, \ldots, n\}$ の部分集合 A_1, $\ldots$, A_k の列 $(A_1, \ldots, A_k)$ 全体の集合を S とおく. このとき

$$\sum_{\mathcal{A} \in S} |A_1 \cup A_2 \cup \cdots \cup A_k|$$

を計算せよ.

問題 13E

$$\sum_{m=k}^{l} \binom{m}{k} = \binom{l+1}{k+1}$$

は帰納法を用いて容易に示される (式 (10.6) による別証明もある). xy 平面上の原点 $(0,0)$ から $(l+1, k+1)$ へのパスで, 各ステップが $(x, y) \to (x+1, y)$ か $(x, y) \to (x+1, y+1)$ のいずれかであるようなものを数え上げて,

上の恒等式の組合せ論的な別証明を与えよ．また，この恒等式を用いて

$$x_1 + x_2 + \cdots + x_k \leq n$$

の非負整数解の個数が $\binom{n+k}{k}$ となることを示せ．さらに，この事実の組合せ論的な別証明も与えよ．

さて，二項係数どうしを結び付ける恒等式は数多く知られているが，それらを示すのに，二項係数をより形式的に理解しておくと便利なことが多い．つまり

$$\binom{a}{k} := \frac{a(a-1)\cdots(a-k+1)}{k!}$$

とおき，これを変数 a の多項式と見なすのである．例を見てみよう．

$$F(a) := \sum_{k=0}^{n} \binom{a}{k} x^k y^{n-k}, \quad G(a) := \sum_{k=0}^{n} \binom{n-a}{k} (-x)^k (x+y)^{n-k}$$

とおく．二項定理より，区間 $[0, n]$ 上の整数点 a に対して，$F(a) = G(a) = (x+y)^a y^{n-a}$ を得る[1]．次数 n 以下の二つの多項式は，$n+1$ 点で同じ関数値をとるとき，関数として等しくなる．よって，二つの多項式は一致し，任意の $a \in \mathbb{R}$ について $F(a) = G(a)$ となる．とくに，$y = 2x, a = 2n+1$ とおくと，恒等式

$$\sum_{k=0}^{n} \binom{2n+1}{k} 2^{n-k} = \sum_{k=0}^{n} \binom{n+k}{k} 3^{n-k}$$

を得る．これを純粋に組合せ論的なテクニックのみで示そうとすると，案外

---

[1] ［訳注］

$$F(a) = \sum_{k=0}^{a} \binom{a}{k} x^k y^{n-k} = y^{n-a} \sum_{k=0}^{a} \binom{a}{k} x^k y^{a-k}$$
$$= (x+y)^a y^{n-a},$$
$$G(a) = \sum_{k=0}^{n-a} \binom{n-a}{k} (-x)^k (x+y)^{n-k} = (x+y)^a \sum_{k=0}^{n-a} \binom{n-a}{k} (-x)^k (x+y)^{n-a-k}$$
$$= (x+y)^a y^{n-a}.$$

144 第13章 スターリング数と数え上げ

うまくいかないものである.

さて，種々の組合せ論の問題に現れる重要な数のクラスとして，第1種スターリング数と第2種スターリング数がある．それぞれ式 (13.8)，式 (13.12) の形で定義されるのが通例だが，ここでは組合せ論的な定義を与えよう.

k 個の巡回置換（サイクル）に分解されるような置換 $\pi \in S_n$ の総数を $c(n,k)$ とおく．$c(n,k)$ を（符号なし）**第1種スターリング数**という．ただし，$c(0,0) := 1$ とし，$n \leq 0$, $k \leq 0$（ただし $(n,k) \neq (0,0)$）のときに，$c(n,k) = 0$ とおく．以上の設定のもとで，**第1種スターリング数**を

$$s(n,k) := (-1)^{n-k} c(n,k) \tag{13.5}$$

で定める.

定理 13.2 $c(n,k)$ は漸化式

$$c(n,k) = (n-1)c(n-1,k) + c(n-1,k-1) \tag{13.6}$$

を満たす.

証明 $\pi \in S_{n-1}$ がちょうど $k-1$ 個のサイクルからなるとする．このとき，サイクル (n) を付加すると，k 個のサイクルに分割される置換 $\pi' \in S_n$ を得る．一方，$\pi \in S_{n-1}$ がちょうど k 個のサイクルからなるとすると，いずれかのサイクルに n を「挟み込む」ことで，k 個のサイクルからなる $\pi' \in S_n$ を得る．挟み方は $(n-1)$ 通りあるから，式 (13.6) の右辺を得る． $\square$

定理 13.3 整数 $n \geq 0$ に対して，

$$\sum_{k=0}^{n} c(n,k)x^k = x(x+1)\cdots(x+n-1), \tag{13.7}$$

$$\sum_{k=0}^{n} s(n,k)x^k = (x)_n. \tag{13.8}$$

ただし $(x)_n$ は式 (13.1) で与えられる.

証明 式 (13.7) の右辺を

$$F_n(x) = \sum_{k=0}^{n} b(n,k)x^k$$

とおく. 明らかに $b(0,0) = 1$. $n \leq 0$, $k \leq 0$（ただし $(n,k) \neq (0,0)$）に対して, $b(n,k) := 0$ とおく.

$$F_n(x) = (x+n-1)F_{n-1}(x)$$
$$= \sum_{k=1}^{n} b(n-1,k-1)x^k + (n-1)\sum_{k=0}^{n-1} b(n-1,k)x^k$$

なので, $b(n,k)$ は $c(n,k)$ と同じ漸化式（式 (13.6)）を満たす. $b(n,k)$ と $c(n,k)$ は, $n \leq 0$ あるいは $k \leq 0$ のときに等しく, 一般項も等しくなる.

式 (13.7) において「x」を「$-x$」で置き換えると, 式 (13.8) を得る. □

2 重数え上げの手法を用いると, 式 (13.7) を組合せ論的に示すこともできる.

n 元集合 N の空でない k 個の部分集合（ブロック）への分割全体の集合を $P(n,k)$ として,

$$S(n,k) := |P(n,k)| \tag{13.9}$$

とおく. $S(n,k)$ を**第 2 種スターリング数**という. $S(0,0) := 1$ とし, $n \leq 0$, $k \leq 0$（ただし $(n,k) \neq (0,0)$）に対して, $S(n,k) = 0$ と定める.

定理 13.4 $S(n,k)$ は漸化式

$$S(n,k) = kS(n-1,k) + S(n-1,k-1) \tag{13.10}$$

を満たす.

証明 証明は定理 13.3 とほぼ同じである. 集合 $\{1,\ldots,n-1\}$ の k 個の部分集合への分割について, 一つの部分集合に n を付け加えて, $\{1,\ldots,n\}$ の分割を得る. また, $\{1,\ldots,n-1\}$ の $k-1$ 個の部分集合への分割に $\{n\}$ を付け加えて, k 個の部分集合への分割を得る. □

整数

146 第 13 章 スターリング数と数え上げ

$$B(n) := \sum_{k=1}^{n} S(n,k), \quad n \geq 1 \tag{13.11}$$

を**ベル数**という．定義からわかるように，ベル数は n 個のものの分割の総数を表している[2]．

定理 13.5 任意の整数 $n \geq 0$ に対して，

$$x^n = \sum_{k=0}^{n} S(n,k)(x)_k. \tag{13.12}$$

証明 第 2 種スターリング数の定義式（式 (13.9)）より，要素数 n の集合から要素数 k の集合への全射の総数は $k!S(n,k)$ となる（各ブロックは k 元集合の各要素の逆像になる）．ゆえに，例 10.2 より，

$$S(n,k) = \frac{1}{k!} \sum_{i=0}^{k} (-1)^i \binom{k}{i}(k-i)^n = \frac{1}{k!} \sum_{i=0}^{k} (-1)^{k-i} \binom{k}{i} i^n. \tag{13.13}$$

任意の $x \in \mathbb{N}$ に対して，集合 $N := \{1, 2, \ldots, n\}$ から $X := \{1, 2, \ldots, x\}$ への写像は x^n 個ある．また，要素数 k の任意の部分集合 $Y \subseteq X$ に対して，X から Y への全射の総数は $k!S(n,k)$ である．よって，

$$x^n = \sum_{k=0}^{n} \binom{x}{k} k!S(n,k) = \sum_{k=0}^{n} S(n,k)(x)_k.$$

$\square$

例 10.1 では数え上げの問題に数列 $a_1, a_2, \ldots$ の（指数型）母関数が役立つことを確認した．母関数のさまざまな使い道については第 14 章に譲ることにして，ここではスターリング数の母関数を与えよう．

---

[2] ［訳注］ベル数は，有限集合上の σ 代数の数え上げなど，さまざまな興味深い数え上げの問題に現れる数である．問題 13G も参照のこと．

定理 13.6

$$\sum_{n \geq k} S(n,k)\frac{x^n}{n!} = \frac{1}{k!}(e^x - 1)^k \quad (k \geq 0).$$

証明 左辺を $F_k(x)$ とおくと，式 (13.10) より

$$F'_k(x) = kF_k(x) + F_{k-1}(x).$$

以下，k に関する帰納法を用いる．$S(n,1) = 1$ なので，$k = 1$ のときに主張は明らか．一般に，帰納法の仮定より，上の式から F_k に関する微分方程式を得る．$S(k,k) = 1$ より，この微分方程式は所望の等式の右辺の関数を一意的に解にもつ． $\square$

第 1 種スターリング数の母関数を得るのは少し面倒である．

定理 13.7

$$\sum_{n=k}^{\infty} s(n,k)\frac{z^n}{n!} = \frac{1}{k!}(\log(1+z))^k.$$

証明

$$(1+z)^x = e^{x\log(1+z)} = \sum_{k=0}^{\infty} \frac{1}{k!}(\log(1+z))^k x^k$$

なので，所望の等式の右辺は $(1+z)^x$ の級数展開における x^k の係数に等しい．$|z| < 1$ のとき

$$(1+z)^x = \sum_{k=0}^{\infty} \binom{x}{n} z^n = \sum_{k=0}^{\infty} \frac{1}{n!}(x)_n z^n$$

$$= \sum_{n=0}^{\infty} \frac{z^n}{n!} \sum_{r=0}^{n} s(n,k)x^r = \sum_{r=0}^{\infty} x^r \sum_{n=r}^{\infty} s(n,r)\frac{z^n}{n!}$$

となり，題意が成り立つ． $\square$

148 第 13 章　スターリング数と数え上げ

問題 13F　偶数個の巡回置換の積で表される $\{1, \ldots, n\}$ 上の置換の総数は，奇数個の巡回置換の積で表される置換の総数に等しいことを直接的に示せ．またこのことを定理 13.7 を用いて示せ．

　第 1 種スターリング数と第 2 種スターリング数を結ぶ等式として，

$$\sum_{k=m}^{n} S(n,k)s(k,m) = \delta_{mn} \tag{13.14}$$

が知られている．証明には，式 (13.8) と式 (13.12) を使う．$\{x^n\}_{n \geq 0}$ と $\{(x)_n\}_{n \geq 0}$ はともにベクトル空間 $\mathbb{C}[x]$ の基底をなしており，式 (13.14) は二つの基底の変換行列の関係を示している．

問題 13G　式 (13.2) を用いて $B(n) = \dfrac{1}{e} \sum_{k=0}^{\infty} \dfrac{k^n}{k!}$ が成り立つことを示せ．

問題 13H　A を (i,j) 成分が $a_{ij} = \binom{i}{j}$ $(i,j = 0,1,\ldots,n-1)$ の n 次正方行列とする．A が正則であることを示し，A^{-1} を求めよ．

問題 13I　式 (10.6) で $x = \frac{1}{2}$ とおくと，$\sum_{j=0}^{\infty} \binom{a+j}{j} = 2^{a+1}$ を得る．本章で紹介したいずれかの手法を用いて

$$\sum_{j=0}^{a} \binom{a+j}{j} 2^{-j} = 2^a$$

が成り立つことを示せ．さらに，

$$a_n = \sum_{j=0}^{a} \binom{a+j}{j} 2^{-a-j}, \quad n = 1, 2, \ldots$$

とおき，さらに二項係数に関する（基礎的な）漸化式を用いて（$a_n = \frac{1}{2}a_{n-1} + \frac{1}{2}a_{n-1}$ を用いて），同じ結果の別証明を与えよ．

問題 13J　要素数 n の集合に対して，要素数が 3 の倍数の部分集合がいくつあるか答えよ．

問題 13K　等式

$$\sum_{n=1}^{\infty} S(n, n-2)x^n = \frac{x(1+2x)}{(1-x)^5}$$

を示せ.

ノート

スターリング数は,スコットランドの数学者スターリング (James Stirling, 1692–1770) に因んで名付けられた数であり,補間多項式や有限要素法の研究など,数値解析学のさまざまな局面で重要な役割を果たす.スターリング数に値の表がいろいろな数学書に書かれている.

第 37 章で再びスターリング数が登場することになる.

スターリングは,オックスフォード大学で学んだ後,ヴェネツィアとロンドンで数学の教鞭をとったが,43 歳のときにビジネスの方向にキャリアを切りかえた.

第14章 漸化式と母関数

組合せ的数え上げ問題の解が数列 $\{a_n\}$ で表されるとき，a_n に関する漸化式を導き，これを解くことにより a_n の一般項が得られることが少なくない．しかし，場合によっては，（通常）**母関数**

$$f(x) := \sum_{n \geq 0} a_n x^n$$

や**指数型母関数**

$$f(x) := \sum_{n \geq 0} a_n \frac{x^n}{n!}$$

を用いることによって，f に関する恒等式や微分方程式を導き，一般項 a_n が求まることもある．本章では，これらのテクニックを詳しく見る．

例 14.1 π を $\{1, 2, \ldots, n+1\}$ 上の完全順列とする．すると，明らかに $\pi(n+1) \in \{1, \ldots, n\}$．$\pi(n+1) = i$, $\pi(i) = n+1$ のとき，π は $\{1, 2, \ldots, n\} \setminus \{i\}$ 上の完全順列と見なすことができる．一方，$\pi(n+1) = i$, $\pi(i) \neq n+1 = \pi(j)$ のときには，$\pi(j)$ を i で置き換えると，$\{1, 2, \ldots, n\}$ 上の完全順列を得る．したがって，$n+1$ 次の完全順列の総数 d_{n+1} について，漸化式

$$d_{n+1} = n(d_n + d_{n-1}), \quad d_0 := 1, \quad d_1 := 1 \tag{14.1}$$

を得る．ゆえに，数列 $\{d_n\}_{n \geq 0}$ の指数型母関数 $D(x)$ について，

152 第 14 章 漸化式と母関数

$$(1-x)D'(x) = xD(x).$$

よって，$D(x) = e^{-x}(1-x)$ であり，式 (10.2) を得る．

　母関数のそもそもの役割は数列の各項を一括管理することである．しかしながら，母関数の「加法」，「乗法」，さらには「微分」などの形式的作用素を考慮することで，理論の奥行きはさらに増していく（**形式的冪級数の理論**）．形式的冪級数環の入門については，巻末の付録 2 を参照されるとよい．母関数の加法や乗法などの演算の妥当性を確かめるのは難しくない．また，母関数が収束する場合，例 14.1 のように，微積分の知識を使うこともできる．もう一つ簡単な例を与えよう．

例 14.2　n 個のボールを k 個の箱（区別のある箱）に入れる入れ方の総数を求めたいとする．そこで，1 番から k 番の箱にそれぞれ $r_1, \ldots, r_k$ 個のボールを入れることにして，この状況を単項式 $x_1^{r_1} \cdots x_k^{r_k}$ で表すことにする．すると，ボールの入れ方は

$$(1 + x_1 + x_1^2 + \cdots)(1 + x_2 + x_2^2 + \cdots) \cdots (1 + x_k + x_k^2 + \cdots)$$

で表される．各 x_i を x で置き換え，$(1-x)^{-k}$ を展開すると，その x^n の係数が所望の数え上げに等しくなる．二項恒等式 (10.6) より，x^n の係数は $\binom{k-1+n}{n}$ に等しくなり，定理 13.1 の別証明を得る．

　以下で扱う数え上げの問題の多くは，定数係数の線形漸化式に帰着され，標準的な手法で解くことができる．

例 14.3　平面 $\mathbb{R}^2$ 上で，原点 $(0,0)$ を始点として，3 種類の動き

$$R : (x,y) \to (x+1, y), \quad L : (x,y) \to (x-1, y), \quad U : (x,y) \to (x, y+1)$$

を組み合わせて，長さ n のウォークを作りたいとする．ただし，右に一歩動く手順 (R) と左に一歩動く手順 (L) を続けて行わないようにする．所望の長さ n のウォークの総数を a_n とおく．はじめの一歩が U であるような長さ n のウォークの総数を b_n とおくと，$b_n = a_{n-1}$ を得る．明らかに，$b_{m+n} \geq b_m b_n$，$b_n \leq 3^{n-1}$．よって，Fekete の補題（補題 11.6）より，

$\lim_{n\to\infty} b_n^{1/n}$ が存在して，その極限値は 3 以下になる．まず $a_0 = 1$, $a_1 = 3$ である．ここで長さ n のパスの集合を最後の 1 ステップあるいは 2 ステップで分類する．すなわち，長さ n のウォークは，n ステップ目が U であるもの，LL, RR, UL のいずれかの手順で終わるもの，UR の手順で終わるもの，のいずれかに分類され，それぞれ長さ n のウォークの総数に a_{n-1}, a_{n-1}, a_{n-2} ずつ貢献している．したがって，漸化式

$$a_n = 2a_{n-1} + a_{n-2} \quad (n \geq 2)$$

が成り立つ．$f(x) = \sum_{n=0}^{\infty} a_n x^n$ とおくと，上の漸化式から

$$f(x) = 1 + 3x + 2x(f(x) - 1) + x^2 f(x),$$

すなわち，

$$f(x) = \frac{1+x}{1-2x-x^2} = \frac{\frac{1}{2}}{1-\alpha x} + \frac{\frac{1}{2}}{1-\beta x},$$
$$\alpha = 1 + \sqrt{2}, \quad \beta = 1 - \sqrt{2}$$

を得る．よって，

$$a_n = \frac{1}{2}(\alpha^{n+1} + \beta^{n+1})$$

であり，$\lim_{n\to\infty} a_n^{1/n} = 1 + \sqrt{2}$ が成り立つ．

問題 14A (1) 連続する 2 項が 00 とならないような長さ n の $(0,1)$ 列の総数 a_n を求めよ．

(2) 11 を連続部分列にもたず，かつ 0 のみからなる連続部分列の長さが 2 か 3 であるような長さ n の $(0,1)$ 列の総数を，b_n とおく．$\lim_{\to\infty} b_n^{1/n} = c$ を満たす実数 c が存在することを示せ．さらに，c の近似値も与えよ．

例 14.4 $0 \leq r \leq n$ を満たす整数 r, n に対して，例 13.1 の問題の解の個数を $a(r, n)$ とおく．ただし $a(0,0) = 1$ とおく．数列 $(x_1, \ldots, x_n)$ 全体の集合を $x_1 = 1$ のものと $x_1 > 1$ のものに分類すると，それぞれ $a(r-1, n-2)$, $a(r, n-1)$ 個の要素を含んでいるので，

154 第 14 章 漸化式と母関数

$$a(r,n) = a(r, n-1) + a(r-1, n-2), \quad n > 1 \tag{14.2}$$

なので，帰納法により，$a(r,n) = \binom{n-r+1}{r}$ を得る．これを，母関数で求めるのは少し厄介である．

$$f(x,y) := \sum_{n=0}^{\infty} \sum_{r=0}^{\infty} a(r,n) x^n y^r$$

とおく．式 (14.2) より

$$f(x,y) = 1 + x + xy + x(-1 + f(x,y)) + x^2 y f(x,y),$$

すなわち

$$f(x,y) = \frac{1+xy}{1-x-x^2 y} = \frac{1}{1-x} + \sum_{n=0}^{\infty} \frac{x^{2a-1} y^a}{(1-x)^{a+1}}.$$

$(1-x)^{-a-1}$ に式 (10.6) を適用すれば，所望の式を得る．

例 14.3 や問題 14A がそうであったように，定数係数の線形漸化式から得られる母関数は，基本的に有理関数になる．実際，$f(x) = \sum_{n=0}^{\infty} a_n x^n$，$a_n = \sum_{k=1}^{l} \alpha_k a_{n-k} \ (n > l)$ とおくと，$(1 - \sum_{k=1}^{l} \alpha_k x^k) f(x)$ の x^n の係数は $n > \ell$ のとき 0 になる．

次の Klarner (1967) による数え上げの問題は，線形漸化式を用いた解法しか知られていない（ように思われる）事例として，非常に興味深い．

例 14.5 同じ形の n 個の正方形を，辺が接するように一列に並べて，左から順に $1, 2, \ldots, n$ と番号付ける．これを，図 14.1 のようにいくつかのブロックに分けて，より小さな数字の書かれたブロックが下層にくるように辺でつなぎあわせる．このような図形を**ポリオミノ** (polyomino)[1]という[2]．

さて，ちょうど n 個の正方形からなるポリオミノ[3]の総数 a_n を数え上げ

---

[1]　［訳注］ポリオミノの名前の由来は，ボードゲームでお馴染みのドミノである．このほか，ポリオミノを組み合わせて楽しむボードゲームにテトリスなどがある．

[2]　［訳注］たとえば，図 14.1 のポリオミノは四つの層からなり，最下層の正方形には 1 から 5 までの数字が割り振られている．

[3]　［訳注］n–オミノとよばれる．

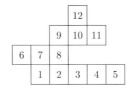

図 14.1

てみよう.そこで,$f(x) = \sum_{n=1}^{\infty} a_n x^n$ として,最下層に m 個の正方形がある n–オミノの総数を $a(m,n)$ とおく.ただし,$m > n$ のときには $a(m,n) = 0$ と定める.明らかに

$$a(m,n) = \sum_{l=1}^{\infty} (m+l-1)a(l, n-m). \tag{14.3}$$

また

$$F(x,y) = \sum_{n=1}^{\infty} \sum_{m=1}^{\infty} a(m,n) x^n y^m \tag{14.4}$$

とおくと,$f(x) = F(x,1)$ が成り立つ.さらに

$$g(x) = \sum_{n=1}^{\infty} \sum_{m=1}^{\infty} m a(m,n) x^n$$

とおくと,

$$g(x) = \left(\frac{\partial F}{\partial y}\right)_{y=1}. \tag{14.5}$$

形式的冪級数環の理論的枠組みでは気にしなくてもよいことだが,式 (14.4) の右辺が十分大きな領域で収束することを確かめよう.その過程で,a_n の粗い評価を得るための簡単な方法にも言及しよう.図 14.1 のように,ポリオミノの各正方形の自然な番号付けを考える.ポリオミノの各正方形に対して,その左側にほかの正方形があるとき $x_1 = 1$,上側にほかの正方形があるとき $x_2 = 1$,右側にほかの正方形があるとき $x_3 = 1$,下側にほかの

156 第 14 章 漸化式と母関数

正方形があるとき $x_4 = 1$ として，長さ 4 の $(0, 1)$ ベクトル (x_1, x_2, x_3, x_4) を対応させる．この対応付けは n 個の正方形からなるポリオミノの構造を一意的に定める．よって $a_n \leq 15^n$ であり，式 (14.3) から，$a(m, n) \leq n \cdot 15^{n-m}$．こうして式 (14.5) を得る[4]．

さて，式 (14.3) を式 (14.4) に代入すると，

$$F(x, y) = \frac{xy}{1 - xy} + \frac{(xy)^2}{(1 - xy)^2} f(x) + \frac{xy}{1 - xy} g(x) \tag{14.6}$$

を得る．両辺を y で偏微分し，$y = 1$ とすれば，

$$g(x) = \frac{x}{(1 - x)^2} + \frac{2x^2}{(1 - x)^3} f(x) + \frac{x}{(1 - x)^2} g(x). \tag{14.7}$$

ここから $g(x)$ を導出して，式 (14.6) に代入し，再び $y = 1$ とおけば，

$$f(x) = \frac{x(1 - x)^3}{1 - 5x + 7x^2 - 4x^3} \tag{14.8}$$

を得る．式 (14.8) より，漸化式

$$a_n = 5a_{n-1} - 7a_{n-2} + 4a_{n-3}, \quad n \geq 5 \tag{14.9}$$

を得る．すでに述べたように，この漸化式を母関数や形式的冪級数を用いずに直接示すのはかなり難しそうである．

注 多項式 $x^3 - 5x^2 + 7x - 4$ の根で絶対値最大のものを θ とおくと，式 (14.9) より，$\lim_{n \to \infty} a_n^{1/n} = \theta$ となることがわかる ($\theta \approx 3.2$).

次の例は，例 14.2 のアイデアの拡張と形式的冪級数環の理論を結び付けるもので，有限体の理論における「ある」重要な結果と関与している．この例において，対数を計算する場面があるが，ひとまず級数の収束性などを気にせず読み進めてほしい．

例 14.6 $\mathbb{F}_q$ 上の次数 n のモニックな既約多項式を

$$f_1(x), \ f_2(x), \ f_3(x), \ \dots$$

---

[4] ［訳注］$a(m, n)^{1/n} \leq n^{1/n} \cdot 15^{1-m/n}$ より，収束半径の粗い評価を得る．冪級数 F は変数 y について（変数 x についても）項別微分可能であるとわかる．

として，次数を順に $d_1,\ d_2,\ d_3,\ \ldots$ とおく．各自然数 d について，次数 d の
モニックな既約多項式の総数を N_d とおく．

　高々有限個の成分が非零であるような任意の非負整数列 $i_1,\ i_2,\ i_3,\ \ldots$ に対
して

$$f(x) = (f_1(x))^{i_1}(f_2(x))^{i_2}(f_3(x))^{i_3}\cdots$$

は次数 $n = i_1d_1 + i_2d_2 + i_3d_3 + \cdots$ のモニック多項式をなす．因数分解
の一意性から，次数 n のモニック多項式はすべてこの形で表される．つま
り，高々有限個の成分が非零であるような任意の非負整数列 $i_1,\ i_2,\ \cdots (n = i_1d_1 + i_2d_2 + \cdots)$ の集合と，次数 n のモニック多項式の集合は 1 対 1 対応
する．

　明らかに，次数 n のモニック多項式の総数は q^n で，これは級数

$$\frac{1}{1 - qx} = 1 + qx + (qx)^2 + (qx)^3 + \cdots$$

の x^n の係数である．例 14.2 と同様にして，$n = i_1d_1 + i_2d_2 + i_3d_3 + \cdots$ を
満たす非負整数列 $i_1,\ i_2,\ i_3,\ \ldots$ の総数は，形式的冪級数

$$(1 + x^{d_1} + x^{2d_1} + x^{3d_1} + \cdots)(1 + x^{d_2} + x^{2d_2} + x^{3d_2} + \cdots)\cdots$$

における x^n の係数に等しい．よって，

$$\frac{1}{1 - qx} = \prod_{i=1}^{\infty} \frac{1}{1 - x^{d_i}} = \prod_{d=1}^{\infty} \left(\frac{1}{1 - x^d}\right)^{N_d}.$$

$\log \frac{1}{1-z} = z + \frac{1}{2}z^2 + \frac{1}{3}z^3 + \cdots$ であるから，上式の対数をとると，

$$\sum_{n=1}^{\infty} \frac{(qz)^n}{n} = \sum_{d=1}^{\infty} N_d \sum_{j=1}^{\infty} \frac{x^{jd}}{j}.$$

よって，両辺の x^n の係数を比較して，

$$\frac{q^n}{n} = \sum_{d\mid n} N_d \frac{1}{n/d},$$

つまり

158 第 14 章 漸化式と母関数

$$q^n = \sum_{d|n} dN_d$$

を得る.

実は，この等式がわれわれの目標であった．この等式をここでは（多項式の）因数分解の一意性を用いて証明したが，これには $\mathbb{F}_q$ 上の多項式 $x^{q^n} - x$ の既約多項式分解に関するエレガントな解釈がある．メビウスの反転公式（定理 10.4）を用いることによって，次の有名な事実を得る．

定理 14.1（$\mathbb{F}_q$ 上の既約多項式の存在性） $\mathbb{F}_q$ 上の次数 n の既約多項式の総数は

$$N_n = \frac{1}{n} \sum_{d|n} \mu\left(\frac{n}{d}\right) q^d$$

で与えられる.

定理 14.1 より，任意の自然数 d に対して $N_d > 0$，すなわち次数 d の既約多項式が少なくとも一つ存在するとわかる．このことから，任意の素数 p に対して位数 p^d の有限体が存在するとわかる．この事実は，$\mathbb{F}_q$ の代数閉包で多項式 $X^q - X$ の最小分解体を考えて示すのが常道だが，上の例では組合せ論な証明を与えた．

$$* \quad * \quad *$$

さて，**カタラン数**とよばれる多くの数え上げの問題が帰着される数列の話をしよう．カタラン数は，Catalan (1838) に因んで名付けられた数で，カタランのオリジナルの仕事（後述の例 14.7）や Segner とオイラーの 18 世紀の仕事（例 14.9 の問題 3）などさまざまな等価な解釈がある．これらの数え上げ問題の解 $u_n = \frac{1}{n}\binom{2n-2}{n-1}$ をカタラン数という．

例 14.7 集合 S に，**非結合的**な積が定義されているとする．つまり，括弧で積の順序を決めないかぎり，文字列 $x_1 x_2 \cdots x_n$ に意味はない．さて，文字列 $x_1 x_2 \cdots x_n$ に括弧を挟む挟み方の総数 u_n を求めたいとする．たとえ

ば, $n = 4$ のとき, 括弧の挟み方は

$$(x_1(x_2(x_3x_4))), \quad (x_1((x_2x_3)x_4)), \quad ((x_1x_2)(x_3x_4)),$$
$$((x_1(x_2x_3))x_4), \quad (((x_1x_2)x_3)x_4)$$

の 5 通りで, $u_4 = 5$ となる. 一般に, 文字列 $x_1x_2\cdots x_n$ への括弧の挟み方
は, 最初の長さ m $(1 \leq m \leq n-1)$ の文字列 $x_1\cdots x_m$ への括弧の挟み方
と, 残りの文字列 $x_{m+1}\cdots x_n$ への括弧の挟み方に分けて考えられる. ゆえ
に, u_n は漸化式

$$u_n = \sum_{m=1}^{n-1} u_m u_{n-m}, \quad n \geq 2 \tag{14.10}$$

を満たす. 式 (14.10) と $u_1 = 1$ から, 母関数 $f(x) := \sum_{n=1}^{\infty} u_n x^n$ について

$$f(x) = x + \sum_{m=2}^{\infty}\left(\sum_{m=1}^{n-1} u_m u_{n-m}\right)x^n = x + (f(x))^2 \tag{14.11}$$

が成り立つ. これを解くと ($f(0) = 0$ も考慮する),

$$f(x) = \frac{1 - \sqrt{1-4x}}{2}$$

となって, 級数展開すれば

$$u_n = \frac{1}{n}\binom{2n-2}{n-1} \tag{14.12}$$

を得る. 上の議論における諸計算は, 級数の収束性を気にすることなく, 形
式的冪級数環の理論的枠組みで実行してよい. この点について, やはり不
安を拭えない読者もいるかもしれないので, 二つの方法で正当性を確認し
ておこう. 一つは上で得られた解が式 (14.10) を満たすことを帰納法で示す
方法である. もう一つは母関数の収束性を確かめる方法である. 帰納法によ
り, 定数 c について $u_n \leq c^{n-1}/n^2$ が成り立つことを示す. $n = 1$ のときは
c を自由にとればよく, $n = 2$ のときは $c \geq 4$ とすればよい. $n \geq 3$ のとき
$c > \frac{4}{3}\pi^2$ とすると, 式 (14.10) と帰納法の仮定により,

160 第14章 漸化式と母関数

$$u_n \leq c^{n-2} \sum_{m=1}^{n} \frac{1}{m^2(n-m)^2} \leq c^{n-2} \frac{2}{(n/2)^2} \sum_{m=1}^{\infty} \frac{1}{m^2} < \frac{c^{n-1}}{n^2}$$

となる[5]. ゆえに, $\sum_n u_n x^n$ の収束半径は正になる.

注 例 14.7 の u_n をカタラン数という. 式 (14.10) より, 明らかに $u_n \geq u_m u_{n-m}$. ゆえに, Fekete の補題から, $\lim_{n\to\infty} u_n^{1/n}$ が存在する. 式 (14.12) より, この極限値は 4 になる[6].

すでに述べたように, カタラン数は種々の数え上げ問題に当たり前のように登場する. 以下ではさまざまな組合せ的恒等式を, 例 14.7 の集合との 1 対 1 対応を見出すことによって証明してみよう. 例 14.9 ではそのような例をいくつか与えるが, まずはカタラン数が現れる有名な数え上げの問題を一つ紹介しよう.

例 14.8 (André の鏡映原理) 平面 $\mathbb{R}^2$ 上の動き

$$U : (x, y) \to (x+1, y+1), \quad D : (x, y) \to (x+1, y-1)$$

を組み合わせて, 始点 $(0, 0)$, 終点 $(2n, 0)$ で, x 軸と交差しないウォークの総数を数え上げよう. 図 14.2 のように, 上半平面上の点 A から B への x 軸と交わる[7]「AB ウォーク」を考える. 上の問題は, André の鏡映原理 (1887) というエレガントなトリックを用いて解くことができる.

鏡映原理のアイデアは, AB ウォークが最初に x 軸で反射する点（図 14.2

---

[5] ［訳注］二つ目の不等式は,

$$\sum_{m=1}^{n-1} \frac{1}{m^2(n-m)^2} < \sum_{m=1}^{\infty} \frac{1}{m^2}$$

および $n \geq 3$ から得られる. 最後の不等式の導出は, バーゼル問題に関するオイラーの有名な結果

$$\sum_{m=1}^{\infty} \frac{1}{m^2} = \frac{\pi^2}{6}$$

を用いている.

[6] ［訳注］式 (14.12) から, $u_n = (4n-2)/(n+1)u_{n-1}$ であり, 帰納的に $\lim_{n\to\infty} u_n^{1/n} \leq 4$ を得る. 一方, スターリングの公式から不等式 $\sqrt{n-1}\binom{2n-2}{n-1} \geq 2^{2n-3}$ が得られることはよく知られており, $\lim_{n\to\infty} u_n^{1/n} \geq 4$ が成り立つ.

[7] ［訳注］x 軸で反射する, あるいは交差することを「交わる」という.

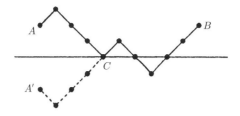

図 **14.2**

の C) で AC ウォークを x 軸に関して折り返して新たなウォーク（図 14.2 の $A'B$ ウォーク）を作るというものであり，x 軸と交わる AB ウォークの集合と $A'B$ ウォークの集合間の 1 対 1 対応を与える．

さて，$A(0,k), B(n,m)$ が与えられたとき，$2l_1 = n-k-m$ とおくと，x 軸と交わる AB ウォークは $\binom{n}{l_1}$ 個ある．また，$2l_2 := n-m+k$ とおくと，AB ウォークは $\binom{n}{l_2}$ 個あるので，x 軸に触れることのない AB ウォークは $\binom{n}{l_2} - \binom{n}{l_1}$ 個ある．$(0,0)$ から $(2n,0)$ への上半平面上のウォークで x 軸で（始点と終点以外で）触れることのないものは，点 $A(1,1)$ と点 $B(2n-1,1)$ を必ず通る．上の議論から，そのようなウォークが u_n 個あるとわかる．x 軸で反射してもよいが交差を許さないようなウォークの総数は u_{n+1} となる．

点 $(0,0)$ から $(2n,0)$ への上半平面上のウォークで x 軸に触れることのないものの総数は，

$$x_1 + x_2 + \cdots + x_j \begin{cases} < \dfrac{1}{2}j & 1 \leq j \leq 2n-1 \text{ のとき,} \\ = n & j = 2n \text{ のとき} \end{cases} \tag{14.13}$$

を満たす $(0,1)$ 列 $(x_1, x_2, \ldots, x_{2n})$ の総数に等しくなる．このことは変換 D を「1」とすることでわかる．

例 **14.9** 次の問題を考える：

(Q1) 平面上に辺の交差なく描かれている木を，**平面木**という．頂点数 n

で（次数1の）根を一つだけもつ平面木（**植木**）はいくつあるか？
(Q2) 各頂点の次数が1か3の平面木を，（根付き）三価木あるいは二分木という．次数1の頂点が n 個あるような二分木はいくつあるか？
(Q3) 凸 n 角形を分割する $n-3$ 本の互いに交差しない対角線の引き方はいくつあるか？

(Q2) と例 14.7 は本質的に同じ問題を扱っている．

実際，植木と文字列の分割を図 14.3 のように対応させると，植木の集合と文字列の分割集合の間の 1 対 1 対応を得る．

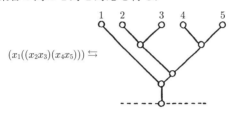

図 14.3

よって，(Q2) の答えは u_{n-1} となる．

(Q1) と例 14.8 の対応関係も図 14.4 からわかる．

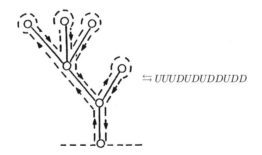

図 14.4

図 14.4 のように，三価木を点線に沿って一周することを考えよう．各ステップにおいて，「上向き」の矢印に U，「下向き」の矢印に D を対応させると，U, D の列（UD 列）を得る．いまの例では，長さ 12 の UD 列を得

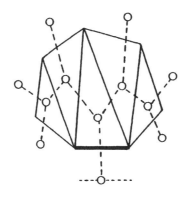

図 14.5

る. 例 14.8 の操作 U, D をそれぞれ 0, 1 に対応させると式 (14.13) を満たす数列が得られるので, (Q1) の答えが u_{n-1} であるとわかる.

最後に, (Q2) と (Q3) の等価性を確かめよう. 凸 n 角形の一つの辺を固定する. この n 角形が三角形に分解されているとき, 図 14.5 のようにして, 根付き木を構成することができる.

こうして得られた根付き木は, 各頂点の次数が 1 か 3 で, 二分木になる (次数 1, 3 の頂点はそれぞれ n 角形の辺と三角形に対応し, 固定辺は根に対応している). (Q3) の答えもまた u_{n-1} である.

問題 14B (Q1) のグラフの集合と (Q2) のグラフの集合の 1 対 1 対応を (図で) 直接的に示せ.

問題 14C (Q3) の凸 n 角形の分割集合と例 14.7 の文字列の分割集合が 1 対 1 対応することを直接的に示せ.

ここからは, 指数型母関数が役立つ数え上げの問題をいくつか紹介し, その理論的枠組みについて概説する. より体系的な理論[8]を学びたい読者は A. Joyal (1981) を参照されたい.

組合せ構造の「タイプ」を一つ固定し, それを M とおく. タイプとは, 木構造, 閉路構造, 置換構造, 一様構造 (集合そのもの) のように, 特定の

---

[8] [訳注] **Joyal** 理論.

164 第14章 漸化式と母関数

性質を満たす組合せ構造のクラスのことである．ラベル付き k 元集合（要素数 k のラベル付き集合）上のタイプ M の構造の総数を m_k とおく．M に関する指数型母関数を

$$M(x) := \sum_{k=0}^{\infty} m_k \frac{x^k}{k!} \tag{14.14}$$

とおく．個々の問題や状況に応じて，$m_0 = 0$ あるいは $m_0 = 1$ と定める．たとえば，「ラベル付き木」の構造を T とおく．このとき，ラベル付き k 元集合上には k^{k-2} 個のラベル付き木がとれる（定理 2.1）．したがって，T の指数型母関数は

$$T(x) = \sum_{k=0}^{\infty} k^{k-2} \frac{x^k}{k!}$$

となる．たとえば，S を一様構造（集合そのもの）とすると，任意の k について $s_k = 1$ なので S の指数型母関数は

$$S(x) = \sum_{k=0}^{\infty} \frac{x^k}{k!} = e^x$$

となる．また，「有向閉路」の構造を C とおくと，ラベル付き k 元集合上の閉路はちょうど $(k-1)!$ 個あるので，C の指数型母関数は

$$C(x) = \sum_{k=0}^{\infty} (k-1)! \frac{x^k}{k!} = -\log(1-x)$$

となる．

さて，ラベル付き n 元集合を，タイプ A の構造のラベル付き集合とタイプ B の構造のラベル付き集合に分割することを考えよう．ラベル付き k 元集合上のタイプ A の構造，タイプ B の構造の総数をそれぞれ a_k，b_k とおくとき，所望の分割の総数は $\sum_{k=0}^{n} \binom{n}{k} a_k b_{n-k}$ となる．このとき，全体の構造を $A \cdot B$ と書くと，

$$(A \cdot B)(x) = \sum_{n=0}^{\infty} \left(\sum_{k=0}^{\infty} \binom{n}{k} a_k b_{n-k} \right) \frac{x^n}{n!} = A(x) \cdot B(x). \qquad (14.15)$$

$A \cdot B$ を A と B の**合成構造**という.

式 (14.15) は, M をタイプ A とタイプ B に分ける方法が一通りである場合にのみ成り立つ. 例えば A と B が同じタイプである場合には成り立たない.

例 14.10（完全順列, 再々掲） 「完全順列」を構造 D, 「置換」を構造 Π とおく. すると明らかに $\Pi(x) = (1-x)^{-1}$. 任意の置換は, 固定点の集合とそれ以外の点の上での完全順列に分けられる. したがって, 式 (14.15) より,

$$(1-x)^{-1} = D(x) \cdot S(x),$$

つまり $D(x) = e^{-x}(1-x)^{-1}$ を得る（例 10.1 参照）.

例 14.11 ラベル付き n 元集合をいくつかの 2 元集合 ($= P$) といくつかの 1 元集合 ($= S$) に分割する場合の数を数え上げたいとする. 構造 P について, $2k$ 個の点を 2 元集合に分割する組合せの総数 p_{2k} は, ラベル 1 の点とペアになる点 x_1 を選んだのち, 残りの点をペアリングする方法の総数に等しくなる. よって, $p_{2k} := (2k-1)!!$ を得る[9]. よって,

$$P(x) = \sum_{k=0}^{\infty} (2k-1)!! \frac{x^{2k}}{(2k)!} = \exp\left(\frac{1}{2} x^2 \right)$$

となり,

$$(P \cdot S)(x) = \exp\left(x + \frac{1}{2} x^2 \right) \qquad (14.16)$$

を得る. この事実を漸化式で示してみよう. $B := P \cdot S$ とおく. $\{n\}$ を含むような $\{1, 2, \ldots, n\}$ の分割は b_{n-1} 個あり, 2 元集合 $\{x, n\}$ ($1 \le x \le n-1$) を含むような分割は b_{n-2} 個ある. よって

---

[9] ［訳注］$(2k-1)!! = (2k-1)(2k-3) \cdots 3 \cdot 1$.

166 第 14 章 漸化式と母関数

$$b_n = b_{n-1} + (n-1)b_{n-2}, \quad n \geq 1.$$

$B(0) = 1$ と

$$B'(x) = (1+x)B(x)$$

から，式 (14.16) を得る．

例 14.11 の漸化式は例 14.15 で再登場することになる．

問題 14D 集合からそれ自身への写像で固定点をもたないようなものを構造 M_0，集合からそれ自身への写像で固定点を一つだけもつものを構造 M_1，根付き有向木を構造 A とおく．$M_0(x)$, $M_1(x)$, $A(x)$ を関係付けよ．また，それが正しいことを確かめるために最初の 2, 3 項を調べよ．

もう少し複雑な問題を考えよう．集合（一様構造）を構造 N の部分集合に分割することを考える．この合成構造の指数型母関数が $\exp(N(x))$ となることを示したい．たとえば，N も一様構造とすると，$N(x) = e^x - 1$ ($n_0 := 0$) となる．この場合，合成構造は「分割」であり，その指数型母関数は定理 13.6 より

$$\sum_{n=0}^{\infty} \left(\sum_{k=0}^{\infty} S(n,k) \right) \frac{x^n}{n!} = \sum_{k=0}^{\infty} \left(\sum_{n \geq k}^{\infty} S(n,k) \frac{x^n}{n!} \right)$$

$$= \sum_{k=0}^{\infty} \frac{(e^x - 1)^k}{k!} = \exp(e^x - 1) = \exp(N(x))$$

となる．このことを定式化して次の結果が得られる．

定理 14.2 集合の構造 N の部分集合への分割について，合成構造 $S(N)$ の指数型母関数は

$$S(N)(x) = \exp(N(x))$$

で与えられる．

証明 n 元集合が，b_1 個の 1 元部分集合，b_2 個の 2 元部分集合，...，b_k 個

の k 元部分集合に分割されたとしよう（$n = b_1 + 2b_2 + \cdots + kb_k$）．このとき，式 (13.3) を少し一般化すると，合成構造の総数が

$$\left(\frac{n_1}{1!}\right)^{b_1} \cdots \left(\frac{n_k}{k!}\right)^{b_k} \cdot \frac{n!}{b_1! \cdots b_k!}$$

であるとわかり，これを $n!$ で割った数が指数型母関数における x^n の係数になる．一方，この数は，$b_1 + \cdots + b_k = m$ とおくと，$\exp(N(x))$ の項 $(N(x))^m/m!$ に

$$\frac{1}{m!}\binom{m}{b_1, \ldots, b_k}\left(n_1\frac{x}{1!}\right)^{b_1} \cdots \left(n_k\frac{x^k}{k!}\right)^{b_k}$$

の形で現れる．よって所望の等式を得る． $\square$

定理 14.2 では k 元集合上の一様構造の各要素をタイプ N の構造に置き換えて合成構造を得た．一般に，一様構造以外の構造 R の各ブロックに構造 N を「代入」して得られる合成構造の指数型母関数は，定理 14.2 と同様の方法により，$R(N(x))$ となる．これを N の R への**代入**という．どういうことなのか，例で説明しよう．

例 14.12 一様構造に有向閉路構造 C を「代入」すると，n 元集合の有向サイクルへの分割，つまり置換構造 Π を考えていることになる（$\pi_0 = 1$）．実際，$\Pi(x) = (1-x)^{-1}, C(x) = -\log(1-x)$ であり，$\Pi(x) = \exp(C(x))$ が成り立つので，確かに話のつじつまが合っている．

例 14.13 図 2.2 のグラフに頂点 1 と 21 にループを付け加えよう．これは n 元集合からそれ自身への写像を表している（いまの例では $n = 21$）．一方，この図を，置換構造 Π の要素 $(1)(4,5,3)(7)(20,12)(21)$ と解釈して，各巡回置換を根付き有向木と見なすことができる．A を根付き有向木の構造とすると，ケーリーの定理から，

$$A(x) = \sum_{n=1}^{\infty} n^{n-1}\frac{x^n}{n!}. \tag{14.17}$$

168 第 14 章　漸化式と母関数

n 元集合からそれ自身への写像は n^n 個あるので，定理 14.2 の手法より

$$\Pi(A(x)) = \frac{1}{1 - A(x)} = \sum_{n=0}^{\infty} n^n \frac{x^n}{n!} \qquad (14.18)$$

を得る．なお，式 (14.18) は例 14.14 の後で改めて取り上げられることになる．

　複素解析における次の有名な結果は，ラグランジュの反転公式とよばれており，組合せ論においても重要な役割を果たす．定理 14.3 の証明は解析学のほとんどのテキストに記載されているが（章末のノート参照），実は，形式微分による証明も可能である．詳細については本書の付録 2 を参照されたい．

定理 14.3（ラグランジュの反転公式）　f を $z = 0$ の開近傍における解析関数とし，$f(0) \neq 0$ とする．$w = z/f(z)$ とおく．このとき，$z = \sum_{k=1}^{\infty} c_k w^k$ は正の収束半径をもち，

$$c_k = \frac{1}{k!} \left\{ \left(\frac{d}{dz} \right)^{k-1} (f(z))^k \right\}_{z=0} \qquad (14.19)$$

例 14.14　（定理 14.3 を使って）定理 2.1 の四つ目の証明を与えよう．T を「ラベル付き木」とする．ここでは $t_n = n^{n-2}$ を示したい．A を「根付き有向木」とすると，$a_n = n t_n$ であり，$A(x) = x T'(x)$ を得る．さらに，定理 14.2 より，$\exp(A(x))$ は根付き森の構造 F に対する指数型母関数である．頂点数 $n+1$ のラベル付き木を，（$n+1$ を根とする）根付き木と見て，根 $n+1$ の有向木から $n+1$ とその結合辺をすべて除くと，頂点数 n の根付き森を得る．この操作は可逆的であり，頂点数 $n+1$ の（根 $n+1$ をもつ）根付き木の集合は頂点数 n の根付き森の集合と 1 対 1 に対応する．したがって，

$$e^{A(x)} = 1 + \sum_{n=1}^{\infty} f_n \frac{x^n}{n!} = \sum_{n=0}^{\infty} t_{n+1} \frac{x^n}{n!} = T'(x) = x^{-1} A(x), \qquad (14.20)$$

すなわち

$$\frac{A(x)}{e^{A(x)}} = x \tag{14.21}$$

を得る．$z = A(x)$，$f(z) = e^z = e^{A(x)}$，$w = x$ とおいて，定理 14.3 を式 (14.21) に適用する．すると

$$A(x) = \sum_{k=1}^{\infty} c_k x^k, \quad c_k = \frac{1}{k!}\left\{\left(\frac{d}{dz}\right)^{k-1} e^{kz}\right\}_{z=0} = \frac{k^{k-1}}{k!}$$

となり，$t_n = n^{n-2}$ を得る．さらに，上の議論から，頂点数 n のラベル付き根付き森の総数が $(n+1)^{n-1}$ となることもわかる．

注　式 (14.20) より，$A'(x) = e^{A(x)} + xe^{A(x)}A'(x)$．ゆえに

$$\sum_{n=1}^{\infty} n^n \frac{x^n}{n!} = xA'(x) = \frac{xe^{A(x)}}{1^x e^{A(x)}} = \frac{A(x)}{1 - A(x)}$$

であり，式 (14.18) を得る．

注　例 14.14 のように，組合せ構造から 1 点を除く操作を，**微分**という．これは指数型母関数の微分に対応しており，導関数は 1 点を除いた組合せ構造の母関数となる．たとえば，頂点数 $n+1$ の有向閉路（構造 C）から 1 点除くと頂点数 n の有向道が得られるが，頂点数 n の有向道は $n!$ 個あるので，対応する指数型母関数は $(1-x)^{-1}$ である．これは $C'(x)$ に等しくなっている．

問題 14E　凸 $n+1$ 角形を互いに交差しない対角線で四角形に分割したいとする．ただし，便宜的に，$a_0 = 0$，$a_1 = 1$ とおく．このとき，$n \geq 3$ に対して $\sum_{k+l+m=n} a_k a_l a_m = n$ が成り立つことを示せ．$f(x)$ を数列 a_n の通常母関数として，$f(x)$ に関する関数方程式を見つけよ．さらに，定理 14.3 を用いて，この関数方程式を解け（実はこれらの結果は組合せ論的な方法でも示される）．

　これまでに登場した級数のほとんどは形式的冪級数として理解することができたが，一方で，種々の数え上げの問題において，解析的な手法が有用で

170 第 14 章 漸化式と母関数

あることも見た．以下ではそのような例をもう一つ紹介する．なお，その手法はほかの漸化式にも幅広く適用されることを申し添えておく．

例 14.15 例 14.11 の漸化式

$$a_n = a_{n-1} + (n-1)a_{n-2} \tag{14.22}$$

を思い出そう．すでに紹介した例では，一般項が c^n のオーダーで増大するものが少なからずあった．いまの例でも n が大きくなるにつれて a_n が急激に増大することは容易にわかるが，その漸近的な挙動はどうなっているだろうか？　そこで，式 (14.22) に

$$a_n = \int_C \psi(z) z^n \, dz \tag{14.23}$$

を代入してみよう．C は $\mathbb{C}$ 上の積分路，ψ は C 上の関数である．明らかに $(n-1)a_{n-2} = \int_C \psi(z)(n-1)z^{n-2} \, dz$. これを，適当な C をとって，部分積分すると，$\psi'(z)$ に関する積分パートのみ非零になるようにできる．ゆえに

$$\int_C \{\psi(z)[z^n - z^{n-1}] + \psi'(z)z^{n-1}\} \, dz = 0. \tag{14.24}$$

この等式は，ψ が $\psi(z)(1 - z) - \psi'(z) = 0$ を満たすとき，つまり $\psi(z) = \alpha e^{z - \frac{1}{2}z^2}$ のとき任意の自然数 n について成り立つ．ψ がわかると，C の候補として数直線 $(-\infty, \infty)$ を採用しておけばよいとわかる．$a_0 = 1$ より $\alpha = (2\pi e)^{-1/2}$ を得る．

次に，a_n の漸近的挙動を見るために，

$$I := \int_{-\infty}^{\infty} e^{x - \frac{1}{2}x^2} x^n \, dx \tag{14.25}$$

を評価しよう．被積分関数が $x = \sqrt{n}$ の近傍で最大となるため，$x = y + \sqrt{n}$ とおいて置換積分すると，

$$I = e^{-\frac{1}{2}n + \sqrt{n}} n^{\frac{1}{2}n} \int_{-\infty}^{\infty} e^{y - \frac{1}{2}y^2} \exp\left(-y\sqrt{n} + n\log\left(1 + \frac{y}{\sqrt{n}}\right)\right) dy. \tag{14.26}$$

u と v が非負のとき，$|e^u - e^v| < |u - v|$ となる．$\log(1+t) = \int_0^t \frac{ds}{1+s} = s - \frac{s^2}{2} + \int_0^t \frac{s^2}{1+s}\,ds$ なので，

$$\left| -y\sqrt{n} + n\log(1 + \frac{y}{\sqrt{n}}) + \frac{y^2}{2} \right| \le \frac{|y|^3}{\sqrt{n}}$$

となる．これを式 (14.26) の積分パートに代入すると，

$$\int_{-\infty}^{\infty} e^{y-y^2}\,dy = \sqrt{\pi}e^{\frac{1}{4}} \quad (n \to \infty)$$

となって，

$$a_n \sim \frac{e^{-\frac{1}{4}}}{\sqrt{2}} n^{\frac{1}{2}n} e^{-\frac{1}{2}n + \sqrt{n}} \tag{14.27}$$

を得る．上の方法以外に式 (14.27) を得る簡単な方法はないであろう．

問題 14F $(1-x^n)^{-\mu(x)/n}$ の級数展開を $F_n(x)$ とおき，e^x の形式的冪級数展開を考えよ．このとき形式的冪級数展開を用いて

$$e^x = \prod_{n=1}^{\infty} F_n(x)$$

が成り立つことを示せ．

問題 14G 対称な n 次置換行列の総数について指数型母関数を求めよ．

問題 14H 円周上に n 個の 0 と n 個の 1 を好き勝手に配置して，長さ $2n$ の $(0,1)$ 列を作る．この数列が式 (14.13) の「$<$」を「$\le$」で置き換えた条件を満たすように，円周上に $1, 2, \ldots, 2n$ でうまく番号付けできることを示せ．

問題 14I 円周上に（連続して）配置された 1 から $2n$ の数字を，互いに交差しないように n 本の弦でペアリングする．所望のペアリングの総数を求めよ．

問題 14J 頂点数 n のラベル付き 2 正則グラフの総数について指数型母関数を求めよ．

172 第 14 章 漸化式と母関数

問題 14K 各ステップが

$$R : (x, y) \to (x + 1, y), \quad U : (x, y) \to (x, y + 1)$$

のいずれかであるような xy 平面上のウォークを考える. $(0, 0)$ を始点とし, $(2i - 1, 2i - 1)$ $(1 \leq i \leq n)$ を通ることなく $(2n, 2n)$ に到達するようなウォークの総数を数え上げたい. これがカタラン数 u_{2n+1} に等しいことを示せ.

問題 14L 各ステップが

$$R : (x, y) \to (x + 1, y), \quad U_a : (x, y) \to (x, y + a) \quad (a \in \mathbb{N})$$

のいずれかであるような xy 平面上のウォークを考える. 直線 $x + y = 2$ 上の点を含むようなウォークは 5 個ある（RR, RU_1, U_1R, U_1U_1, U_2 の 5 個）. 直線 $x + y = n$ 上の点を含むようなウォークの総数を a_n とおく（$a_2 = 5$ である）. このとき $a_n = F_{2n}$ が成り立つことを示せ. ただし, F_n を $F_0 = F_1 = 1$ を初項とするフィボナッチ数とする.

問題 14M f を $\{1, 2, , \ldots, r\}$ から $\{1, 2, \ldots, n\}$ への写像とする. g を $\{1, 2, \ldots, n\}$ 上の置換で, f の像を各点ごとに固定するものとする. ペア (f, g) の総数を数え上げよ. また, 2 重数え上げによって, $n \geq r$ に対して

$$\sum_{k=1}^{n} \binom{n}{k} k^r d_{n-k} = B(r) \cdot n!$$

が成り立つことを示せ. ただし, d_m は 1, 2, $\ldots$, m の完全順列の総数, $B(r)$ はベル数を表すものとする.

問題 14N 各ステップが $R : (x, y) \to (x + 1, y)$, $U : (x, y) \to (x, y + 1)$, $D : (x, y) \to (x + 1, y + 1)$ のいずれかであるような xy 平面上のウォークを考える. 直線 $y = x$ 上あるいはその下側を通る $(0, 0)$ から (n, n) へのウォークの総数を数え上げよ. 式 (14.10) のような, ウォークの個数に関する漸化式を導け.

ノート

Goulden–Jackson (1983)，Stanley (1986) には母関数の理論について詳しく書かれており，本章の内容がほとんどカバーされている．より初学者向けな文献として Stanley (1978) も挙げておく．

Goulden と Jackson の書には形式的冪級数の基礎理論が詳しく書かれている．このほか，Niven (1969) や本書の付録 2 なども参照されたい．一般に，形式的冪級数の枠組みでは演算はあくまで形式的な操作にすぎず，級数の積や和において，各単項式の係数が有限個の演算で決定される際には，収束性の議論は必要ない．たとえば，$\sum_{n=0}^{\infty}(\frac{1}{2} + x)^n$ は，定数項が「有限和」で表されないため，形式的冪級数にはならない．一方，$\sum_{n=0}^{\infty}(n!x + x^2)^n$ は，$x \neq 0$ で収束はしないが，すべての単項式の係数が有限回の演算で定まるため，形式的冪級数として理解される（問題 14F などを参照）．

私たちが最初に習う線形漸化式は有名なフィボナッチ数列の漸化式 $a_{n+1} = a_n + a_{n-1}$ である（問題 14A）．フィボナッチ数列の着想はピサのレオナルド（フィボナッチ）の著書 *Liber abaci* (1203) に登場する「ある」問題と関与しており，そのネーミングは Lucas によって初めて導入された（第 10 章のノート参照）．

例 14.5 では，n ポリオミノの総数が c^n で上から抑えられることを確認した（$c = 15$ とした）．この結果は Fekete の補題からも導かれる．本章では，これをセルの適当な符号化によって示した．読者には，式 (14.3) と帰納法を用いて，適当な定数 c について $a(m,n) < m \cdot c^n$ が成り立つことを確かめてみてほしい．式 (14.9) に続く注は，D. Hickerson による未発表の結果であり，Stanley (1986) のある結果に基づいている．

$d|n$ のとき有限体 $\mathbb{F}_{q^n}$ は部分体 $\mathbb{F}_{q^d}$ を含む．この事実を用いると，$x^{q^n} - x$ を $\mathbb{F}_q$ 上の次数 d の既約多項式全体の積に分解することができて，例 14.6 で示された等式を得る．

カタラン数に関する数え上げの問題は数多く知られており，数学誌のプロブレムセッションなどでも定期的にお目にかかる機会がある．すでに述べたように，カタラン数はベルギーの数学者カタラン (E. Catalan, 1814–1894) に因んで名付けられた．カタラン自身の興味は文字列の括弧付けにあった（例 14.7）．

174　第 14 章　漸化式と母関数

　D. André (1840–1917) はフランスの組合せ論の研究者である．彼は鏡映原理を考案して，Bertrand の**投票問題** (Ballot Problem) を解決した．開票の最終結果で，候補者 P, Q がそれぞれ p 票，q 票を得たとして $(p < q)$，開票の途中経過で Q の票が P の票を常に上回るような確率は $(q-p)/(q+p)$ である，という事実を示した．

　ラグランジュの反転公式は解析学の有名な結果であり，1770 年にラグランジュによって発表された（第 19 章のノートを参照）．証明については Whittaker–Watson (1927) の §7.32 を参照されたい．また，G. N. Raney (1960) も参照されたい．

参考文献

[1] E. Catalan (1838), Note sur une équation aux différences finies, *J. Math. Pures Appl.* **3**, 508–516.

[2] I. P. Goulden, D. M. Jackson (1983), *Combinatorial Enumeration*, Wiley-Interscience.

[3] A. Joyal (1981), Une théorie combinatoire des séries formelles, *Adv. in Math.* **42**, 1–82.

[4] D. A. Klarner (1967), Cell growth problem, *Canad. J. Math.* **19**, 851–863.

[5] I. Niven (1969), Formal power series, *Amer. Math. Monthly* **76**, 871–889.

[6] G. N. Raney (1960), Functional composition patterns and power series reversion, *Trans. Amer. Math. Soc.* **94**, 441–451.

[7] R. P. Stanley (1978), Generating functions, pp. 100–141 in *Studies in Combinatorics* (G.-C. Rota, ed.), Studies in Math. **17**, Math. Assoc. of America.

[8] R. P. Stanley (1986), *Enumerative Combinatorics*, Vol. I, Wadsworth and Brooks/Cole.

[9] E. T. Whittaker, G. N. Watson (1927), *A Course in Modern Analysis*, Cambridge University Press.

第15章　自然数の分割

これまでに（集合や整数に関する）さまざまな「分割」の問題を扱ってきたが，本章ではこれらの問題の中で最も難しい「順序なし」の自然数の分割（整分割）を扱う．方程式

$$n = x_1 + x_2 + \cdots + x_k, \qquad x_1 \geq x_2 \geq \cdots \geq x_k \geq 1 \tag{15.1}$$

の解の総数を $p_k(n)$ とおく．たとえば，$(n, k) = (7, 3)$ のとき，所望の分割は

$$7 = 5 + 1 + 1 = 4 + 2 + 1 = 3 + 3 + 1 = 3 + 2 + 2$$

であり，$p_3(7) = 4$ となる．

定理 13.1 の直後の系と同様，$p_k(n)$ は

$$n - k = y_1 + \cdots + y_k, \qquad y_1 \geq \cdots \geq y_k \geq 0$$

の解の個数に等しくなる．式 (15.1) より，ちょうど s 個の y_i が正になるような解の個数は $p_s(n-k)$ であり，

$$p_k(n) = \sum_{s=1}^{k} p_s(n-k) \tag{15.2}$$

を得る．

問題 15A　$p_k(n) = p_{k-1}(n-1) + p_k(n-k)$ が成り立つことを示せ．また，

176 第 15 章 自然数の分割

これを用いて式 (15.2) を示せ.

明らかに $p_k(k) = 1$ である. また $n < k$ のとき, $p_k(n) = 0$ が成り立つので, $p_k(n)$ の値を再帰的に（逐次）計算することができる. $p_1(n) = 1$, $p_2(n) = \lfloor n/2 \rfloor$ が成り立つことは容易にわかる.

例 15.1 $p_3(n) = \left\{ \frac{n^2}{12} \right\}$, すなわち $\frac{n^2}{12}$ に最も近い整数であることを示そう. なお, 以下で用いられる手法は $k \geq 4$ の場合にも適用可能である. $n = x_1 + x_2 + x_3$ の解 $x_1 \geq x_2 \geq x_3 \geq 0$ の個数を $a_3(n)$ とおくと, $a_3(n) = p_3(n+3)$ となる. また, $y_3 = x_3$, $y_2 = x_2 - x_3$, $y_1 = x_1 - x_2$ とおくと, $a_3(n)$ は,

$$n = y_1 + 2y_2 + 3y_3, \quad y_1 \geq 0, \ y_2 \geq 0, \ y_3 \geq 0$$

の解の個数に等しくなる. 例 14.2 と同様の議論から,

$$\sum_{n=0}^{\infty} a_3(n)x^n = (1-x)^{-1}(1-x^2)^{-1}(1-x^3)^{-1}. \tag{15.3}$$

よって, $\omega = e^{2\pi i/3}$ とおいて, 式 (15.3) を部分分数分解すると

$$\sum_{n=0}^{\infty} a_3(n)x^n = \frac{1}{6}(1-x)^{-3} + \frac{1}{4}(1-x)^{-2} + \frac{17}{72}(1-x)^{-1}$$
$$+ \frac{1}{8}(1+x)^{-1} + \frac{1}{9}(1-\omega x)^{-1} + \frac{1}{9}(1-\omega^2 x)^{-1}. \tag{15.4}$$

式 (10.6) と式 (15.4) より

$$a_3(n) = \frac{1}{12}(n+3)^2 - \frac{7}{72} + \frac{(-1)^n}{8} + \frac{1}{9}(\omega^n + \omega^{2n})$$

となり,

$$\left| a_3(n) - \frac{1}{12}(n+3)^2 \right| \leq \frac{7}{72} + \frac{1}{8} + \frac{7}{72} + \frac{2}{9} < \frac{1}{2}.$$

以上より

$$p_3(n) = \left\{ \frac{1}{12}n^2 \right\} \tag{15.5}$$

を得る.

問題 15B 正 n 角形の頂点を三つ選んで，それらを頂点とする三角形を考える．$\{\frac{1}{12}n^2\}$ 個の互いに合同でない三角形があることを示せ．また，これによって，式 (15.5) の別証明を与えよ．

さて，式 (15.5) を一般化しよう．

定理 15.1 自然数 k に対して，

$$p_k(n) \sim \frac{n^{k-1}}{k!(k-1)!} \quad (n \to \infty).$$

証明 $x_1, \ldots, x_k$ を式 (15.1) の一つの解とすると，$(x_1, \ldots, x_k)$ に $k!$ 個の座標置換を施したものは不定方程式 (13.2) の正の整数解になる（x_i はすべて異なるとは限らないことに注意せよ）．ゆえに

$$k! p_k(n) \geq \binom{n-1}{k-1}. \tag{15.6}$$

$y_i = x_i + (k-i)\ (1 \leq i \leq k)$ とおくと，y_i は相異なる整数であり，$y_1 + \cdots + y_k = n + \frac{k(k-1)}{2}$ を満たす．したがって

$$k! p_k(n) \leq \binom{n + \frac{k(k-1)}{2} - 1}{k-1}. \tag{15.7}$$

式 (15.6)，式 (15.7) から，定理の主張は正しい． $\square$

問題 15C $a_1, \ldots, a_t$ を最大公約数 1 の正の整数とする．

$$n = a_1 x_1 + \cdots + a_t x_t$$

の非負整数解 $x_1, \ldots, x_t$ の個数を $f(n)$ とおく．このとき母関数 $F(x) := \sum f(n) x^n$ を求めよ．また，適当な c に対して $f(n) \sim c n^{t-1}$ が成り立つことを示せ．また，c を $a_1, \ldots, a_t$ の関数として表せ．

ところで，定理 13.1 の系で考えた問題は，自然数 n の k 個の成分への「順序付き分割」の個数を数え上げに関するものであった．定理 13.1 の系より，n の順序付き分割の総数は $\sum_{k=1}^{n} \binom{n-1}{k-1} = 2^{n-1}$ に等しくなる．この

178 第 15 章 自然数の分割

ことを，定理 13.1 のアイデアを用いて，次のように直接的に示す方法もある．n 個の青球を並べて，それらの間に赤球を挟み込むことを考える．赤球の置き方の総数は自然数 n の順序付き分割の総数に等しく，2^{n-1} 通りある．同じ結果を，第 13 章の知識を用いることなく示す方法もある．n の k 個の成分への順序付き分割の総数を c_{nk} とおく．

$$c_k(x) := \sum_{n=k} c_{nk} x^n$$

とおくと，すでに何度も用いた手法により，

$$c_k(x) = (x + x^2 + x^3 + \cdots)^k = x^k(1-x)^{-k} = \sum_{n=k}^{\infty} \binom{n-1}{k-1} x^n.$$

ゆえに，

$$\sum_{k=1}^{\infty} c_k(x) = \sum_{k=1}^{\infty} x^k(1-x)^{-k} = \frac{x}{1-2x}$$

となって，n は 2^{n-1} 個の順序付き分割をもつとわかる．

問題 15D 自然数 $n \geq 4$ の順序付き分割は 2^{n-1} 通りあるが，このうち 3 を含むものが $n \cdot 2^{n-5}$ 通りあることを示せ．

数え上げ組合せ論の分野で最も難しく，数学的に最も面白い関数は

$$p(n) := \{\text{自然数 } n \text{ の（順序なし）分割の総数}\} \tag{15.8}$$

である[1]．たとえば，5 の整分割は

$$1+1+1+1+1 = 2+1+1+1 = 3+1+1$$
$$= 2+2+1 = 4+1 = 3+2 = 5$$

の 7 個なので，$p(5) = 7$ である．明らかに $p(n)$ は

$$n = x_1 + x_2 + \cdots + x_n \quad (x_1 \geq x_2 \geq \cdots \geq x_n \geq 0) \tag{15.9}$$

---

[1] ［訳注］自然数の（順序なし）分割を整分割という．

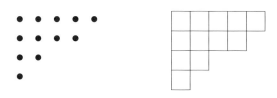

図 15.1

の解の個数に等しい．上でも見たように，この値は $n = y_1 + 2y_2 + \cdots + ny_n$ ($y_i \geq 0$, $1 \leq i \leq n$) の解の個数と見なすこともできる．このとき y_i は $x_k = i$ となる項の個数である．

関数 $p(n)$ を，自然数 n の**分割関数**という．分割関数は，解析的整数論，解析学，代数幾何などにおける魅力的な研究領域のいくつかと関与しているが，ここでは組合せ論的観点のみから見ることにする．

定理 15.2 分割関数の母関数は

$$P(n) := \sum_{n=0}^{\infty} p(n)x^n = \prod_{k=1}^{\infty} (1-x^k)^{-1}$$

で与えられる．

証明 例 14.2 のアイデアを再度用いる．自然数 n の分割 $\sum_{i=1}^{m} ir_i$ を（形式的）無限積 $\prod_k (1 + x_k + x_k^2 + \cdots)$ の項 $x_1^{r_1} \cdots x_m^{r_m}$ に対応させる．各 k について，x_k を x^k に置き換えると，所望の結果を得る． □

整分割に関する定理の多くは，**フェラーズ図形**を用いて容易に導かれる．フェラーズ図形は，等間隔に並ぶ「ドット」の列を積み上げてできる平面配列であり，下段にいくほどドット列のサイズが小さくなっていく．たとえば，図 15.1（左図）は，自然数 12 の分割 (5, 4, 2, 1) に対応するフェラーズ図形である．フェラーズ図形のドットを「ボックス」に置き換えて分割を表すこともある（図 15.1 の右側）．この場合，フェラーズ図形の代わりに**ヤング図形**という用語を使うことが多いが，本書では，そのようなボックス型の配列もフェラーズ図形とよぶことにする．

180 第 15 章 自然数の分割

フェラーズ図形を列の方向から眺めても，一つの分割を得る．このとき，一方の分割は他方の分割の**共役**という．たとえば，$12 = 4 + 3 + 2 + 2 + 1$ は分割 $12 = 5 + 4 + 2 + 1$ の共役である．共役は対称的（双対的）な関係である．

定理 15.3 自然数 n の分割で最大成分が k のものの総数は，$p_k(n)$ に等しい．

証明 最大成分 k の分割について，その共役は k 個の成分をもつ． □

問題 15E フェラーズ図形を用いて，自然数 $n + k$ の k 個の成分への分割の総数は，n の高々 k 個の成分への分割の総数に等しいことを示せ（これは式 (15.2) そのものである）．

経験的に，整分割に関する命題の多くは，母関数を用いる方がフェラーズ図形を用いるよりも少ない工夫で機械的に示すことができる．次の結果はフェラーズ図形に類似の図形を使っても証明されるが，ここでは母関数による証明を行う．

定理 15.4 自然数 n の奇数成分への分割の総数は，n の異なる成分への分割の総数に等しい．

証明 定理 15.2 の議論と同様にして，n の奇数成分への分割の総数に関する母関数は $\prod_{m=1}^{\infty}(1 - x^{2m-1})^{-1}$ になる．また，定理 15.2 と同様にして，n の異なる成分への分割の総数に関する母関数は，$\prod_{k=1}^{\infty}(1 + x^k)$ である．

$$\prod_{k=1}^{\infty}(1 + x^k) = \prod_{k=1}^{\infty}\frac{(1 - x^{2k})}{(1 - x^k)} = \prod_{k=1}^{\infty}(1 - x^{2k})\prod_{l=1}^{\infty}(1 - x^l)^{-1}$$
$$= \prod_{m=1}^{\infty}(1 - x^{2m-1})^{-1}$$

なので，所望の結果を得る． □

さて，$(P(x))^{-1} = \prod_{k=1}^{\infty}(1 - x^k)$ について，級数展開の x^n の係数を調べてみよう．成分数の偶奇に応じて，異なる成分への n の分割は x^n の係数に

図 **15.2**

それぞれ ±1 ずつ貢献する．ここで異なる成分が偶数個（奇数個）であるような n の分割の総数を $p_e(n)$ $(p_o(n))$ とおき，

$$\omega(m) := \frac{3m^2 - m}{2}$$

とおくと，$n \neq \omega(m), \omega(-m)$ のとき $p_e(n) = p_o(n)$ で，$n = \omega(m), \omega(-m)$ のとき $p_e(n) - p_o(n) = (-1)^m$ となることがオイラーによって示された．$\omega(m), \omega(-m)$ は，図 15.2 のような多重五角形の点の総数の数え上げに因んだ数であり，**オイラーの五角数**とよばれている．図 15.2 より $\omega(m) = \sum_{k=0}^{m-1}(3k+1)$ である．

次の事実は**オイラーの恒等式**などとよばれている．なお，証明は Franklin (1881) によるもので，視覚的想像力に訴えるエレガントなトリックに基づいている．

定理 15.5（オイラーの恒等式）

$$\prod_{k=1}^{\infty}(1 - x^k) = 1 + \sum_{m=1}^{\infty}(-1)^m \left(x^{\omega(m)} + x^{\omega(-m)} \right).$$

証明 図 15.3 の分割 $23 = 7 + 6 + 5 + 3 + 2$ のように，自然数 n の異なるサイズの成分への分割についてフェラーズ図形を考える．

最下段の行をフェラーズ図形の**基** (base) といい，そのドットの総数を b とおく（図 15.3 の場合，$b = 2$）．最上段の右端のドットを端点とする「角度 45 度」の線を**スロープ** (slope) といい，そのドットの総数を s とおく．たとえば，図 15.3 の場合，スロープは $s = 3$ 個のドットからなる．さて，フェラーズ図形について，次の 2 種類の操作 A と B を考えよう：

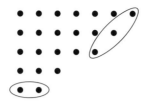

図 15.3

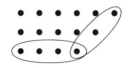

図 15.4

操作 A. $b \leq s$ の場合，基を除外してスロープの右側に貼り付け，新たにスロープを作る．ただし，$b = s$ で，かつ基とスロープが1点を共有する場合には，例外的な扱いをする（後述）．

操作 B. $b > s$ の場合，スロープを除外して基の下から貼り付け，新しい基を作る．ただし，$b = s+1$ で，かつ基とスロープが1点を共有する場合は，例外的な扱いをする（後述）．

たとえば，図 15.3 のフェラーズ図形に操作 A を施すと，分割 $23 = 8 + 7 + 5 + 3$ を得る．また図 15.4 は操作 B の例外を表している．

操作 A の例外において，
$$n = b + (b+1) + \cdots + (2b-1) = \omega(b)$$
が成り立つ．また，操作 B の例外において，
$$n = (s+1) + \cdots + 2s = \omega(-s)$$
が成り立つ．その他の場合において，n の偶数個の異なる成分への分割の集合と n の奇数個の異なる成分への分割の集合は，1対1に対応する．ゆえに，$p_e(n) - p_o(n) = 0$ を得る．二つの例外については，$p_e(n) - p_o(n) = \pm 1$

を得る. □

オイラーは，定理 15.5 を用いて，$p(n)$ に関する次の漸化式を与えた.

定理 15.6

$$p(n) = \sum_{m=1}^{\infty} (-1)^{m+1} \{p(n - \omega(m)) + p(n - \omega(-m))\}. \qquad (15.10)$$

ただし，$n < 0$ のとき $p(n) = 0$ とおく.

証明 定理 15.2 と定理 15.5 を使う. □

式 (15.10) の和は有限和であることに注意しよう. この漸化式により，n が小さいときには，$p(n)$ の値をすぐに求めることができる.

上の漸化式の最初の 2 項はフィボナッチ数列（問題 5E）の場合と等しくなっている. しかし，$p(n)$ とフィボナッチ数列では漸近的挙動にかなりギャップがあって，$p(n)$ の方は c^n のオーダーでは増加しない（もっと緩やかに増加する）. $p(n)$ の漸近挙動の解析には，解析的整数論の複雑な議論が必要である. ここでは漸近表示の主項が

$$\lim_{n \to \infty} n^{-1/2} \log p(n) = \pi \sqrt{\frac{2}{3}}.$$

となることを述べるにとどめる. 次の定理は $p(n)$ が $\exp(\pi \sqrt{\frac{2}{3}})$ よりもかなり小さいと主張している.

定理 15.7 $n > 2$ に対して,

$$p(n) < \frac{\pi}{\sqrt{6(n-1)}} e^{\pi \sqrt{\frac{2}{3} n}}.$$

証明 $f(t) := \log P(t)$ とおく. 定理 15.2 より

$$f(t) = -\sum_{k=1}^{\infty} \log(1 - t^k) = \sum_{k=1}^{\infty} \sum_{j=1}^{\infty} \frac{t^{kj}}{j} = \sum_{j=1}^{\infty} \frac{j^{-1} t^j}{1 - t^j}$$

を得る. 以下，$0 < t < 1$ とおく. すると

184 第 15 章 自然数の分割

$$(1-t)^{-1}(1-t^j) = 1 + t + \cdots + t^{j-1} > jt^{j-1}$$

であり，

$$f(t) < \frac{t}{1-t} \sum_{j=1}^{\infty} j^{-2} = \frac{1}{6}\pi^2 \frac{t}{1-t}.$$

$p(n)$ は単調増加するので，$P(t) > p(n)t^n(1-t)^{-1}$．これら二つの不等式を組み合わせ，さらに $t = (1+u)^{-1}$ を代入すると，

$$\begin{aligned}
\log p(n) &< f(t) - n\log t + \log(1-t) \\
&< \frac{\pi^2}{6} \cdot \frac{t}{1-t} - n\log t + \log(1-t) \\
&< \frac{\pi^2}{6}u^{-1} + n\log(1+u) + \log\frac{u}{1+u}
\end{aligned}$$

を得る．したがって

$$\log p(n) < \frac{1}{6}\pi^2 u^{-1} + (n-1)u + \log u.$$

$u = \pi\{6(n-1)\}^{-1/2}$ を代入すれば，所望の不等式を得る． $\square$

オイラーの恒等式は，**ヤコビ三重積**というテータ関数に関する有名な恒等式の範疇に含まれている[2]．以下では，ヤコビ三重積について，フェラーズ図形を用いた Wright (1965) による組合せ論的な証明を紹介する．

定理 15.8（ヤコビ三重積）

$$\prod_{n=1}^{\infty}(1-q^{2n})(1+q^{2n-1}t)(1+q^{2n-1}t^{-1}) = \sum_{r=-\infty}^{\infty} q^{r^2}t^r.$$

証明 主張を

---

[2] ［訳注］ヤコビ三重積は，テータ関数についてのヤコビの仕事に因んでおり，リューヴィルの定理を用いて解析的に証明するのが常道である．

$$\prod_{n=1}^{\infty}(1+q^{2n-1}t)(1+q^{2n-1}t^{-1}) = \sum_{r=-\infty}^{\infty} q^{r^2}t^r \prod_{n=1}^{\infty}(1-q^{2n})^{-1}$$

と書き換えて，$x=qt,\, y=qt^{-1}$ とおくと，

$$\prod_{k=1}^{\infty}(1+x^k y^{k-1})(1+x^{k-1}y^k) = \sum_{r=-\infty}^{\infty} x^{\frac{1}{2}r(r+1)} y^{\frac{1}{2}r(r-1)} \prod_{k=1}^{\infty}(1-x^k y^k)^{-1}$$

(15.11)

を得る．以下では，式 (15.11) の両辺をそれぞれある数え上げに対応する母関数と見なし，それらの 1 対 1 写像を与えることによって証明する．左辺については，ガウス整数 $n+mi$ の $a+(a-1)i$ と $(b-1)+bi$ $(a,b\geq 1)$ の形の異なるガウス整数への分割の総数 $\alpha(m,n)$ に関する母関数を考える[3]．つまり，式 (15.11) の左辺を $\sum_{n=1}^{\infty}\sum_{m=1}^{\infty}\alpha(n,m)x^n y^m$ と見なす．右辺については，定理 15.2 を用いて，積を級数 $\sum_{k=1}^{\infty}p(k)x^k y^k$ で置き換える．$n = k+\frac{1}{2}r(r+1)$，$m = k+\frac{1}{2}r(r-1)$ とおくと，$\alpha(n,m)=p(k)$ が成り立つ．そこで，一般性を失うことなく $n\geq m$（つまり $r\geq 0$）と仮定する．$n+mi$ の分割は，$(b-1)+bi$ の形の v (≥ 0) 個の項と $a+(a-1)i$ の形の $v+r$ 個の項を含まなければならないので，$n\geq\frac{1}{2}r(r+1)$ であり，それゆえに $k\geq 0$ となる．たとえば，図 15.5 は $(n,m)=(47,44)$ に対する例であり，$(r,k)=(3,41)$ である．これは分割 $k=41=12+10+8+5+2+2+2$ のフェラーズ図形に対応している．その最上段に $r, r-1, \ldots, 1$ 個のボックスの列が積み上げられている．

図 15.5 は斜線部とそうでない部分に分かれている．斜線部はフェラーズ図形に積み上げられた「階段」で決まっている．これを列方向から眺めると，その列の長さは単調減少列になる（この数列はガウス整数 $a+(a-1)i$ の a に対応する）．非斜線部については行方向から眺めると，その行の長さ

---

[3] ［訳注］すなわち，自然数 m,n に対して，

$$(a, a-1), \quad (b-1, b), \quad a, b = 1, 2, \ldots$$

の形の異なる成分（対）への (n,m) の分割で，

$$\sum_{n,m=0}^{\infty} \alpha(n,m)x^n y^m = \prod_{k=1}^{\infty}(1+x^k y^{k-1})(1+x^{k-1}y^k)$$

を満たすようなものの総数を，$\alpha(n,m)$ とおく．

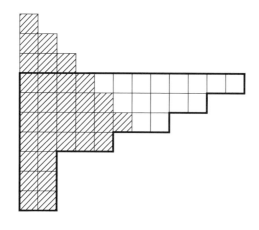

図 15.5

は単調減少列になる（この数列はガウス整数 $(b-1)+bi$ の $b-1$ に対応する）．a の個数は $b-1$ の個数より r 個多く，a と $b-1$ の個数の和は $k+\frac{1}{2}r(r+1)$ に等しい．よって，$n+mi$ の $a+(a-1)i$ と $(b-1)+bi$ の形の異なるガウス整数への分割を得る．このプロセスは可逆的であり，所望の1対1対応を得る． □

問題 15F 自然数 n の**自己共役**な分割の総数と，自然数 n の相異なる奇数への分割の総数が等しいことを示せ．

整分割にまつわる最後の話題として，ヤング盤あるいは標準盤とよばれる分割を考えよう．

フェラーズ図形の各セルに，各行に書かれた数は右にいくほど大きくなり，各列に書かれた数は下にいくほど大きくなるように 1 から n の値を一つずつ配置した図形を，**ヤング盤**という．フェラーズ図形が分割 $(n_1,\ldots,n_k)$ に対応するとき，$(n_1,\ldots,n_k)$ 型であるという．ヤング盤の各ボックスを**セル**という．たとえば，図 15.6 は $(5,4,2,1)$ 型のヤング盤を表している．

さて，与えられた型のヤング盤の総数を数えたい．この問題はやや不自然に見えるかもしれないが，実は，群の表現論などの観点から重要な意味をもっている．たとえば，ヤング盤に関する興味深い事実として，n 個のセルからなるヤング盤の集合と $\{1,\ldots,n\}$ 上の互換の集合（恒等置換も含め

1	3	4	7	11
2	5	10	12	
6	9			
8				

図 15.6

る）の 1 対 1 対応が知られている（問題 14G を使ってヤング盤の総数を勘定することもできる）．この 1 対 1 対応および関連する諸事実については，D. Knuth (1973) を参照されたい．

以下，特定の型のヤング盤の総数を求めよう．

$$\Delta(x_1,\ldots,x_m) := \prod_{1 \leq i < j \leq m} (x_i - x_j) \tag{15.12}$$

とおく（これはヴァンデルモンド行列式の値である）．

補題 15.9

$$g(x_1,\ldots,x_m;y) := x_1\Delta(x_1+y, x_2,\ldots,x_m) + x_2\Delta(x_1, x_2+y,\ldots,x_m)$$
$$+ \cdots + x_m\Delta(x_1, x_2,\ldots,x_m+y)$$

とおく．このとき

$$g(x_1,\ldots,x_m;y) = \left(x_1 + \cdots + x_m + \binom{m}{2}y\right)\Delta(x_1,\ldots,x_m)$$

が成り立つ．

証明 関数 g は変数 $x_1,\ldots,x_m, y$ に関する次数 $1+\Delta(x_1,\ldots,x_m)$ の斉次多項式である．x_i と x_j を置換すると，g の値の符号がかわる．ゆえに，$x_i = x_j$ ならば，g の値は 0 でなければならず，g は $\Delta(x_1,\ldots,x_m)$ で割り切れる．$y = 0$ のとき，主張は明らかに正しい．よって，y の係数が $\binom{m}{2}$ であることのみ示せばよい．g を展開すると，y に関する一次式は

$$\frac{x_i y}{x_i - x_j}\Delta(x_1,\ldots,x_m), \quad -\frac{x_j y}{x_i - x_j}\Delta(x_1,\ldots,x_m) \quad (1 \leq i < j \leq m)$$

188 第 15 章 自然数の分割

の格好をしている．これらの項の和は $\binom{m}{2}\Delta(x_1,\ldots,x_m)$ である．　　　　□

順序対 $(n_1,\ldots,n_m)$ $(m \geq 1)$ 上の関数 f で次の条件を満たすものを考えよう：

(1) $n_1 \geq n_2 \geq \cdots \geq 0$ でなければ

$$f(n_1,\ldots,n_m) = 0. \tag{15.13}$$

(2)

$$f(n_1,\ldots,n_m,0) = f(n_1,\ldots,n_m). \tag{15.14}$$

(3) $n_1 \geq n_2 \geq \cdots \geq n_m \geq 0$ ならば

$$f(n_1,\ldots,n_m) = f(n_1-1,\ldots,n_m) + f(n_1, n_2-1,\ldots,n_m) \cdots$$
$$+ f(n_1, n_2,\ldots,n_m-1). \tag{15.15}$$

(4) $n \geq 1$ に対して

$$f(n) = 1. \tag{15.16}$$

明らかに f は well-defined である．実は，この $f(n_1,\ldots,n_m)$ は $(n_1,\ldots,n_m)$ 型のヤング盤の総数を表している．式 (15.13) が成り立つことは明らかで，式 (15.14) と式 (15.16) についても同様である．n がいずれかの行の右端のセルに記載されなければならないことと，そのセルを除外すると自然数 $n-1$ に対するヤング盤が得られることから，条件 (15.15) が満たされることも確かめられる．盤に長さの等しい行があったとしても，（たとえば）$n_1 = n_2$ のとき $f(n_1-1, n_2,\ldots,n_m) = 0$ となるから問題はない．

定理 15.10 $n_1 + m - 1 \geq n_2 + m - 2 \geq \cdots \geq n_m$ のとき，$(n_1,\ldots,n_m)$ 型のヤング盤の総数は

$$f(n_1,\ldots,n_m) = \frac{\Delta(n_1+m-1, n_2+m-2,\ldots,n_m)n!}{(n_1+m-1)!(n_2+m-2)!\cdots n_m!} \tag{15.17}$$

で与えられる．

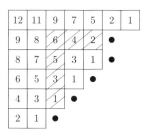

図 15.7

証明 まず,ある i について $n_i+m-i = n_{i+1}+m-i-1$ ならば,式 (15.17) 右辺の Δ の値は 0 である.式 (15.17) の右辺が条件 (15.13), (15.14), (15.16) を満たすことは明らかである.条件 (15.15) については,$x_i = n_i + m - i$,$y = -1$ として補題 15.9 を適用すればよい. □

ヤング盤にフックという概念を導入すると,上の定理をより面白く解釈することができる.ヤング盤のセルと,その右側のセル全体,下側のセル全体の集まりをフックという.各フックに含まれるセルの総数をフック長という[4].たとえば,図 15.7 のヤング盤において,斜線部分は 2 行目,3 列目のセルを表している(各セルに書き込まれている数は,そのセルに関するフック長を表している).

次に,J. S. Frame, G. de Beauregard Robinson, R. M. Thrall (1954) による興味深い定理を紹介しよう.

定理 15.11(フック長公式) セル数 n の特定の型のヤング盤の総数は $n!$ をすべてのフック長の積で割った値である[5].

証明 $(n_1,\ldots,n_m)$ 型のヤング盤について,1 行目の各セルに対するフック

---

[4] [訳注] ヤング盤の (i,j) セル(i 行目の j 番目のセル)に対して,そのセルから右にあるセル(同じ行にあるセル)と,(i,j) セルから下にあるセル(同じ列にあるセル)の集まりを,(i,j) フック((i,j)-hook)という.各 (i,j) フックに含まれるセルの個数を**フック長**といい,$h_{i,j}$ と書く.

[5] [訳注] すなわち,
$$\frac{n!}{\prod_{i,j} h_{i,j}}$$
で与えられる.

190 第 15 章 自然数の分割

長を調べる（1 行目，1 列目のセルのフック長は $n_1 + m - 1$ である）．2 列目には 1 列目と同じ個数のセルが含まれているので，1 行目，2 列目のセルのフック長は $n_1 + m - 2$ になる．さらに隣りのセルのフック長は 2 小さくなり，他のセルについても同様に考えることができる．一般に，1 行目の各セルに対するフック長の集合は，1 から $n_1 + m - 1$ までの整数のうち $(n_1 + m - 1) - (n_j + m - j)$ $(2 \leq j \leq m)$ を除いたものの全体に等しくなる．同様の議論により，i 行目の各セルに対するフック長の集合は，1 から $n_i + m - i$ までの整数のうち $(n_i + m - i) - (n_j + m - j)$ $(i + 1 \leq j \leq m)$ を除いたもの全体に等しくなる．したがって，フック長全体の積は $\{\prod_{i=1}^m (n_i + m - i)!\}/\Delta(n_1 + m - 1, \ldots, n_m)$ に等しく，補題 15.9 から，所望の等式を得る． $\square$

問題 15G (n, n) 型のヤング盤に対して，数列 $a_1, \ldots, a_{2n}$ を，k がヤング盤の i 行目に記されているときに $a_k = i$ とで定める．これを用いて，(n, n) 型のヤング盤の総数がカタラン数 u_{n+1} に等しいことを示せ（定理 15.11 の値と一致していることに注意せよ）．

問題 15H サイズ $k \times (n - k)$ の矩形におさまるようなフェラーズ図形の総数を数え上げよ．

問題 15I 各成分が d で割り切れないような自然数 n の分割の総数は，いずれの成分も高々 $d - 1$ 回しか現れないような n の分割の総数に等しいことを示せ．

問題 15J $P_n := \prod_{k=1}^n k!$ とおく．$P_{n-1}^2 \cdot (n^2!)$ が P_{2n-1} で割り切れることを示せ．

ノート

整分割に関する命題の証明にフェラーズ図形を初めて用いたのは，Sylvester (1853) であった．Sylvester は，フェラーズ (Ferrers) との研究交流を通じて，その証明を行った．

フェラーズ図形に関するその他の結果（定理 15.4 の証明など）については，Hardy–Wright (1954), MacMahon (1916), Van Lint (1974) などを参

照されたい.

オイラーは定理 15.5 を帰納法で証明した. 多角数の概念は古代ギリシャの時代から知られている. たとえば三角数は紀元前 500 年以前にピタゴラス (Pethagoras) によってすでに考えられていた.

定理 15.7 は Van Lint (1974) によって証明された.

G. H. Hardy, S. Ramanujan (1918) は, 分割関数 $p(n)$ の漸近挙動を調べた[6]. この論文で, ハーディらは, 解析的整数論の標準的な手法である circle method の着想を得たという. その後, H. Rademacher (1937) が $p(n)$ の明示公式を与えた. Rademacher の証明は**デデキントのイータ関数**

$$\eta(n) := e^{\frac{\pi i z}{12}} \prod_{n=1}^{\infty} (1 - e^{2\pi i n z})$$

の性質に基づいている. 詳細については Chandrasekharan (1970) を参照されたい.

ヤコビ (C. G. J. Jacobi, 1804–1851) はさまざまな分野で活躍した数学者であり, 顕著な功績として楕円関数の理論の構築が挙げられる. ヤコビは 23 才の若さでケーニヒスベルク大学の教授職につき, その 2 年後に有名な著書 *Fundamenta Nova Theoriae Functionum Ellipticarum* を執筆した. その第 64 節に, 現在ヤコビ三重積とよばれている結果が記されている.

図 15.6 のようなヤング盤を最初に用いたのはフロベニウスであった. その 1 年後 (1901 年) に, フロベニウスとは独立に, ヤング (A. Young) はヤング盤を用いて置換群の行列表現に関する仕事を完成させた. その後, ヤング盤のネーミングが次第に普及し, 今日では, 標準的な用語として現代数学に浸透したのである.

参考文献

[1] K. Chandrasekharan (1970), *Arithmetical Functions*, Springer-Verlag.

---

[6] [訳注]

$$p(n) \sim \frac{1}{4n\sqrt{3}} e^{\pi \sqrt{\frac{2n}{3}}}.$$

192　第 15 章　自然数の分割

[2] J. S. Frame, G. de Beauregard Robinson, R. M. Thrall (1954), The hool graphs of S_n, *Canad. J. Math.* **6**, 316–324.

[3] F. Franklin (1881), Sur le développement du produit infini $(1 - x)(1 - x^2)(1 - x^3)(1 - x^4) \cdots$, *Comptes Rendus Acad. Sci. (Paris)* **92**, 448–450.

[4] G. H. Hardy, S. Ramanujan (1918), Asymptotic formulae in combinatory analysis, *Proc. London Math. Soc.* (2) **17**, 75–115.

[5] G. H. Hardy, E. M. Wright (1954), *An Introduction to the Theory of Numbers*, 3rd ed., Clarendon Press.

[6] D. Knuth (1973), *The Art of Computer Programming*, Vol. 3, Addison-Wesley.

[7] J. H. van Lint (1974), *Combinatorial Theory Seminar Eindhoven University of Technology*, Lecture Notes in Math. **382**, Springer-Verlag.

[8] P. A. MacMahon (1916), *Combinatorial Analysis*, Vol. II, Cambridge University Press.

[9] H. Rademacher (1937), On the partition function $p(n)$, *Proc. London Math. Soc.* **43**, 241–254.

[10] E. M. Wright (1965), An enumerative proof of an identity of Jacobi, *J. London Math. Soc.* **40**, 55–57.

[11] A. Young (1901), On quantitative substitutional analysis, *Proc. London Math. Soc.* **33**, 97–146.

第16章　(0, 1)行列

これまで (0,1) 行列が何度も登場し，とくに行和，列和が一定の (0,1) 行列が興味深いことを確認した．本章では，与えられた行和，列和の (0,1) 行列の存在問題を考え，さらに行和と列和が一定の (0,1) 行列の総数を評価する．

最初に考える問題では，行列 A は必ずしも正方行列であるとは限らない．1 行目から k 行目までの成分の和を $r_1, \ldots, r_k$ とおく．$\boldsymbol{r} := (r_1, \ldots, r_k)$ を A の**行和ベクトル**といい，**列和ベクトル**（$\boldsymbol{s}$ とおく）も同様に定める．

ここでは，行和が $\boldsymbol{r}$ で列和が $\boldsymbol{s}$ である (0,1) 行列の存在問題を考える．便宜的に，$\boldsymbol{r}, \boldsymbol{s}$ を単調減少列とする，つまりこの章では整数 0 が許容された自然数の「分割」を考える．

自然数 N の分割 $\boldsymbol{r} = (r_1, \ldots, r_n)$，$\boldsymbol{s} = (s_1, \ldots, s_m)$ について，

$$r_1 + r_2 + \cdots + r_k \geq s_1 + s_2 + \cdots + s_k$$

が任意の自然数 k について成り立つとき，$\boldsymbol{r}$ は $\boldsymbol{s}$ の**優数列**である（$\boldsymbol{r}$ majorize $\boldsymbol{s}$）という．ただし，$k > m$（または $k > n$）の場合には，$\boldsymbol{s}$（または $\boldsymbol{r}$）の末尾に成分 0 を付けて，$r_k = 0$（または $s_k = 0$）と解釈する．分割 $\boldsymbol{r} = (r_1, \ldots, r_n)$ が与えられたとき，$r_j \geq i$ となる添え字 j の個数を r_i^* として，分割 $\boldsymbol{r}^*$ を定める（$\boldsymbol{r}$ の**共役**）．

問題 16A　$\boldsymbol{r}$ が $\boldsymbol{s}$ の優数列をなすことと，$a \geq b+2$ を満たす $\boldsymbol{r}$ の成分 a, b を $a-1, b+1$ で置き換える操作を繰り返して $\boldsymbol{s}$ が得られることは同値であ

194　第 16 章　$(0,1)$ 行列

ることを示せ（つまり，s は r よりもばらつきのない分割である）．たとえば，

$$(5,4,1,0) \to (5,3,2,0) \to (5,3,1,1) \to (4,3,2,1) \to (3,3,3,1)$$

であるから，$(5,4,1)$ は $(3,3,3,1)$ の優数列になる．ベクトルの変形方法は一通りとは限らない．いまの例においても，

$$(5,4,1,0) \to (4,4,1,1) \to (4,3,2,1) \to (3,3,3,1)$$

から $(5,4,1)$ が優数列をなすとわかる．

定理 16.1　$r_1, \ldots, r_n$ と $s_1, \ldots, s_m$ を，それぞれの総和がいずれも N であるような非増加列とする．このとき，行和ベクトル r，列和ベクトル s の $n \times m$ $(0,1)$ 行列が存在するための必要十分条件は，r^* が s の優数列をなすことである．

証明　必要性を示す．k を固定し，行和ベクトル r，列和ベクトル s の $n \times m$ $(0,1)$ 行列の最初の k 列を考える．これらの列に現れる 1 の総数について，

$$s_1 + \cdots + s_k \le \sum_{i=1}^{n} \min(k, r_i) = \sum_{j=1}^{k} r_j^*$$

を得る．後半の等号については，分割 r のフェラーズ図形（図 16.1）を見れば明らかである（いずれの和も最初の k 列に現れるセルを数え上げている）．

　十分性を示す．ネットワーク D を，

$$V(D) = \{S, T, x_1, \ldots, x_n, y_1, \ldots, y_m\},$$
$$E(D) = \{(S, x_i) \mid 1 \le i \le n\} \cup \{(x_i, y_j) \mid 1 \le i \le n, \, 1 \le j \le m\}$$
$$\cup \{(y_j, T) \mid 1 \le j \le m\}$$

で定める[1]．ただし，有向辺 (S, x_i)，(y_j, T) の容量を r_i，s_j とし，(x_i, y_j)

---

[1]　［訳注］原著では，ここは数式で表現されていない．

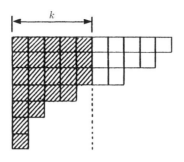

図 16.1

の容量をすべて 1 とする．このとき，行和ベクトル $\boldsymbol{r}$，列和ベクトル $\boldsymbol{s}$ の $(0,1)$ 行列 $M = (a_{ij})$ があることと，D に強さ N のフローがあることは同値である（容量 N のカットが少なくとも二つあり，これが最大流になってほしい）．実際，所望の行列が存在するなら，$a_{ij} = 1$ かつそのときに限り (x_i, y_j) の流量を 1 として，強さ N のフローを得る．逆に，D に強さ N のフローがあるなら，同じ強さの整数流もある（定理 7.2）．S, T の結合辺は「飽和状態」になければならず，辺 (x_i, y_j) の流量は 0 か 1 になる．

S, T を分離するカット (A, B) を考える．A は，集合 $X := \{x_i \mid 1 \leq i \leq n\}$ の n_0 個の頂点，$Y := \{y_j \mid 1 \leq j \leq m\}$ の m_0 個の頂点からなるとする．A と B をつなぐ辺は，S を始点とする $n - n_0$ 本の辺，T を終点とする m_0 本の辺，X と Y に 1 つずつ端点をもつ $n_0(m - m_0)$ 本の辺のいずれかである．このカットの総容量は

$$r_{n_0+1} + r_{n_0+2} + \cdots + r_n + s_{m-m_0+1} + s_{m-m_0+2} + \cdots + s_m + n_0(m - m_0)$$

以上になる．

ここで分割 $\boldsymbol{r}$ のフェラーズ図形を考える（図 16.2）．明らかに，セルの総数 N は，図形の最後の $n - n_0$ 行に含まれるセルの個数と，最後の m_0 列に含まれるセルの個数と，$n_0(m - m_0)$ の総和を超えない．また，最後の m_0 列に含まれるセルの個数は，$\boldsymbol{r}^*$ の最後の m_0 成分の和になる．$\boldsymbol{r}^*$ は $\boldsymbol{s}$ の優数列になるので，

第 16 章 (0, 1) 行列

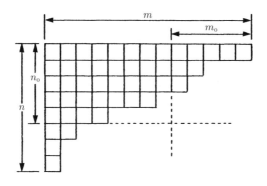

図 **16.2**

$$r^*_{m-m_0+1} + r^*_{m-m_0+2} + \cdots + r^*_m \leq s_{m-m_0+1} + s_{m-m_0+2} + \cdots + s_m.$$

以上より，任意のカットの総容量は N 以上である．よって，最大流最小カット定理（定理 7.1）から，強さ N のフローが存在する． □

フローと (0, 1) 行列の関係を示すために上記の証明を与えた．問題 16A のアルゴリズム[2]を用いて，定理 16.1 の十分性の別証明を与えることもできる．なお，類似のアイデアは Krause (1996) にもあるので，興味のある読者はそちらも参照してほしい．

行和ベクトル r，列和ベクトル s_1 の (0, 1) 行列 A_1 を考える．交換アルゴリズムを用いて，s_1 から s_2 を構成する．このとき，行和ベクトル r，列和ベクトル s_2 の (0, 1) 行列 A_2 が存在する．実際，A_1 の j 列目と k 列目の列和 a, b が $a \geq b + 2$ を満たしているとする．すると，(i, j) 成分が 1 で，(i, k) 成分が 0 であるような A_1 の行（第 i 行）がある．二つの成分を入れ換えてできる行列 A_2 の j 列目，k 列目の列和は，それぞれ $a - 1, b + 1$ となる．

さて，r^* が s の優数列をなすとしよう．分割 r のフェラーズ図形が付随している行列 A_0 に，適宜，零（列）ベクトルを付けてサイズ $n \times m$ の (0, 1) 行列にする．A_0 の列和は r^* である．r^* が s の優数列をなすとき，

---
[2] ［訳注］以下，交換アルゴリズムと称する．

分割の系列

$$r^* = s_0, s_1, s_2, \ldots, s_\ell = s$$

を隣り合う分割が問題 16A の操作で得られるようにとる．上述の交換アルゴリズムを繰り返し用いると，前のパラグラフの議論により A_0 から，行和 r，列和 s の $(0,1)$ 行列 A を得る．

例 16.1 $r = (3,2,2,2,1)$, $s = (3,3,3,1)$ とおくと，$r^* = (5,4,1)$ は s の優数列になる．交換アルゴリズムを用いると，

$$
\begin{pmatrix} 1 & 1 & 1 & 0 \\ 1 & 1 & 0 & 0 \\ 1 & 1 & 0 & 0 \\ 1 & 1 & 0 & 0 \\ 1 & 0 & 0 & 0 \end{pmatrix} \rightarrow
\begin{pmatrix} 1 & 1 & 1 & 0 \\ 0 & 1 & 1 & 0 \\ 1 & 1 & 0 & 0 \\ 1 & 1 & 0 & 0 \\ 1 & 0 & 0 & 0 \end{pmatrix} \rightarrow
\begin{pmatrix} 1 & 1 & 1 & 0 \\ 0 & 1 & 1 & 0 \\ 0 & 1 & 1 & 0 \\ 1 & 1 & 0 & 0 \\ 1 & 0 & 0 & 0 \end{pmatrix} \rightarrow
\begin{pmatrix} 1 & 0 & 1 & 1 \\ 0 & 1 & 1 & 0 \\ 0 & 1 & 1 & 0 \\ 1 & 1 & 0 & 0 \\ 1 & 0 & 0 & 0 \end{pmatrix}
$$

を得る．各 $(0,1)$ 行列の列和ベクトルは

$$(5,4,1,0) \rightarrow (4,4,2,0) \rightarrow (3,4,3,0) \rightarrow (3,3,3,1)$$

のように推移する（各ベクトルの単調非増加性は気にしない）．

定理 16.1 のアルゴリズムのアイデアを拡張して，特定の行和，列和をもつ $(0,1)$ 行列の個数をおおまかに評価しよう．

定理 16.2 自然数 N の分割 r, s について，それらを行和ベクトル，列和ベクトルとする $(0,1)$ 行列の総数を $M(r,s)$ とおく．r, s がそれぞれ r_0, s_0 の優数列になるとき，

$$M(r_0, s_0) \geq M(r, s).$$

証明 自然数 N の分割 $r = (r_1, \ldots, r_n)$, $s = (s_1, \ldots, s_m)$ を考える（ただし，r, s は単調非増加列でないかもしれない）．証明は次の基本的な事実に基づいている．すなわち，$s_1 > s_2$ のとき

$$M(r, (s_1 - 1, s_2 + 1, s_3, \ldots, s_m)) \geq M(r, (s_1, s_2, s_3, \ldots, s_m))$$

198 第 16 章 (0,1) 行列

が成り立つという事実である．もちろん，同様の結果が任意の 2 列について成り立つ（ここでは表記の都合上，最初の 2 列に着目した）．また，同様のアイデアは行列の転置にも適用され，この場合，r_i と r_j をそれぞれ $r_i - 1$ と $r_j + 1$ に置き換えても (0,1) 行列の総数は減らない．こうして，上の主張と問題 16A の結果から，定理の不等式を得る．

上の主張を示すために，$(s_3, s_4, \ldots, s_m)$ を列和ベクトルとするサイズ $n \times (m-2)$ の (0,1) 行列 A を考えよう．この A に二つの (0,1) ベクトルを貼り付けて，行和，列和がいずれも k であるような行列を作りたい．貼り付けられた部分行列において，1 のみからなる行の総数を a，1 と 0 を一つずつ含む行の総数を b，0 のみからなる行の総数を c とおく．すると，$a + b + c = n$, $2a + b = s_1 + s_2$ が成り立つ．A に列和 s_1, s_2 の 2 列を付加する方法の総数は

$$\binom{b}{s_1 - a} = \binom{b}{s_2 - a}$$

通りである．これが列和 $s_1 - 1$, $s_2 + 1$ の 2 列を付加する方法の総数

$$\binom{b}{s_1 - 1 - a} = \binom{b}{s_2 + 1 - a}$$

を上回ることはない．こうして，所望の不等式を得る． $\square$

$\boldsymbol{r}^*$ が $\boldsymbol{s}$ の優数列になるとすると，定理 16.2 より

$$M(\boldsymbol{r}, \boldsymbol{s}) \geq M(\boldsymbol{r}, \boldsymbol{r}^*) \geq 1,$$

つまり，定理 16.1 の十分性を確かめることができる．

問題 16B $M(\boldsymbol{r}, \boldsymbol{r}^*) = 1$ が成り立つことを示せ．

さて，行和および列和が一様に k であるような n 次 (0,1) 行列の総数を，$A(n, k)$ とおく．

系

$$A(n,k) \geq \left\{ \binom{n}{k} / 2^{k+1} \right\}^n.$$

証明 行和が一様に k であるような $(0,1)$ 行列は $\binom{n}{k}^n$ 個ある.各々について列和を $\boldsymbol{s} = (s_1, s_2, \ldots, s_n)$ とおくと,

$$s_1 + s_2 + \cdots + s_n = nk, \quad 0 \leq s_i \leq n.$$

条件 $s_i \leq n$ を無視して定理 13.1 を用いると,列和ベクトルの候補の総数は高々 $\binom{nk+n-1}{n-1} \leq 2^{n(k+1)}$ だとわかる.これらの候補のうち $(0,1)$ 行列の総数が最大となるのは,列和ベクトルが $(k, k, \ldots, k)$ のときである.ゆえに,そのような行列の個数が $\binom{n}{k}^n$ を $2^{n(k+1)}$ で割った平均値を下回ることはない. $\square$

問題 16C 次の定理を証明せよ.

定理 16.3 偶数 N の分割 $\boldsymbol{d}$, $\boldsymbol{d}'$ に対して,$\boldsymbol{d}$ が $\boldsymbol{d}'$ の優数列になるとする.このとき,次数列 $\boldsymbol{d}'$ のラベル付き単純グラフの総数は次数列 $\boldsymbol{d}$ のラベル付き単純グラフの総数以下になる.

問題 16D 偶数 n に対して

$$A\left(n, \frac{1}{2}n\right) \geq \frac{2^{n^2}}{n^{2n}}$$

が成り立つ.これを定理 16.2 の系の証明を補正して証明せよ(定理 16.2 の系を $k = \frac{n}{2}$ でそのまま用いても弱い不等式しか得られない).

問題 16E $\boldsymbol{d} = (d_1, d_2, \ldots, d_n)$ を $\binom{n}{2}$ の分割とする.ただし $d_i = 0$ を許容する.このとき,各頂点 i の出次数が d_i であるようなトーナメント(K_n の向き付け)が存在することと,$(n-1, n-2, \ldots, 2, 1, 0)$ が $\boldsymbol{d}$ の優数列をなすことが同値であることを示せ.

問題 16F (1) $1, 2, \ldots, n$ のペアを

200 第 16 章 (0,1) 行列

$$\{1,2\}, \{1,3\}, \ldots, \{1,n\}, \{2,3\}, \{2,4\}, \ldots, \{2,n\}, \{3,4\}, \ldots$$

のように辞書式に並べる.ここから最初の $m \leq \binom{n}{2}$ 個をとって,$\{1,2,\ldots,n\}$ 上の単純グラフを作る.このグラフの次数列 $\boldsymbol{r}$ は自然数 $2m$ の一つの分割をなす.たとえば,$n = 8$,$m = 20$ のとき,$\boldsymbol{r} = (7,7,7,5,4,4,3,3)$ となる.$m \leq \binom{n}{2}$ と $2m$ の分割 $\boldsymbol{d}$(成分 0 も許容する)が与えられたとき,次数列 $\boldsymbol{d}$ で位数 n の単純グラフが存在することと,$\boldsymbol{r}$ が $\boldsymbol{d}$ の優数列をなすことは等価であることを示せ.

(2) (1) を $\boldsymbol{k}$ 一様ハイパーグラフ[3]について拡張せよ.

$$* \ * \ *$$

すべての行和,列和が 2 であるような n 次 (0,1) 行列の集合を $\mathcal{A}(n,2)$ とおく.第 14 章で学んだ手法を用いると,$\mathcal{A}(n,2)$ の要素数 $A(n,2)$ を求めることができる.

既約行列(第 11 章参照)の全体からなる $\mathcal{A}(n,2)$ の部分集合 $\mathcal{A}^*(n,2)$ について,$a_n := |\mathcal{A}^*(n,2)|$ とおく.すると,明らかに $a_n = \frac{1}{2}n!(n-1)!$.実際,1 行目の選び方は $\binom{n}{2}$ 通りある.たとえば,1 行目が $(1,1,0,\ldots,0)$ のとき,1 列目と 2 列目に成分 1 を置く置き方の総数は $(n-1)(n-2)$ 通りある.同様の議論を繰り返して,所望の等式を得る.

さて,

$$m_n := A(n,2)/(n!)^2, \quad b_k := a_k/(k!)^2$$

とおくと,定理 14.2 の証明と同様にして,

$$1 + \sum_{n=2}^{\infty} m_n x^n = \exp\left(\sum_{k=2}^{\infty} b_k x^k\right) \tag{16.1}$$

を得る.よって

---

[3] [訳注] 有限集合とその k 元部分集合の族からなる結合構造.

$$1 + \sum_{n=2}^{\infty} m_n x^n = \exp\left(\frac{-x - \log(1-x)}{2}\right) = e^{-\frac{1}{2}x}(1-x)^{-\frac{1}{2}}. \quad (16.2)$$

$(1-x)^{-\frac{1}{2}}$ の級数展開

$$(1-x)^{-\frac{1}{2}} = \sum_{n=0}^{\infty} \binom{2n}{n}\left(\frac{x}{4}\right)^n$$

から,

$$m_n \sim e^{-\frac{1}{2}} \binom{2n}{n} 4^{-n} \quad (n \to \infty)$$

が成り立つ. これにより次の定理を得る.

定理 16.4

$$A(n,2) \sim e^{-\frac{1}{2}} \frac{(2n)!}{(2!)^{2n}}.$$

定理 16.4 は次の定理の特殊ケースになっている(本書では $k = 3$ の場合のみ証明するが,一般の k でも成り立つ):

定理 16.5

$$A(n,k) = \frac{(nk)!}{(k!)^{2n}} \exp\left[-\frac{(k-1)^2}{2}\right]\left\{1 + O\left(\frac{1}{n^{\frac{3}{4}}}\right)\right\} \quad (n \to \infty)$$

が $1 \leq k < \log n$ について一様に成り立つ.

定理 16.5 の詳細や,行和・列和が一定でない $(0,1)$ 行列への一般化も考えられる. 詳しくは B. D. McKay (1984) などを参照されたい.

包除原理の公式の打ち切り(定理 10.1 直後の注意参照)を用いて,$A(n,3)$ の漸近的な振る舞いを調べよう.

$N := 3n$ 個の要素を

$$1_a, \ 1_b, \ 1_c, \ 2_a, \ 2_b, \ 2_c, \ \ldots, \ n_a, \ n_b, \ n_c$$

とし,これらの要素の置換 σ について,長さ 3 のサイクル(トリプル)へ

202 第16章 $(0,1)$ 行列

の分割 $(x,y,z)(u,v,w)\cdots$ を考える。$(5_a, 3_b, 5_c)$ のように，いくつかのトリプルに特定の数が2回以上現れるとき，**重複分割**という。σ が重複のない n 個のトリプルに分割されたとしよう。このとき，i 番目のトリプル $(x_\alpha, y_\beta, z_\gamma)$ $(\{\alpha, \beta, \gamma\} \leq \{a, b, c\})$ について，i 行目の x 番目，y 番目，z 番目の成分が1でそれ以外の成分が0であるような n 次の $(0,1)$ 行列を考える。行列 A の構造は，添え字 a, b, c の取り方や，各トリプルの成分の順序に無関係である。こうして，各行列 A と $(3!)^{2n}$ 個の異なる置換の対応付けを得る。このような行列は明らかに $A \in \mathcal{A}(n, 3)$。こうして，われわれのゴールは，$N_0 := N!$ 個の置換のなかで，重複のないトリプルに分割される置換の総数 P をうまく見積もることである。

$1 \leq r \leq n$ とする。r 個のトリプルを固定し，それらの中に重複元が現れるような置換を勘定する。そして，r 個のトリプルの選び方をすべて考慮し，足し合わせる。定理 10.1 同様，その総数を N_r とおく。R が偶数なら，

$$\sum_{r=0}^{R+1} (-1)^r N_r \leq P \leq \sum_{r=0}^{R} (-1)^r N_r. \tag{16.3}$$

難しいのは N_r の「良い」上界と下界を見つけることである。

まずは上界を求める。n 個のトリプルから r 個を選ぶ選び方は $\binom{n}{r}$ 通りある。各トリプルにおいて重複する箇所を2か所選ぶ選び方は $\binom{3}{2}$ 通りある。また，重複数の候補と添え字 a, b, c を決める決め方は $3^r \binom{n}{r}$ 通りある。さらに，重複数の候補を r 個のトリプルに割り振る割り振り方は $2^r \cdot r!$ 通りであり，残りの $N - 2r$ 個の要素はトリプルに好きに割り振る。$(5_a, 5_b, 5_c)$ のタイプのサイクルを含む置換は2回以上カウントされる。よって，$r < \frac{1}{2}\sqrt{n}$ のとき，

$$N_r \leq \binom{n}{r}^2 \cdot 3^{2r} \cdot 2^r \cdot r! \cdot (N-2r)!$$

$$\leq \frac{2^r}{r!}(3^2 \cdot n^2)^r (N-2r)!$$

$$\leq N! \frac{2^r}{r!} \left(\frac{N-2r}{N} \right)^{-2r}$$

$$\leq N! \frac{2^r}{r!} \left(1 + \frac{8r^2}{N} \right). \tag{16.4}$$

なお，最後の式変形には $(1 - \frac{2r}{N})^{-2r}$ の冪級数展開を用いた.

　下界についても同様にする. 重複数の候補を r 個のトリプルに割り振ったのち，各トリプルにおいて，（二つの）重複数とは異なる数を割り振ってトリプルを完成させる. 明らかに，そのような組み合わせは少なくとも $(N-3r)^r$ 通りある. あとは残った数をサイクルに割り振るだけである. このとき，いくつかの置換が勘定から漏れているので，$r < \sqrt{n}$ のとき

$$N_r \geq \binom{n}{r}^2 \cdot 3^{2r} \cdot 2^r \cdot r! \cdot (N-3r)^r (N-3r)!$$

$$\geq N! \frac{2^r}{r!} (3^2 \cdot n^2)^r \left[\frac{n(n-1)\cdots(n-r+1)}{n^r} \right]^2 \frac{(N-3r)^r}{N^{3r}}$$

$$\geq N! \frac{2^r}{r!} \left(1 - \frac{r}{n} \right)^{2r} \left(1 - \frac{3r}{N} \right)^r$$

$$\geq N! \frac{2^r}{r!} \left(1 - \frac{3r^2}{n} \right) \tag{16.5}$$

を得る. なお，最後の式変形には，不等式

$$\left(1 - \frac{r}{n} \right)^r \geq 1 - \frac{r^2}{n} \quad (1 \leq r \leq \sqrt{n})$$

を用いた.

　最後に，式 (16.3), (16.4), (16.5) をまとめる. $R = \lfloor \frac{1}{2}\sqrt{n} \rfloor$ とおいて，

$$\frac{P}{N!} = e^{-2} + \Delta, \quad |\Delta| < \frac{2^{R+1}}{(R+1)!} + \frac{3}{n} \sum_{r=0}^{\infty} \frac{2^r r^2}{r!}$$

を得る.

204 第 16 章 (0, 1) 行列

$$|\Delta| < \frac{48}{n} + \frac{18e^2}{n} < \frac{200}{n}$$

より，次の定理を得る（これは定理 16.5 の主張に合致している）:

定理 16.6

$$A(n, 3) = \frac{(3n)!}{(3!)^{2n}} e^{-2} \left(1 + O(\frac{1}{n}) \right) \quad (n \to \infty)$$

注 $k = 3$ のとき，定理 16.2 の系より，$A(n, 3)$ が $(cn^3)^n$ （c はある定数）と同程度の速さで発散するとわかる．この評価は，定数倍の分だけ定理 16.6 の結果からずれている．

問題 16G $A(5, 3)$ を求めよ.

本章の終わりに，式 (16.2) と第 14 章を結ぶトピックスをもう一つ紹介しよう．式 (16.2) の右辺の平方をとると，これは例 14.10 の n 次完全順列の総数 d_n に関する指数型母関数に等しくなる．このことは，純粋に組合せ論的な議論で次の等式が得られることを示唆している:

$$n! d_n = \sum_{k=0}^{n} \binom{n}{k}^2 A_k A_{n-k}. \tag{16.6}$$

ただし $A_n = A(n, 2)$ とおく.

$\mathcal{A}(n, 2)$ の各要素について既約な成分を考える．たとえば，$n = 9$ のとき，$\mathcal{A}(9, 2)$ の要素が次の部分行列を既約成分にもつ場合を考えよう.

	1	3	4	5	9
1	1	1	0	0	0
2	1	0	1	0	0
3	0	1	0	0	1
7	0	0	1	1	0
9	0	0	0	1	1

1 行目に現れる二つの成分 1 のペアからスタートして，置換 $(1, 3, 9, 7, 2)$ に対応するペアの列

$$(1,3),\ (3,9),\ (9,5),\ (5,4),\ (4,1)$$

と逆置換 $(1,2,7,9,3)$ に対応するペアの列

$$(3,1),\ (1,4),\ (4,5),\ (5,9),\ (9,3)$$

を考える.

　一つ目と二つ目の状況をそれぞれ「red variety」，「blue variety」とよぶことにする.

　$\mathcal{A}(n,2)$ の要素（行列）のうち，ある既約成分のすべての 1 が同色になるように，赤か青で成分 1 が塗り分けられた要素（行列）の集合を，S とおく．明らかに，

$$|S| = \sum_{k=0}^{n} \binom{n}{k}^2 A_k A_{n-k}.$$

集合 S から集合 $\{1,2,\ldots,n\}$ 上の完全順列 $\boldsymbol{a} := (a_1,a_2,\ldots,a_n)$ と置換 $\boldsymbol{b}$ $:= (b_1,b_2,\ldots,b_n)$ のペア全体の集合への 1 対 1 写像を考える．そのようなペアは $n! d_n$ 個ある．1 対 1 対応の作り方は例で示す.

　たとえば，9 次の置換

$$\boldsymbol{a} := (2,7,1,8,4,5,9,6,3),$$
$$\boldsymbol{b} := (3,1,4,5,9,2,6,8,7)$$

について，$\boldsymbol{a}$ の標準サイクル分解 $(1\,2\,7\,9\,3)(4\,8\,6\,5)$ を考えて，この分解のサイクル長に応じて，$\boldsymbol{b}$ を $(3\,1\,4\,5\,9)$, $(2\,6\,8\,7)$ と分割する．長さ 5 のサイクルのペアから上述の 5×5 の「青い」部分行列を作り，長さ 4 のサイクルのペアで 4×4 の「赤い」部分行列を作る.

　こうして式 (16.6) が示された.

　次の問題は第 14 章の内容と深く関係している.

問題 16H　$A_n := A(n,2)$ とし，$A(n,2)$ から任意に一つ要素をとる．1 行目の二つの 1 の取り方は $\binom{n}{2}$ 通りある．これらが最初の 2 列に現れているとする．ほかのある行にも最初の 2 列に 1 が含まれているかもしれない.

206　第 16 章　(0, 1) 行列

もう一つの可能性も考慮して,

$$A_n = \frac{n(n-1)}{2}(2A_{n-1} + (n-1)A_{n-2}) \tag{16.7}$$

が成り立つことを示せ.

問題 16I　式 (16.1) の左辺を $f(x)$ とおく. 式 (16.7) から微分方程式

$$2(1-x)f' - xf = 0$$

を導き, 式 (16.2) の別証明を与えよ.

ノート

定理 16.1 は, D. Gale (1957), H. J. Ryser (1957) によるものである. すでに本書に登場した (0, 1) 行列のクラスを体系的に扱っている書として, Ryser (1963) を挙げておく.

式 (16.2) と完全順列の母関数の関係は D. G. E. D. Rogers によるものである. 式 (16.6) の証明は, P. Diaconis, D. E. Knuth から教示されたものである.

式 (16.7) は, R. Bricard (1901) が証明なしに与えたものである.

参考文献

[1] R. Bricard (1901), Probléme de combinaisons, *L'Intermédiaire des Mathématiciens* **8**, 312–313.

[2] D. Gale (1957), A theorem on flows in networks, *Pacific J. Math.* **7**, 1073–1082.

[3] M. Krause (1996), A simple proof of the Gale–Ryser theorem, *Amer. Math. Monthly* **103**, 335–337.

[4] B. D. McKay (1984), Asymptotics for (0, 1)-matrices with prescribed line sums, in: *Enumeration and Design* (D. M. Jackson and S. A. Vanstone, eds.), Academic Press.

[5] H. J. Ryser (1957), Combinatorial properties of matrices of zeros and ones, *Canad. J. Math.* **9**, 371–377.

[6] H. J. Ryser (1963), *Combinatorial Mathematics*, Carus Math. Monograph **14**.

第17章　ラテン方格

R, C, S を要素数 n の有限集合とし，L を集合 $R \times C$ から S への写像とする．方程式

$$L(i, j) = x$$

が任意の $(i, x) \in R \times S$ についてただ一つの解 $j \in C$ をもち，さらに任意の $(j, x) \in C \times S$ についてただ一つの解 $i \in R$ をもつとき，四重系 $(R, C, S; L)$ を n 次の**ラテン方格**という（$i \in R$, $j \in C$, $x \in S$ のうち，どの二つをとっても $L(i, j) = x$ となるように三つ目が一意に定まる）．より直観的に，n 次ラテン方格を $n \times n$ 配列 $(L(i, j))_{i,j}$ と思ってよい．R, C, S の要素をラテン方格の行，列，シンボルという．たとえば，図 17.1 は 5 次のラテン方格である．

ラテン方格というネーミングは，オイラーがシンボル集合 S をラテン文字で書いたことに端を発している．

ラテン方格 $(X, X, X, \circ)$ は**擬群**のことであり[1]，$(X, \circ)$ と略記するのが通例である．なお，$\circ$ は X 上の二項演算で，$x, y \in X$ の演算結果を $x \circ y$ で表すことが多い．とくに群の乗積表はラテン方格をなす．

問題 17A　図 17.1 の最初の 2 行を固定し，残りの 3 行を適当に埋めて，全部で 24 通りのラテン方格を得る．いずれも群の乗積表からは得られないことを確かめよ．

---

[1] ［訳注］準群とよぶ流儀もある．

208　第17章　ラテン方格

a	b	c	d	e
b	a	e	c	d
c	d	b	e	a
d	e	a	b	c
e	c	d	a	b

図 17.1

$(R, C, S; L)$ をラテン方格とし，$\sigma : R \to R'$, $\tau : C \to C'$, $\pi : S \to S'$ を $L'(\sigma(i), \tau(j)) = \pi(L(i, j))$ を満たす全単射とする．このとき，$(R', C', S'; L')$ はラテン方格をなす．二つの方格 $(R, C, S; L)$, $(R', C', S'; L')$ を，**等価** (equivalent) であるという．$S := \{1, 2, \dots, n\}$ 上の n 次ラテン方格の 1 行目と 1 列目は，$1, 2, \dots, n$ がこの順番に並んでいるとしてよい．これをラテン方格の正規化という．正規化されたラテン方格が互いに異なっていたとしても，それらが等価になり得ることに注意しておこう．

ここでは，とくに断ることなく，ラテン方格を単に $L : R \times C \to S$ と書くこともある．

1 から n を要素にもつ $3 \times n^2$ 配列は，任意の 2 行にすべての要素のペアがちょうど 1 回ずつ現れるとき，オーダー n, 深さ 3 の **直交配列** といい，$OA(n, 3)$ と書く[2]．$OA(n, 3)$ の三つの行を $\boldsymbol{r}$, $\boldsymbol{c}$, $\boldsymbol{s}$ とおく（順序を問わない）．直交配列の定義から，任意のペア (i, j) に対して $r_k = i$, $c_k = j$ を満たすような添え字 k がある．このとき，(i, j) 成分を s_k とおくと，n 次ラテン方格を得る．この操作は可逆的であり，ラテン方格から直交配列を再構成することもできる．すなわち，ラテン方格と直交配列の概念は等価である．図 17.2 は $OA(4, 3)$ に対応するラテン方格である．

二つのラテン方格は，同じ 3 行からなる直交配列に対応しているとき（行の順序は異なってよい），**共役** であるという．たとえば，一方のラテン方格が他方の転置であれば $(R = C)$, それらは共役である．演習問題として，読者にはぜひ図 17.2 の 6 個の共役ラテン方格をすべて列挙してみてもらい

---

[2] ［訳注］以下，単に直交配列という．

行	1 1 1 1 2 2 2 2 3 3 3 3 4 4 4 4
列	1 2 3 4 1 2 3 4 1 2 3 4 1 2 3 4
シンボル	3 2 4 1 1 4 2 3 4 3 1 2 2 1 3 4

3	2	4	1
1	4	2	3
4	3	1	2
2	1	3	4

シンボル	1 1 1 1 2 2 2 2 3 3 3 3 4 4 4 4
列	1 2 3 4 1 2 3 4 1 2 3 4 1 2 3 4
行	3 2 4 1 1 4 2 3 4 3 1 2 2 1 3 4

2	4	3	1
4	1	2	3
1	3	4	2
3	2	1	4

図 17.2

たい. 二つの直交配列は, 一方の配列に行ごとのシンボルの置換と適当な行および列の置換を施して他方が得られるとき, **同型**であるという. 二つのラテン方格が**同型**であるとは, 対応する直交配列が同型であることとする. このことは, 一方のラテン方格が他方の共役と等価であることを意味する.

問題 17B $(a,b) = (1,2)$, $(2,1)$ として, 図 17.3 の二つのラテン方格を考える.

1	2	3	4	5
2	1	4	5	3
3	5	a	b	4
4	3	5	a	b
5	4	b	3	a

図 17.3

これらが等価であることを示せ. さらに, これらと等価でないラテン方格は, 位数 5 の巡回群の乗積表に対応するラテン方格と非同型であることを示せ.

ラテン方格は, 各「面」と平行な (複数の) 線上に一つずつシンボル 1

210 第17章 ラテン方格

が現れるような3次元の立方体のようなものだと思うことができる. たとえば, 図17.3において, (2,3)成分のシンボル4は配列の $(2,3,4)$ 成分の1と解釈することができる.

次章以降, 深さ4以上の直交配列を扱うこともある. 一般に, そのような配列の構成は, $OA(n,3)$ の構成よりもずっと難しくなる.

問題17C 任意の異なる $i,j = 1,2,3,4$ に対して, 16個のペア (a_{ik}, a_{jk}) $(1 \leq k \leq 16)$ がすべて異なるような $\{1,2,3,4\}$ 上の 4×16 行列 $A = (a_{st})_{s,t}$ を構成せよ[3].

ラテン方格 $\mathcal{L} := (R,C,S;L)$ について,

$$R_1 \subseteq R, \ C_1 \subseteq C, \ S_1 \subseteq S, \ L_1(i,j) = L(i,j), \quad (i,j) \in R_1 \times C_1$$

を満たす $(R_1, C_1, S_1; L_1)$ を, $\mathcal{L}$ の**部分（ラテン）方格** (subsquare) という.

問題17D m, n を $m < n$ を満たす自然数とする. m 次の部分方格 L' を含む n 次ラテン方格 L が存在するための必要十分条件は $m \leq \frac{1}{2}n$ であることを示せ.

以下にいくつかの似た動機の問題を挙げよう. これらは問題17Bや問題17Dと同様の問題であり, 部分的に埋め込まれた方格を完全に埋めてラテン方格を作る問題である. $n \times n$ 配列は, どのシンボルも各行・各列に高々1回しか現れないとき, **不完備（ラテン）方格** (partial Latin square) とよばれる. n 次の不完備方格は, 「空き」のセルに適当なシンボルを埋めて n 次ラテン方格になるとき, ラテン性をもつという. n 次不完備方格からラテン方格を得るまでのプロセスを, 不完備方格の**完備化** (completion) という. 与えられた不完備ラテン方格を完備化することができるかどうかを考えよう. たとえば, 最後の1行以外のセルがすべて埋められている不完備方格は, 必ず完備化することができる（その方法は1通りである）. しかし, 図17.4の二つの不完備方格は明らかに完備化できない.

ラテン方格を直交配列に読み替えたのと同様にして, 不完備方格を配列の

---

[3] ［訳注］条件を満たす行列（配列）を, オーダー4, 深さ4の直交配列 $OA(4,4)$ という.

1	2	3	4	
				5

1				
	1			
		1		
			1	
				2

図 **17.4**

言葉で読み換えることができる．これによって，不完備方格にも「共役」の概念が入る．たとえば，図 17.4 の二つの不完備方格は配列

$$
\begin{matrix} 行 \\ 列 \\ シンボル \end{matrix}
\begin{pmatrix} 1 & 1 & 1 & 1 & 2 \\ 1 & 2 & 3 & 4 & 5 \\ 1 & 2 & 3 & 4 & 5 \end{pmatrix}
\begin{pmatrix} 1 & 2 & 3 & 4 & 5 \\ 1 & 2 & 3 & 4 & 5 \\ 1 & 1 & 1 & 1 & 2 \end{pmatrix}
$$

に対応するので共役であり，本質的な違いはないと考えることができる．

n 次の不完備方格は，最初の k 行 $(k \leq n)$ がすべて埋まっていて，かつ残りの $n-k$ 行がすべて埋まっていないとき，サイズ $k \times n$ の**ラテン長方形**をなすという．

定理 17.1 k, n を $k < n$ を満たす自然数とする．このとき $k \times n$ ラテン長方形 A は $k+1 \times n$ ラテン長方形に拡張される．とくに任意のラテン長方形はラテン性をもつ．

証明 A の j 列目に現れないシンボルの集合を B_j とおく．各シンボル $1, \ldots, n$ は A の各行にちょうど 1 回ずつ現れるから，$B_1, \ldots, B_n$ にはちょうど $n-k$ 回現れる．$B_1, \ldots, B_n$ の任意の l 個は $l(n-k)$ 個の要素からなるので，それらの和集合には少なくとも l 個の異なるシンボルが現れる．すなわち，$B_1, \ldots, B_n$ は Hall 条件（第 5 章参照）を満たし，個別代表系をもつ（定理 5.1）．この個別代表系を $k+1$ 行目に付加すると，$k+1 \times n$ ラテン長方形を得る． □

n 次の異なるラテン方格の総数を $L(n)$ とおく．$L(n)$ の値は $n \leq 9$ につ

212 第 17 章 ラテン方格

いてのみ決定されている．たとえば，5 次のラテン方格について，非同型な
ものは二つしかないが，同型性を無視すれば $5! \cdot 4! \cdot 56$ 個もある．このよう
にラテン方格の個数は急激に増えていく．

定理 17.2 $L(n) \geq (n!)^{2n}/n^{n^2}$．

証明 n 次ラテン方格の 1 行目を選ぶ選び方の総数は，$1, 2, \ldots, n$ の置換
の個数（$n!$ 通り）に等しい．定理 17.1 の証明の議論から，$k \times n$ ラテン長
方形を $(k+1) \times n$ ラテン長方形に拡張する方法は per B 通りある．ここで
$B = (b_{ij})$ は $i \in B_j$ のとき $b_{ij} = 1$ を満たす $(0,1)$ 行列とする．定理 12.8
（Van der Waerden 予想）より，per $B \geq (n-k)^n \cdot n!/n^n$．よって

$$L(n) \geq n! \prod_{k=1}^{n-1} \{(n-k)^n n!/n^n\} = (n!)^{2n}/n^{n^2}. \tag{17.1}$$

$\square$

注 定理 5.3 を用いると $L(n) \geq n!(n-1)! \cdots 1!$ を得る (H. J. Ryser, 1969)．
この下界は n が小さいときは定理 17.2 よりよいが，漸近的には式 (17.1) よ
りかなり粗くなっている．

　たとえば，$n = 8$ のときは式 (17.1) の右辺は $L(n)$ の真の値の 10^{-4} 倍程
度であるが漸近的にはよい評価を与えている．

定理 17.3 $\mathcal{L}(n) := \{L(n)\}^{1/n^2}$ とおくと，

$$\mathcal{L}(n) \sim e^{-2}n \quad (n \to \infty).$$

証明 式 (17.1) およびスターリングの公式より，$n^{-1}\mathcal{L}(n) \geq e^{-2}$．定理
17.2 の証明と同様にして，さらに定理 11.5 を用いて per B を評価すること
によって，

$$L(n) \leq \prod_{k=!}^{n} M(n,k) \leq \prod_{k=!}^{n} (k!)^{n/k}.$$

よって，$C > \sqrt{2\pi}$ を定数として再びスターリングの公式を用いると，

$$\log \mathcal{L}(n) \le \frac{1}{n} \sum_{k=1}^{n} \frac{1}{k} \log k!$$

$$\le \frac{1}{n} \sum_{k=1}^{n} \left\{ \log k - 1 + \frac{1}{2k} \log k + \frac{1}{k} \log C \right\}$$

$$= \frac{1}{n} \sum_{k=1}^{n} \log k - 1 + o(1)$$

$$= -2 + \log n + o(1) \quad (n \to \infty).$$

これと上の下界をあわせると，所望の漸近公式が得られる． □

次の H. J. Ryser (1951) による定理は問題 17D の一般化を与える．

定理 17.4 $i \le r, j \le s$ なる i, j についてのみ (i, j) セルが埋まっている n 次不完備方格 A を考える．A がラテン性をもつための必要十分条件は，すべての $1 \le i \le n$ について $N(i) \ge r + s - n$ が成り立つことである．ただし $N(i)$ は A における要素 i の総数を表すものとする．

証明 n 次ラテン方格において，各要素 i は最初の r 行にちょうど r 個含まれ，そのうち $n-s$ 個以下が最後の $n-s$ 列に含まれる．ゆえに，必要性は明らか．十分性を示す．A の i 行目に要素 j が現れないときかつそのときに限り $b_{ij} = 1$ となるような $r \times n$ $(0,1)$ 行列 $B = (b_{ij})$ を考える．明らかに B の各行和は $n-s$ である．B の j 列目の列和は $r - N(j) \le n - s$．定理 17.5 より（$d := n - s$ とおく），各行に 1 が一つずつあり，各列に 1 が高々一つあるような $r \times n$ $(0,1)$ 行列 $L^{(t)}$ が存在して，

$$B = L^{(s+1)} + \cdots + L^{(n)}$$

が成り立つ．

たとえば，$r = s = 4, n = 7$ として A を

1	2	3	4			
5	3	1	6			
3	1	5	2			
7	4	2	5			

とおくと,

$$B := \begin{pmatrix} 0\ 0\ 0\ 0\ 1\ 1\ 1 \\ 0\ 1\ 0\ 1\ 0\ 0\ 1 \\ 0\ 0\ 0\ 1\ 0\ 1\ 1 \\ 1\ 0\ 1\ 0\ 0\ 1\ 0 \end{pmatrix} = L^{(5)} + L^{(6)} + L^{(7)}$$

$$= \begin{pmatrix} 0\ 0\ 0\ 0\ 0\ 0\ 1 \\ 0\ 0\ 0\ 1\ 0\ 0\ 0 \\ 0\ 0\ 0\ 0\ 0\ 1\ 0 \\ 1\ 0\ 0\ 0\ 0\ 0\ 0 \end{pmatrix} + \begin{pmatrix} 0\ 0\ 0\ 0\ 0\ 1\ 0 \\ 0\ 0\ 0\ 0\ 0\ 0\ 1 \\ 0\ 0\ 0\ 1\ 0\ 0\ 0 \\ 0\ 0\ 1\ 0\ 0\ 0\ 0 \end{pmatrix} + \begin{pmatrix} 0\ 0\ 0\ 0\ 1\ 0\ 0 \\ 0\ 1\ 0\ 0\ 0\ 0\ 0 \\ 0\ 0\ 0\ 0\ 0\ 0\ 1 \\ 0\ 0\ 0\ 0\ 0\ 1\ 0 \end{pmatrix}.$$

さて, $L^{(t)} = [l_{ij}^{(t)}]$ とおき, $l_{ik}^{(j)} = 1\ (1 \le i \le r,\ s+1 \le j \le n)$ ならば A の (i,j) セルを k と定める. 上の例では, 最後の 3 列を

7	6	5
4	7	2
6	4	7
1	3	6

とすることになる. こうして A は r 個の完備な行をもつ n 次の不完備ラテン方格, すなわちサイズ $r \times n$ のラテン長方形となる. 定理 17.1 より, これは n 次のラテン方格に拡張される. □

さて, 図 17.4 の二つの n 次不完備方格には n 個だけセルが埋まっているが, いずれもラテン性をもたない. これに対して, 高々 $n-1$ 個のセルが埋まっている n 次方格は必ずラテン性をもつ. この事実は, Smetaniuk (1981) によって証明されるまで, **Evans 予想**とよばれていた. 次の定理 (定理 17.5) は Smetaniuk の証明で重要な役割を果たす.

定理 17.5 A を n 次ラテン方格とする. B を, すべての反対角成分[4]が α で, かつ反対角部分よりも上側が A に等しく, 反対角成分がすべて α であるような $n+1$ 次不完備方格とする. すなわち, $i,j \ge 1,\ i+j \le n+1$ のとき, B の (i,j) 成分は A のそれと一致し, $i+j = n+2$ のとき $b_{ij} = \alpha$ とな

---

[4] ［訳注］原文では back-diagonals であり, $i+j = n+2$ となる成分 b_{ij} を意味する.

る．このとき B は $n+1$ 次ラテン方格に完備化できる．

たとえば，定理 17.5 の 5 次ラテン方格 A の例とそれに対応する方格 B は下記のとおりである．

1	2	3	4	5
4	3	5	1	2
2	5	1	3	4
5	1	4	2	3
3	4	2	5	1

1	2	3	4	5	α
4	3	5	1	α	
2	5	1	α		
5	1	α			
3	α				
α					

定理 17.5 の証明. B から最後の行と最後の列を除いて得られる $n \times n$ 配列を，C とおく．上の例では，

$$C = \begin{array}{|c|c|c|c|c|}
\hline
1 & 2 & 3 & 4 & 5 \\
\hline
4 & 3 & 5 & 1 & \alpha \\
\hline
2 & 5 & 1 & \alpha & \\
\hline
5 & 1 & \alpha & & \\
\hline
3 & \alpha & & & \\
\hline
\end{array}$$

となる．

以下，C を 1 行ずつ拡張して，シンボル $1, 2, \ldots, n, \alpha$ 上の $r \times n$ 不完備ラテン方格を構成していく．ただし，C の r 行からなる $r \times n$ ラテン長方形の各列の成分は A の最初の r 行の対応する列の成分と順序と高々一つの欠損シンボル「x」を除いて同じであり，$r-1$ 個の列に起きる欠損シンボルが互いに異なるようにしたい．$r = 1, 2$ のときは明らかにこれが満されている．$2 \leq r < n$ に対して上の条件を満たすように r 行目まで C を埋めることができたとして，$x_{n-r+2}, x_{n-r+3}, \ldots, x_n$ を欠損シンボルの集合とする．

A の $(r+1, j)$ セル $(n-r+1 \leq j \leq n)$ を順に

$$y_{n-r+1}, y_{n-r+2}, y_{n-r+3}, \ldots, y_n$$

とおく（C を構成する過程で除外された成分）．y_{n-r+1} は α で表示されたシンボルで，その列において新たな欠損シンボルになる．

216 第17章 ラテン方格

$$y_{n-r+1},\ x_{n-r+2},\ x_{n-r+3},\ \ldots,\ x_n$$

が相異なるなら（これらが新たな欠損シンボルになる），C の $r+1$ 行目の最後のセルを

$$y_{n-r+2},\ y_{n-r+3},\ \ldots,\ y_n$$

とする．そうでなければ，y_{k_m} がいずれの x_j とも異なるまで，

$$y_{n-r+1} = x_{k_1}$$

$$y_{k_1} = x_{k_2}$$

$$\vdots$$

$$y_{k_{m-1}} = x_{k_m}$$

と逐次定め，$y_{n-r+2}, y_{n-r+3}, \ldots, y_n$ のうち，$y_{k_1}, \ldots, y_{k_m}$ を $x_{k_1}, \ldots, x_{k_m}$ に差し替えたもので C の $(r+1, j)$ セル $(n-r+1 \le j \le n)$ とする．そして，$y_{n-r+1}, x_{n-r+2}, x_{n-r+3}, \ldots, x_n$ のうち $x_{k_1}, \ldots, x_{k_m}$ を $y_{k_1}, \ldots, y_{k_m}$ に置き換えたものと，欠損シンボルの集合とする．これらが相異なることはむろん確かめなければならない．

一連の手続きの後，C のすべてのセルが埋まったら，B の $n+1$ 行目の最初の n 個のセルを欠損シンボル x で埋める（$r = n$ のとき）．こうして得られた $(n+1) \times n$ ラテン長方形を拡張すれば，$n+1$ 次ラテン方格を得る．□

問題 17E　A を下図（左側）の 10 次ラテン方格とし，C をシンボル 0, 1, 2, ..., 9, α 上の 10×10 の不完備方格（下図の右側）とする．定理 17.5 の証明のアルゴリズムを用いて，C を 0, 1, ..., 9 上の 10×10 の不完備方格にせよ．そして，それを 11 次のラテン方格に拡張せよ．

4	1	3	5	9	6	0	2	8	7
5	8	9	2	6	7	3	4	1	0
9	4	5	6	0	3	7	8	2	1
1	3	4	7	5	2	8	9	0	6
2	6	1	3	7	4	5	0	9	8
7	9	0	1	4	8	2	3	6	5
6	7	8	9	1	0	4	5	3	2
8	5	6	0	2	9	1	7	4	3
3	0	2	4	8	5	6	1	7	9
0	2	7	8	3	1	9	6	5	4

4	1	3	5	9	6	0	2	8	7	α
5	8	9	2	6	7	3	4	1	α	
9	4	5	6	0	3	7	8	α		
1	3	4	7	5	2	8	α			
2	6	1	3	7	4	α				
7	9	0	1	4	α					
6	7	8	9	α						
8	5	6	α							
3	0	α								
0	α									
α										

（たとえば，アルゴリズムに従って C の最初の 5 行を埋めると，下図（右側）のようになる．この時点で，7 列目から 10 列目までの欠損シンボルはそれぞれ $5, 9, 2, 0$ となる．6 列目の α は，8 が欠損シンボルであることを強いるが，8 は上述の各欠損シンボルと異なるため，6 行目には A の 6 行目の成分 $2, 3, 6, 5$ をそのまま入れることになる．）

4	1	3	5	9	6	0	2	8	7
5	8	9	2	6	7	3	4	1	0
9	4	5	6	0	3	7	8	2	1
1	3	4	7	5	2	8	9	0	6
2	6	1	3	7	4	5	0	9	8
7	9	0	1	4	8	2	3	6	5

4	1	3	5	9	6	0	2	8	7
5	8	9	2	6	7	3	4	1	α
9	4	5	6	0	3	7	8	α	1
1	3	4	7	5	2	8	α	0	6
2	6	1	3	7	4	α	0	9	8
7	9	0	1	4	α				

問題 17F　(1)　A, B を $1, 2, \ldots, n$ 上の n 次ラテン方格とする．A', B' を，すべての反対角成分が $n+1$ で，かつ反対角成分より上側がそれぞれ A，B と等しくなるような $n+1$ 次ラテン方格とする．このとき A, B が異なれば A', B' も異なることを示せ．このことから，すべての反対角成分が $n+1$ であるような $n+1$ 次ラテン方格の総数は n 次ラテン方格の総数 $N(n)$ 以上であるとわかる．

(2)　(1) より，定理 17.2 に続く注の不等式

$$L(n) \geq n!(n-1)! \cdots 2!1!$$

を示せ．

218 第17章 ラテン方格

定理 17.6（Smetaniuk, 1981） 高々 $n-1$ 個のセルの埋まっている n 次不完備方格はラテン性をもつ.

証明 n に関する帰納法. L を高々 n 個のセルの埋まった $n+1$ 次不完備方格とする.

シンボル x が L に一度だけ現れているとする. 行と列の置換によって, 埋まっているセルを反対角成分の上側に移動させたい（x が反対角成分にくるようにしたい）. そこで, 埋まっているセルのある行に, それぞれ f_1, f_2, ..., f_k 個ずつシンボルが現れているとし, とくに f_1 個のセルが埋まっている行にシンボル x があるとしよう. 明らかに, $f_1 + \cdots + f_k \le n$. まず, x を含む行を $n+1-f_1$ 番目に移して, 埋まったセルが最初の f_1 列にくるように, 列を置換する. 次に, f_2 個のセルが埋まっている行を $n+1-f_1-f_2$ 番目に移して, 埋まったセルが最初の f_1+f_2 列にくるように,（最初の f 個以外の）列を置換する. f_3 個のセルが埋まっている行についても, $n+1-f_1-f_2-f_3$ 番目に移して, 同様の議論を繰り返す. こうしてすべてのシンボルを反対角部分の上側に押し込む. そして, x を含むセルが f_1+1 列目に現れるように列を置換する.

さて, L の反対角部分より上側には, ちょうど $n-1$ 個のセルが埋まっている. 帰納法の仮定より, L の n 次の主小行列はシンボル $\{1,2,\ldots,n+1\}\setminus\{x\}$ 上の n 次ラテン方格 A に拡張される. 定理 17.5 の行列 B は, 不完備方格 L（に行あるいは列の置換を施したもの）でもともと埋まっていたセルを含んでいる. 定理 17.5 より, B は $n+1$ 次ラテン方格 B に拡張される.

L の共役には特定のシンボルがちょうど 1 回だけ現れる（たとえば図 17.4（右）の方格の各行にはちょうど一つシンボルが含まれているが, 左図の共役にな方格にはすべてのシンボルが 1 回ずつ現れている）. また, L が完備化できることと, L の共役が完備化できることは同値である. ゆえに, セルが一か所だけ埋まっている行（ないし列）があれば, L は必ず完備化できる.

以上より, L に一つだけセルの埋まっている行, 列がない場合のみ考えればよい. セルの埋まっている行, 列の総数は, 高々 $m := \lfloor n/2 \rfloor$ である. 適

当な行と列の置換によって，埋まっているセルを m 次のマイナーに押し込む．$n+1$ 種類のシンボルがあるので，ラテン性を壊すことなく，マイナーのセルをすべて埋めることができる．定理 17.4 より，これはラテン性をもつ． □

さて，ラテン方格のグラフ理論的な一般化として，次のような問題を考えよう．要素数 n の有限集合 $C(i,j)$ $(i,j = 1, 2, \ldots, n)$ が与えられたとき，すべての i, j について $a_{ij} \in C(i,j)$ であり，かつ各行（各列）において成分 a_{ij} がすべて異なるような $n \times n$ 行列 $A = (a_{ij})$ は存在するか，という問題である．$\mathcal{C}$ の要素がすべて等しいとき，ラテン方格が問題の解になる．また，$\mathcal{C}$ の要素が互いに排反なら，明らかに上の問題には解がある．これらの自明な状況を除いて $\mathcal{C}$ に自由度をもたせると，上の問題はラテン方格の存在性よりもずっとやさしくなるように思われるかもしれない．しかしながら，実際にはそうではなくて，定理 17.1 の類似が成り立たなくなるなど，むしろ状況は複雑になってしまうのである．上の問題は，F. Galvin (1995) によって肯定的に解決されるまでは **Dinitz** 予想とよばれていた．

さて，ここでグラフの彩色問題を考えよう（この問題は第 33 章でより詳細に議論される）．G を単純グラフとする．各頂点 v に集合 $C(v)$ を対応させる写像 C を**リスト割り当て** (list assignment) という．$V(G)$ 上の関数 A は，各頂点 v に対して $A(v) \in C(v)$ で，かつ隣接 2 頂点 $v, w \in V(G)$ に対して $A(v) \neq A(w)$ が成り立つとき，G の C 彩色とよばれる．

$f : V(G) \to \mathbb{Z}$ が与えられたとき，

$$\text{任意の } v \in V(G) \text{ について } |C(v)| \geq f(v)$$

を満たすすべての C に対して C 彩色が存在するならば，G は $\boldsymbol{f}$ 彩色可能であるという．とくに f が定数関数 $f(v) = k$ $(k \in \mathbb{N})$ で，G が f 彩色可能なとき，G を $\boldsymbol{k}$ リスト彩色可能であるという．明らかに，G が k リスト彩色可能ならば，k は染色数 $\chi(G)$ 以上になる（染色数の定義は第 3 章にある）．

G を単純グラフとする．$E(G)$ を頂点集合として，$a, b \in V(L) = E(G)$ を $V(G)$ の要素を共有するときに辺で結んで，グラフ $L = L(G)$ を定める．

220 第 17 章 ラテン方格

L を G の**線グラフ**という．さて，$K_{n,n}$ の線グラフ $L_2(n)$ を考えよう（第21章も参照）．$L_2(G)$ において，頂点集合は n^2 個のペア $\{i,j\}$ $(1 \le i,j \le n)$ であり，2頂点 $\{i,j\}$, $\{k,l\}$ の間には，それらが排反でないときに辺がある．ゆえに，Dinitz 予想は，$L_2(n)$ が n リスト彩色可能であることと等価になる．Galvin は，二部グラフ G の線グラフ $L(G)$ が $\chi(L)$ 彩色可能であることを示した（後述の定理 17.9）．ラテン方格の存在性から，$L_2(n)$ の染色数は n である．よって，Dinitz 予想が正しいとわかる．

Galvin の定理を示すために二つの命題を準備しよう．

有向グラフ D の頂点集合の部分集合 K は，任意の異なる頂点 $u,v \in K$ が隣接せず，かつ任意の頂点 $v \notin K$ に対して適当な $w \in K$ をとると v から w への有向辺があるとき，D の**核**という．

命題 17.7 D を，すべての誘導部分グラフが核をもつような有向グラフとする．各頂点 $v \in V(D)$ に対して $f(v) := 1 + \text{outdegree}(v)$ とおく．このとき D は f 彩色可能である．

証明 頂点数に関する帰納法で示す．位数の小さいグラフについて，たとえば頂点数 3 の場合には，有向サイクルを除くすべてのグラフについて主張が正しいと確かめられる．

一般に，すべての $v \in V(D)$ について $|C(v)| \ge f(v)$ が成り立つようなリスト割り当て C を考える．$C(v)$ を一つ固定し，要素 x を任意に一つとる．$x \in C(u)$ を満たすような u 全体を考えて，それらから誘導される D の部分グラフを D_1 とおく．仮定より，D_1 は核 K をもつ．$V(D) \setminus K$ の誘導部分グラフを D_2 とおく．$v \notin K$ に対して $C'(v) := C(v) \setminus \{x\}$ とおく．帰納法の仮定から，D_2 は C' 彩色 A' をもつ．$V(D)$ 上の関数 A を

$$A(v) := \begin{cases} A'(v) & v \notin K \text{ のとき}, \\ x & v \in K \text{ のとき}, \end{cases}$$

によって定めると，これは D の C 彩色を与える． $\square$

無向グラフ G の向き付けは，すべての完全部分グラフが推移的トーナメントであるとき，**正規向き付け** (normal orientation) であるという．

命題 17.8 二部グラフ G の線グラフ $L = L(G)$ の正規向き付けは核をもつ.

証明 $|E(G)|$ に関する帰納法で示す. 辺数の少ないグラフについて, 題意が成り立つことが容易にわかる. $V(G) = X \cup Y$ とおく（X, Y は部集合）. G のすべての頂点の次数が 0 より大きいと仮定する. $L(G)$ の正規向き付けを D とおく. $L(G)$ のクリークは X（あるいは Y）の頂点に対応している.

 G の各頂点 u について, u の結合辺に対応する D のクリーク（の向き付け）を考えて, その T_x のシンクを $e(x) := \{x, y(x)\}$ とおく. すべての $x \in X$ に対して $e(x)$ が $y(x) \in Y$ で定まるクリークのソースだとすると, $y(x)$ $(x \in X)$ はすべて異なっている. ゆえに, $K := \{\{x, y(x)\} \mid x \in X\}$ は $L(G)$ の核をなす.

 ある $x \in X$ について, $e(x) := \{x, y(x)\}$ が x に対応するクリークのシンクになるが, $e' := \{x', y(x)\}$ $(x' \neq x)$ は $y(x)$ に対応するクリークのソースになると仮定する. 帰納法の仮定より, G から $\{x', y(x)\}$ を除いて得られる線グラフには核 K がある. この K が $L(G)$ の核にもなっている. このことは, e' はソースなので, $e(x) \in K$ のときには明らかである. $e(x) \notin K$ とすると, $e(x)$ から特定の $e'' \in K$ への有向辺があり, それは $\{x'', y(x)\}$ のタイプになっている（$e(x)$ の定義から）. $y(x)$ で定まるトーナメントは推移的なので, 所望の結果が得られる. $\square$

定理 17.9 二部グラフ G に対して, $L = L(G)$ は $\chi(L)$ 彩色可能である.

証明 二部グラフ G の部集合を X, Y とおく. g を $L = L(G)$ の $\chi(L)$ 彩色とし, その色を $1, 2, \ldots, \chi(L)$ とする. L の向き付け D を次のように定める：L の隣接 2 頂点 $e_1 = \{x_1, y_1\}$, $e_2 = \{x_2, y_2\}$ に対して（$g(e_1) < g(e_2)$ としてよい），

$$\begin{cases} (e_1, e_2) \in E(D) & x_1 = x_2 \text{ のとき}, \\ (e_2, e_1) \in E(D) & y_1 = y_2 \text{ のとき}. \end{cases}$$

L のクリークは, 頂点 $x \in X$ あるいは頂点 $y \in Y$ に対応しているので, この向き付けは正規である. よって, 命題 17.8 より, D のすべての誘導部分グラ

222 第 17 章 ラテン方格

フには核がある. 明らかに, すべての $e \in E(D)$ について $1 + \text{outdegree}(e)$ $\leq \chi(L)$. 命題 17.7 より定理の主張は正しい. □

問題 17G (1) n が偶数のとき, 差 $x_2 - x_1, x_3 - x_2, \ldots, x_1 - x_n$ が相異なるような $x_1, x_2, \ldots x_n \in \mathbb{Z}_n$ の順列を与えよ.

(2) n が奇数のとき, (1) の条件を満たすような順列が存在しないことを示せ.

(3) (1) の順列を考えて $a_{ij} := x_i + x_j$ $(1 \leq i, j \leq n)$ とおく. $A = (a_{ij})$ は $n(n-1)$ 個の隣り合うペア $(a_{ij}, a_{i,j+1})$ が相異なるようなラテン方格であることを示せ[5].

問題 17H すべてのシンボルが主対角成分に現れるような対称な n 次ラテン方格の集合と, 主対角成分がすべて $n+1$ であるような対称な $n+1$ 次ラテン方格の集合が 1 対 1 対応することを示せ.

問題 17I 1 行目が $1, \ldots, n$, 2 行目が $2, 3, \ldots, n, 1$ であるようなラテン方格を考える. このようなラテン方格の 3 行目の選び方は何通りあるか?

問題 17J 1 行目が $1, 2, \ldots, 2n$, 2 行目が $2, 1, 4, 3, \ldots, 2n, 2n-1$ であるような $2n$ 次ラテン方格を考える.

(1) 3 行目の候補の数え上げ公式を与えよ.

(2) (1) の数がパーマネントの値に等しくなるような行列を与えよ.

ノート

ラテン方格の歴史は 200 年以上前まで遡るが, 本章の内容は比較的最近のものばかりで, 一番古いものでも M. Hall, Jr. (1945) による定理 17.1 である.

定理 17.2 とその注は H. J. Ryser (1969) の結果であり, これが発表された当初, Van der Waerden 予想は未解決であった.

定理 17.3 は本書のオリジナルである.

---

[5] ［訳注］このような方格を, **行完備** (row-complete) であるという. この方格は **列完備** (column-complete) でもある.

定理 17.4 も H. J. Ryser (1951) によるものである.

Evans 予想は，T. Evans (1960) の論文において，「予想」ではなく，単なる「問い」として提示されたものであった．B. Smetaniuk の証明以前に，多くの部分的解法が発表された.

Dinitz 予想の Galvin による証明は，D. Hoffman の未発表のノートに基づいている.

ラテン方格に関する網羅的な文献として，J. Dénes, A. D. Keedwell (1991) を挙げておく.

参考文献

[1] J. Dénes, A. D. Keedwell (1991), *Latin squares, New developments in the theory and applications*, Annals of Discrete Mathematics **46**, North-Holland.

[2] T. Evans (1960), Embedding incomplete Latin squares, *Amer. Math. Monthly* **67**, 958–961.

[3] F. Galvin (1995), The list chromatic index of a bipartite multigraph, *J. Combin. Theory Ser. B* **63**, 153–158.

[4] M. Hall, Jr. (1945), An existence theorem for Latin squares, *Bull. Amer. Math. Soc.* **51**, 387–388.

[5] H. J. Ryser (1951), A combinatorial theorem with an application to Latin squares, *Proc. Amer. Math. Soc.* **2**, 550–552.

[6] H. J. Ryser (1969), Permanents and systems of distinct representatives, in: *Combinatorial Mathematics and its Applications*, University of North Carolina Press.

[7] B. Smetaniuk (1981), A new construction on Latin squares I: A proof of the Evans conjecture, *Ars Combinatoria* **11**, 155–172.

第18章 アダマール行列と Reed–Muller符号

　アダマールは次のような問題を考えた．すべての成分の絶対値が高々 1 であるような $n \times n$ 実行列 A で，行列式の値の絶対値が最大のものを求めよ．明らかに各行ベクトルの長さは $\leq \sqrt{n}$ なので，行列式の値が $n^{n/2}$ を超えることはない（行列式の絶対値は（n 次元の）行ベクトル全体が張る平行六面体の体積なので）．こうして，上の不等式で等号が成り立つような行列 A の存在性が自然と興味の対象になる．所望の行列があるとすれば，各成分は ± 1 であり，かつ任意の異なる 2 行の内積は 0 になることがわかる（つまり任意の異なる 2 行が直交する）．こうして次の概念が生まれた．

　$\{\pm 1\}$ 上の $n \times n$ 行列 H は，条件

$$HH^T = nI \tag{18.1}$$

を満たすとき，n 次の**アダマール行列**という．式 (18.1) は，任意の異なる 2 行（2 列）が直交することを意味している．この性質は，行や列の置換によらないし，行や列に -1 をかける符号反転にもよらない．行（列）の置換，符号反転によって互いに移り合うアダマール行列を，等価であるという．アダマール行列 H が与えられたとき，これと等価で，かつ 1 行目と 1 列目の成分がすべて 1 であるようなアダマール行列を H の**正規化アダマール行列**という．A の正規化行列の 2 行目以降において，成分 1 と成分 -1 の個数は等しくなければならない．すなわち，$n \geq 2$ のとき，アダマール行列の次数は偶数でなければならない．次数の小さい例として

226 第 18 章 アダマール行列と Reed–Muller 符号

$$(1), \quad \begin{pmatrix} 1 & 1 \\ 1 & -1 \end{pmatrix}, \quad \begin{pmatrix} + & + & + & + \\ + & + & - & - \\ + & - & + & - \\ + & - & - & + \end{pmatrix}$$

などがある．なお最後の例では成分の符号のみ記されている．

問題 18A 12 次のアダマール行列がすべて等価であることを示せ．

定理 18.1 n 次のアダマール行列 H が存在するならば，$n = 1$, $n = 2$, $n \equiv 0 \pmod 4$ のいずれかである．

証明 $n > 2$ とする．H を正規化し，最初の 3 つの行が

$$
\begin{array}{cccc}
\underbrace{\begin{array}{c} + + \cdots + + \\ + + \cdots + + \\ + + \cdots + + \end{array}}_{a \; 列} &
\underbrace{\begin{array}{c} + + \cdots + + \\ + + \cdots + + \\ - - \cdots - - \end{array}}_{b \; 列} &
\underbrace{\begin{array}{c} + + \cdots + + \\ - - \cdots - - \\ + + \cdots + + \end{array}}_{c \; 列} &
\underbrace{\begin{array}{c} + + \cdots + + \\ - - \cdots - - \\ - - \cdots - - \end{array}}_{d \; 列}
\end{array}
$$

となるように列を置換する．明らかに $a + b + c + d = n$．また，三つの行のうち二つの内積をとると，

$$a + b - c - d = 0, \quad a - b + c - d = 0, \quad a - b - c + d = 0$$

を得る．これら四つの式の和をとると，$n = 4a$，つまり $n \equiv 0 \pmod 4$ を得る（$4b = 4c = 4d = n$ も同様にわかる）． $\qquad\qquad\square$

　組合せデザイン理論における有名な予想の一つに，**アダマール予想**がある．これは，任意の $n \equiv 0 \pmod 4$ に対して n 次のアダマール行列が必ず存在する，というものである．現時点で予想の完全な解決には至っておらず，存在のわかっていない最小の n は 428 である[1]．アダマール行列にはさまざまな構成法が知られており，本章でもいくつかの方法を紹介する．まず，アダマール行列と類似の行列を定義しよう．

---

[1] ［訳注］2017 年現在，未解決の最小のオーダーは $n = 668$ である．

対角要素が 0 で非対角要素が ± 1 の $n \times n$ 行列 C は，条件

$$CC^T = (n-1)I \tag{18.2}$$

を満たすとき，**カンファレンス行列** (conference matrix) とよばれる．カンファレンス行列は，V. Belevitch (1950) による電話会議ネットワークに関する仕事ではじめて登場した．彼は理想的な交換機による非散逸ネットワークを考え，そのような n 個の端点をもつネットワークの存在が n 次のカンファレンス行列の存在問題に帰着されることを示した．これがカンファレンスという名前の由来である．

問題 18B n を 2 以上の整数とし，C を n 次のカンファレンス行列とする．n が偶数であることを示せ．また，$n \equiv 2 \pmod 4$ のとき，適当な行と列の置換，適当な行および列の符号反転によって，C を等価な対称行列に変形できることを示せ．さらに，$n \equiv 0 \pmod 4$ のとき，上述の行および列に関する操作によって，C を等価な交代行列（歪対称行列）に変形できることを示せ．

定理 18.2 C を歪対称なカンファレンス行列とすると，$I+C$ はアダマール行列になる．

証明 $(I+C)(I+C)^T = I + C + C^T + CC^T = I + (n-1)I = nI$ より，主張は正しい． $\square$

定理 18.3 C を対称な n 次カンファレンス行列とすると，

$$H := \begin{pmatrix} I+C & -I+C \\ -I+C & -I-C \end{pmatrix}$$

は $2n$ 次のアダマール行列をなす．

証明 定理 18.2 と同様，HH^T を計算すればよい． $\square$

組合せ構造の構成手法の中でも，**再帰的構成法** (recursive construction) はとくに強力である．その基本的な考え方は，同じタイプのいくつかの構造を「合成」して，特定の構造を作ることにある．

228   第 18 章　アダマール行列と Reed–Muller 符号

$A := (a_{ij})$ を $m \times n$ 行列とし，B を何かしらの行列（サイズは気にしない）とする．このとき，mn 個のブロックからなる行列

$$A \otimes B := \begin{pmatrix} a_{11}B & a_{12}B & \cdots & a_{1n}B \\ a_{21}B & a_{22}B & \cdots & a_{2n}B \\ \vdots & \vdots & & \vdots \\ a_{m1}B & a_{m2}B & \cdots & a_{mn}B \end{pmatrix}$$

を，A と B の**クロネッカー積**という．

定理 18.4　H_m と H_n をそれぞれ m 次と n 次のアダマール行列とすると，$H_m \otimes H_n$ は mn 次のアダマール行列をなす．

証明　A, C と，B, D をそれぞれサイズの等しい正方行列とすると，

$$(A \otimes B)(C \otimes D) = (AC) \otimes (BD),$$
$$(A \otimes B)^T = A^T \otimes B^T$$

が成り立つ．$A = C = H_m$，$B = D = H_n$ とおくと，アダマール行列の定義と $I_m \otimes I_n = I_{mn}$ であることより主張が得られる．　　　　□

$\boldsymbol{H_2} := \begin{pmatrix} + & + \\ + & - \end{pmatrix}$ に定理 18.4 を繰り返し用いると，アダマール行列の系列を得る．これを $\boldsymbol{H_n}$ $(n := 2^m,\ m = 1, 2, \ldots)$ と書く．

以下では，カンファレンス行列の直接的構成法を与えたのち，定理 18.2 と定理 18.3 もあわせて，アダマール行列を構成しよう．q を奇素数冪とする．有限体 $\mathbb{F}_q$ 上の関数

$$\chi(x) := \begin{cases} 0 & x = 0 \text{ のとき；} \\ 1 & x \text{ は平方剰余；} \\ -1 & x \text{ は平方非剰余} \end{cases}$$

を考える（いわゆる**指標**の一種である）．任意の $x, y \in \mathbb{F}_q$ に対して，$\chi(x)\chi(y) = \chi(xy)$ が成り立つ．また，零元でない平方剰余と非剰余の個数は等しいので，

$$\sum_{x \in \mathbb{F}_q} \chi(x) = 0. \tag{18.3}$$

$0 \neq c \in \mathbb{F}_q$ を一つ固定すると,式 (18.3) より,

$$\sum_{b \in \mathbb{F}_q} \chi(b)\chi(b+c) = -1 \tag{18.4}$$

を得る.この式は,$b = 0$ 以外の元 b について $\chi(b)\chi(1 + cb^{-1}) = \chi(1 + cb^{-1})$ および $\chi(b)^2 = 1$ $(b \neq 0)$ となるから,b がすべての非零元を動くとき $1 + cb^{-1}$ が 1 以外のすべての元を動くため成り立つ[2].

さて,$\mathbb{F}_q$ の要素を $0 = a_0, a_1, \ldots, a_{q-1}$ と番号付けて,$\mathbb{F}_q$ 上の $q \times q$ 行列 $Q := (q_{ij})$ を

$$q_{ij} := \chi(a_i - a_j), \quad 0 \leq i, j \leq q$$

で定める.行列 Q は,$q \equiv 1 \pmod 4$ のときに対称で,$q \equiv 3 \pmod 4$ のときに歪対称になる.式 (18.4) と χ の性質より,

$$QQ^T = qI - J, \quad QJ = JQ = O$$

となることが容易にわかる.$\{0, \pm 1\}$ 上の行列 C を

$$C := \begin{pmatrix} 0 & 1 & 1 & \cdots & 1 \\ \pm 1 & & & & \\ \vdots & & & Q & \\ \pm 1 & & & & \end{pmatrix} \tag{18.5}$$

で定める.ただし,1 列目の ± 1 の取り方は Q の構造に依存しており,Q が対称のときにはすべて 1 で,Q が歪対称のときにはすべて -1 にする.このとき C は $q + 1$ 次のカンファレンス行列をなす.この構成法は Paley (1933) によるもので,C を **Paley 行列** という.なお q が素数のとき行列 Q

---

[2] ［訳注］
$$\sum_{b \in \mathbb{F}_q} \chi(b)\chi(b+c) = \sum_{b \in \mathbb{F}_q \backslash \{0\}} \chi(b)\chi(b)\chi(1 + cb^{-1}) = \sum_{b \in \mathbb{F}_q \backslash \{0\}} \chi(1 + cb^{-1}) = -1.$$

図 18.1

+	+	+	+	+	+	+	+	+	+	+	+
−	+	+	−	+	+	+	−	−	+	+	−
−	−	+	+	−	+	+	+	−	−	+	+
−	+	−	+	+	−	+	+	+	−	−	+
−	−	+	−	+	+	−	+	+	+	−	−
−	−	−	+	−	+	+	−	+	+	+	−
−	−	−	−	+	−	+	+	−	+	+	+
−	+	−	−	−	+	−	+	+	−	+	+
−	+	+	−	−	−	+	−	+	+	−	+
−	+	+	+	−	−	−	+	−	+	+	−
−	−	+	+	+	−	−	−	+	−	+	+
−	+	−	+	+	+	−	−	−	+	−	+

図 18.2

+	+	+	+	+	+	−	+	+	+	+	+
+	+	+	−	−	+	+	−	+	−	−	+
+	+	+	+	−	−	+	+	−	+	−	−
+	−	+	+	+	−	+	−	+	−	+	−
+	−	−	+	+	+	+	−	−	+	−	+
+	+	−	−	+	+	+	+	−	−	+	−
−	+	+	+	+	+	−	−	−	−	−	−
+	−	+	−	−	+	−	−	+	+	−	−
+	+	−	+	−	−	−	−	−	+	+	+
+	−	+	−	+	−	−	+	−	−	−	+
+	−	−	+	−	+	−	+	+	−	−	−
+	+	−	−	+	−	−	−	+	+	−	−

は巡回行列となる．

　上の構成法を定理としてまとめよう．

定理 18.5　q を奇素数冪とする．$q \equiv 3 \pmod 4$ のとき $q+1$ 次のアダマール行列が存在する．また，$q \equiv 1 \pmod 4$ のとき $2(q+1)$ 次のアダマール行列が存在する．

図 18.1 と図 18.2 の 12 次のアダマール行列は，それぞれ $11+1$ 次と $5+1$ 次の Paley 行列から構成される．

問題 18C　4 の倍数 n（$n \neq 92$, $n \leq 100$）について n 次アダマール行列が存在することを示せ．

Paley の仕事からおよそ 30 年後，92 次のアダマール行列が L. D. Baumert, S. W. Golomb, M. Hall らによって発見された．彼らのアイデアは，Williamson (1944) によって考案された「ある」テクニックに基づいており，計算機による探索を多分に必要とするものであった．以下，Williamson のアイデアについて述べよう．n を奇数とする．$A_1, \ldots, A_4$ を互いに可換な n 次対称行列とし，

$$H := \begin{pmatrix} A_1 & A_2 & A_3 & A_4 \\ -A_2 & A_1 & -A_4 & A_3 \\ -A_3 & A_4 & A_1 & -A_2 \\ -A_4 & -A_3 & A_2 & A_1 \end{pmatrix} \tag{18.6}$$

とおく．すると明らかに

$$HH^T = I_4 \otimes (A_1^2 + A_2^2 + A_3^2 + A_4^2). \tag{18.7}$$

われわれのゴールは，この H が $4n$ 次のアダマール行列になるように，

$$A_1^2 + A_2^2 + A_3^2 + A_4^2 = 4nI_n \tag{18.8}$$

を満たす $\{\pm 1\}$ 上の行列 A_i をうまくとってくることである．U を，$j - i \equiv 1 \pmod n$ のときかつそのときに限り $u_{ij} = 1$ となるような $(0, 1)$ 行列とする（巡回置換 $(1, 2, \ldots, n)$ に対応する行列）．すると，$U^n = I_n$ であり，任意の巡回行列は U の冪の一次結合で表される．$A_i = \sum_{j=0}^{n-1} a_{ij} U^j$, $a_{i0} = 1$, $a_{ij} = a_{i,n-j}$ とおくと，A_1, A_2, A_3, A_4 は互いに可換な対称行列になる．

232　第18章　アダマール行列と Reed–Muller 符号

```
+ + +   - + +   - + +   - + +
+ + +   + - +   + - +   + - +
+ + +   + + -   + + -   + + -

+ - -   + + +   + - -   - + +
- + -   + + +   - + -   + - +
- - +   + + +   - - +   + + -

+ - -   - + +   + + +   + - -
- + -   + - +   + + +   - + -
- - +   + + -   + + +   - - +

+ - -   + - -   - + +   + + +
- + -   - + -   + - +   + + +
- - +   - - +   + + -   + + +
```

図 18.3

ここからさらに，すべての a_{ij} が ± 1 で，かつ条件 (18.8) が満たされている A_i に的を絞ろう．このようにして構成される行列の例として，たとえば，図 18.3 の 12 次のアダマール行列がある．これは $n = 3$ の例で，$A_1 = J$，$A_i = J_3 - I_3$ ($i = 2, 3, 4$) になっている．

例 18.1　Williamson の構成法において，各行列 A_i の行和は一定（奇数，a_i とおく）であり，$a_1^2 + \cdots + a_4^2 = 4n$ でなければならない．つまり，Williamson の構成法を使うのに，まず対象となるアダマール行列のサイズを四平方和に分解しておいて，そこから A_i たちの候補を絞り込むことになる．たとえば，20 次のアダマール行列を構成する際には，$20 = 3^2 + 3^2 + 1^2 + 1^2$ なので，A_i のうち 2 つは $2I - J$ でなければならない．そして，ほかの二つは，第 1 行がそれぞれ $+ - + + -$ と $+ + - - +$ でなければならないと容易にわかる．

Baumert らの結果を述べるために，もう少し状況を精査しよう．

$$2W_i := (A_1 + \cdots + A_4) - 2A_i, \tag{18.9}$$

$$A_i = 2P_i - J \tag{18.10}$$

とおく．$p_i J := P_i J$ とおくと，係数 a_{ij} に関する便宜から，p_i は奇数である．また，式 (18.8)，式 (18.9) より，

$$W_1^2 + W_2^2 + W_3^2 + W_4^2 = 4nI. \tag{18.11}$$

式 (18.10) を式 (18.8) に代入すると，

$$\sum_{i=1}^{4} P_i^2 = \left(\sum_{i=1}^{4} p_i - n\right) J + nI \tag{18.12}$$

を得る．ある U^k $(k \neq 0)$ が，P_1, P_2, P_3, P_4 のうち α 個に現れたとする．式 (18.12) を $\mathrm{mod}\,2$ で考えると，U^{2k} の係数は，左辺で α，右辺で 1 となる．ゆえに α は奇数である．このことは，U^k が W_1, W_2, W_3, W_4 のうち一つだけに現れることを意味している（係数 ±2 で）．例 18.1 と式 (18.9) より，行列 W_i の行和 w_i について，$w_1^2 + \cdots + w_4^2 = 4n$ が成り立つ．以上のことは，式 (18.11) を満たす W_i の選択肢を狭めるのに有効で，W_i の計算機探索を実行可能な計算量に落としてくれる．こうして式 (18.9) から，A_i が見つかる．（上のアプローチに基づくと）たとえば，1 行目が

$$A_1 : + + - - - + - - - + - + + - + - - - + - - - +$$

$$A_2 : + - + + - + + - - + + + + + + - - + + - + + -$$

$$A_3 : + + + - - - + + - + - + + - + - + + - - - + +$$

$$A_4 : + + + - + + + - + - - - - - + - + + + - + +$$

の巡回行列 A_1, A_2, A_3, A_4 は，92 次のアダマール行列を与える．

問題 18D Williamson の手法を用いて，28 次のアダマール行列を構成せよ．

　話題を変えよう．たとえば，正規化されたアダマール行列を考えると，成分 +1 の個数が −1 の個数よりも n 大きくなっている．n 次のアダマール行列が与えられたとき，その成分の総和を**エクセス** (excess) という．n 次アダマール行列全体のなかで，エクセスが最大のものを考えて，その値を $\sigma(n)$ とおく．Best (1977) による次の限界式は $\sigma(n)$ が $n^{\frac{3}{2}}$ のオーダーで増

234 第18章 アダマール行列と Reed–Muller 符号

加することを示している.

定理 18.6

$$n^2 2^{-n} \binom{n}{\frac{1}{2}n} \leq \sigma(n) \leq n\sqrt{n}.$$

証明 (a) 上界を求める. H を n 次アダマール行列とする. H の k 列目の成分の和を s_k とし, H の i 行目を $\boldsymbol{c}_i$ とおく. $\sum_{1 \leq i,j \leq n} \langle \boldsymbol{c}_i, \boldsymbol{c}_j \rangle$ を 2 通りの方法で計算する. まず, アダマール行列の定義から, この和は n^2 である. 一方,

$$\sum_{1 \leq i,j \leq n} \sum_{k=1}^n c_{ik} c_{jk} = \sum_{k=1}^n s_k^2$$

である. コーシー–シュワルツの不等式を用いると,

$$\sum_{k=1}^n s_k \leq \left(n \sum_{k=1}^n s_k^2 \right)^{1/2} = n\sqrt{n}$$

であるとわかり, $\sigma(n) \leq n\sqrt{n}$ を得る.

(b) $\boldsymbol{x} := (x_1, \ldots, x_n) \in \{+1, -1\}^n$ を任意に一つとる. H の j 列目に x_j を掛ける. 続いて, $+1$ よりも -1 の個数の多い行に着目して, 一斉に符号反転を施す. こうして得られた行列 $H_{\boldsymbol{x}}$ について, $\sigma(H_{\boldsymbol{x}}) := \sum_{i=1}^n |\langle \boldsymbol{x}, \boldsymbol{c}_i \rangle|$ とおく. $\sigma(H_{\boldsymbol{x}})$ の算術平均が $\sigma(n)$ を上回ることはないので,

$$\sigma(n) \geq 2^{-n} \sum_{\boldsymbol{x} \in \{+1,-1\}^n} \sigma_{(H_{\boldsymbol{x}})} = 2^{-n} \sum_{\boldsymbol{x}} \sum_{i=1}^n |\langle \boldsymbol{x}, \boldsymbol{c}_i \rangle|$$

$$= 2^{-n} \sum_{i=1}^n \sum_{d=0}^n \sum_{\boldsymbol{x}, d(\boldsymbol{x}, \boldsymbol{c}_i) = d} |n - 2d|$$

$$= 2^{-n} n \sum_{d=0}^n |n - 2d| \binom{n}{d} = n^2 2^{-n} \binom{n}{\frac{1}{2}n}.$$

□

系 $2^{-1/2}n^{3/2} \le \sigma(n) \le n^{3/2}.$

証明 スターリングの公式より，定理 18.6 の不等式の下界は漸近的に $2^{-1/2}\pi^{-1/2}n^{3/2}$ に等しくなる．定数部分を $2^{-1/2}$ に補正すれば，すべての自然数 n について，下界を得る． $\square$

例 18.2 1 から 16 までの数字が一つずつ現れるようなサイズ 4×4 の配列を考える．この配列において，異なる数字 i と j が同じ行（あるいは同じ列）に現れるときに $a_{ij} = -1$ として，それ以外の場合には $a_{ij} = 1$ とおいて，16 次の正方行列 $A = (a_{ij})$ を定める．A の任意の 2 行に対して，ともに成分が -1 であるような列がちょうど二つある．よって A は 16 次のアダマール行列をなす．A のエクセスは 64 であり，定理 18.6 の上界を達成している．

上述の A を帰納的に構成することも可能である．$H := J - 2I$ は 4 次のアダマール行列であり，各行には $+1$ がちょうど 3 回現れている．ゆえにエクセスは 8 で，最大となる．次に，$H \otimes H$ を考えると，これは 16 次のアダマール行列であり，各行には $+1$ がちょうど 10 回現れる．ゆえに，エクセスは 64 で，最大となる．同様にして，クロネッカー積を取り続けて，行和が $2u$ の $4u^2$ 次アダマール行列でエクセスが最大のものを得る．このようなアダマール行列を，**正則**であるという．そのような行列を構成する別の方法もある．

アダマール行列の誤り訂正符号への面白い応用が知られている．読者の中には，探査船マリナーやボイジャーなどから撮影された火星，土星などの美しい衛星写真をご覧になられた方もいるだろう．画像を地球に送信する際，送信者は画像を小さなピクセルに分割し，それぞれにたとえば 0 から 63 の刻みで明暗の度合いを決める．これらの数は，それぞれ長さ 6 の 0,1 ビット列に変換され，カリフォルニア州のジェット推進研究所[3]で受信される．厄介なのは，送受信の際に熱振動などのノイズによって 0 が 1 あるいは 1 が 0 に反転し，受信画像が極端に粗くなってしまうことである．画像通信の時間は限られており，しかもソーラーパネルから得られるエネルギーの量

---

[3] ［訳注］JPL の前身はカリフォルニア工科大学のグッゲンハイム航空研究所である．

236 第18章 アダマール行列と Reed–Muller 符号

も限られている．そこから受信者に送るシグナルを生成するための1ビットあたりの平均エネルギーが算出され，それから1ビット当りの誤り確率 p を計算することになる．

（各ピクセルに対応する）6桁のビット列に誤りが生じる確率 P_E は，小さいほどよい．たとえば，きれいな画像を得るために P_E を高々 10^{-4} としなければならないとする．$P_E = 1 - (1-p)^6 \approx 10^{-4}$ なので，p を $10^{-4}/6$ 程度にすればよい．まず，必要な電力は供給されるとし，ノイズによる誤りがある画像を次の方法で修正する．より高画質な画像を受け取るために，1ビットの0を送る代わりにビット列 00000 を送り，1 を 11111 に変換（符号化）して送る．受信された5桁のビット列は，符号語 00000, 11111 のうちハミング距離の小さい方に変換（復号）される[4]．{00000, 11111} を**反復符号**という．なお，この符号化において，送信できるデータの1ビット当りの割合（**伝送率**）は 1/5 である．電力制限を考慮して，チャンネルビット単位で使えるエネルギーを見積もり，新たに誤り確率 p' を計算する．もちろん $p' > p$ で，上の例の場合，$p' = 0.035$ となる[5]（符号化を行わない場合と比べて 2000 倍大きくなっている）．もちろん，このような符号化方法は，誤り訂正能力がビット単位のエネルギーの損失に追いつかない限り意味がない．

上の例では，送信されたピクセルが正しく受信される確率

$$[(1-p')^5 + 5p'(1-p')^4 + 10(p')^2(1-p')^3]^6$$

は ≈ 0.997 となる．つまり，上の例では，画像を完全に台なしにしてしまったことになる．

さて，1969年のマリナー計画で実際に用いられた符号を紹介しよう．ピクセルの明暗のレベルは 64 パターンあり，それぞれ6桁の 0, 1 ビット列で表されることはすでに述べた．これらを $\boldsymbol{H}_{32}$ と $-\boldsymbol{H}_{32}$ の 64 個の行に一つずつ対応付けると，伝送率 6/32 の符号が得られる（$R(5,1)$ 反復符号の伝送率とほぼ同じ）．この符号において，二つの異なる符号語のハミング距

---

[4] ［訳注］たとえば，00001 が受信されたなら，送信データは 00000 であったと判断するのがもっともらしく思われる．このような復号化の方法を，**最尤復号法**という．

[5] ［訳注］原著では使用できる電気エネルギーおよびそれから p' を計算する方法の詳細は述べられていない．

離は 32 か 16 になる．したがって，受信ビット列は，誤りの生じたビット（誤りビット）の個数が 7 以下なら，最尤復号法によって正しく復号化されるはずである（±1 を，0 と 1 に変換する）．これを **7 誤り訂正可能である**という．この場合，誤り確率は $p' \approx 0.036$ であるが，受信された符号語が誤って復号化される確率は

$$\sum_{i=8}^{32} \binom{32}{i} (p')^i (1-p')^{32-i}$$

で $1.4 \cdot 10^{-5}$ 程度となり，P_E よりも小さくなっている．

　当時，質の良い画像を送信するエネルギーが十分ではなかったが，このような符号を用いて問題を克服したのである．

　上述のサイズ 64 の符号は，Reed–Muller 符号とよばれる低伝送率の符号の一例である．以下，Reed–Muller 符号を定義するためにいくつか準備をする．$n = 2^m$ とし，定理 18.4 の直後に導入した H_n を思い出そう．たとえば，H_8 は図 18.4 のようになる．H_n において，成分 $+1$ を 0 に，-1 を 1 に置き換える．また，H_n の各行に $0, 1, \ldots, n-1 = 2^m - 1$ と番号付ける．（定理 18.4 を用いて）H_{2^m} から $H_{2^{m+1}}$ を構成すると，（行列の構造について）何がわかるだろうか？　新たな行列の各行（$\mathbb{F}_2^{2n}$ のベクトル）は，c_i を H_n の行とすると，(c_i, c_i) あるいは $(c_i, c_i + 1)$ の格好をしている．ただし，$\mathbf{1}$ は成分がすべて 1 であるような $\mathbb{F}_2^n$ のベクトルである．

定理 18.7　$R'(1, m)$ を H_n の行ベクトルからなる集合とする．このとき，$R'(1, m)$ は $\mathbb{F}_2^n$ の部分空間をなす．

証明　m に関する帰納法で示す．$m = 1$ のときは明らか．一般に，$v_1, \ldots, v_m$ を $R'(1, m)$ の基底とする．$R'(1, m+1)$ の各要素は (v_i, v_i) と $(\mathbf{0}, \mathbf{1})$ の一次結合で表されるので，定理の主張は正しい．　□

　すべての成分が 1 であるようなベクトルと $R'(1, m)$ のベクトルで張られる $\mathbb{F}_2^n$ の $m+1$ 次元の部分空間を，符号長 $n = 2^m$ の **1 次 Reed–Muller 符号**といい，これを $R(1, m)$ と書く．1969 年に打ち上げられたマリナー（6 号，7 号）で用いられた符号は $R(1, 5)$ であった．アダマール行列の性質か

238 第 18 章 アダマール行列と Reed–Muller 符号

図 **18.4**

ら，$R(1,m)$ の**最小距離**は $\frac{1}{2}n$，すなわち，任意の二つの符号語のハミング
距離は $\frac{1}{2}n$ 以上であるとわかる．したがって，誤りビットの個数が $2^{m-2}-1$
以下なら，受信ビット列は正しいビット列に復号化される．

　$R(1,m)$ には次のような幾何的解釈がある．$\mathbb{F}_2^m$ の要素（ベクトル）を整
数の 2 進表現と見なして番号付ける．たとえば $(0,1,1,0,1)$ を点 P_{22} に対応
させる．これらを列にもつ $m \times n$ 行列を考えて，その i 行目を $\boldsymbol{v}_i$ とおく．
すると，図 18.4 と上の説明のように，$\boldsymbol{v}_1,\ \boldsymbol{v}_2,\ \ldots,\ \boldsymbol{v}_m$ が $R'(1,m)$ の基底
をなすとわかる．$\boldsymbol{v}_i$ は超平面 $\{(x_1, x_2, \ldots, x_m) \in \mathbb{F}_2^m \mid x_i = 1\}$ の特性関数
と見なすことができるので，任意の**アフィン超平面**，空間全体（$\mathbf{1}$ に対応），
空集合（$\mathbf{0}$ に対応）の特性関数は $\boldsymbol{v}_1,\ \boldsymbol{v}_2,\ \ldots,\ \boldsymbol{v}_m$ の一次結合で表される．
任意の異なるアフィン超平面は，互いに平行であるか，$m-2$ 次元のアフィ
ン部分空間を共有している．このことは，アダマール行列の任意の 2 行に
おいて，同じ成分をもつ座標位置がちょうど半分あることに対応している．

　$R(1,m)$ の表記が示唆するように，1 次 Reed–Muller 符号は **r 次 Reed–
Muller 符号** $R(r,m)$ に自然に拡張される．r 次 Reed–Muller 符号 $R(r,m)$
にも自然な幾何的解釈が可能であり，それはブロックデザインの理論とも深
く関与している．詳細については例 26.4 を参照されたい．

問題 18E　$n = 2^m$ とし，

$$M_n^{(i)} := I_{2^{m-i}} \otimes \boldsymbol{H}_2 \otimes I_{2^{i-1}}, \quad i = 1, 2, \ldots, m$$

とおく．このとき

$$\boldsymbol{H}_n = M_n^{(1)} M_n^{(2)} \cdots M_n^{(m)}$$

が成り立つことを示せ．一方，$\boldsymbol{x}\boldsymbol{H}^T$ を計算すると，受信語 $\boldsymbol{x}$ を復号化することができる．すなわち，$\boldsymbol{x}$ が $\boldsymbol{H}$ か $-\boldsymbol{H}$ のいずれかの行とほぼ一致していれば，$\boldsymbol{x}\boldsymbol{H}^T$ の各成分は絶対値が n に近くなる一つの成分を除いて他はすべて 0 に近くなる．このことから真のメッセージがわかる．± 1 をかけることを 1 回の演算と考える．$\boldsymbol{H}_n$ を直接用いて復号する場合と，$\boldsymbol{H}_n$ を $M_n^{(i)}$ の積と見なして復号する場合の演算の回数を比較せよ（これは高速フーリエ変換とよばれるアルゴリズムの例である）．

問題 18F $\boldsymbol{v}_0 := \boldsymbol{1}, \boldsymbol{v}_1, \ldots, \boldsymbol{v}_m$ を $R(1, m)$ の基底とする．

$$\boldsymbol{v}_i \cdot \boldsymbol{v}_j := (v_{i0} v_{j0}, \ldots, v_{i,n-1} v_{j,n-1}), \quad 0 \leq i, j \leq m$$

によって張られる $\mathbb{F}_2^n$ $(n = 2^m)$ の部分空間を $R(2, m)$ とおく．$R(2, m)$ の次元を求めよ．また，$R(2, m)$ の任意の異なるベクトルのハミング距離が $\frac{1}{4} n$ 以上であることを示せ．

問題 18G M を，任意の異なる 2 行のハミング距離が d 以上であるようなサイズ $m \times n$ の $(0, 1)$ 行列とする．（M が，アダマール行列 H を $-H$ の上に乗せて，さらにシンボル -1 と 1 を 0 と 1 に置き換えて得られる行列ならば，$m = 2n, d = \frac{n}{2}$ となる．）

(1) 異なる行番号 i, j と M の (i, k) 成分 $M(i, k)$ と (j, k) 成分 $M(j, k)$ が異なるような列番号 k のトリプル (i, j, k) の個数を二重数え上げで求めよ（ある数え方で d に関する不等式が得られ，それとは別の数え方で M の列和に関する関係式が得られる）．$2d > n$ のとき，不等式

$$m \leq \frac{2d}{2d - n}$$

が成り立つことを示せ（**Plotkin** 限界）．また等号が成り立つのはどの

240   第 18 章　アダマール行列と Reed–Muller 符号

ようなときか.

(2) $d = n/2$ のとき，$m \leq 2n$ となることを示せ．また等号成立が n 次ア
　　ダマール行列の存在性を意味することを示せ．

問題 18H　H を m 次アダマール行列，C を対称な n 次カンファレンス行

列とする．$P := \begin{pmatrix} O & -I \\ I & O \end{pmatrix}$ を $m/2$ 次のブロックからなる m 次行列とす

る．このとき，$(H \otimes C) + (PH \otimes I)$ が mn 次アダマール行列をなすことを

示せ．

問題 18I　$q \equiv 1 \pmod 4$ を素数冪，C を式 (18.5) の行列とする．H と P

を問題 18H の行列とする．

$$(H \otimes C \otimes Q) + (PH \otimes C \otimes I_q) \otimes (H \otimes I_{q+1} \otimes J_q)$$

が $mq(q+1)$ 次アダマール行列をなすことを示せ．

ノート

　アダマール (J. Hadamard, 1865–1963) は，1800 年代と 1900 年代を跨い
で活躍したフランスの数学者であり，とくに解析関数の理論と数理物理学に
おいて多大な貢献をした．アダマールは，C. J. de la Vallée-Poussin ととも
に素数定理を証明した人物としても有名である．

　R. E. A. C. Paley (1907–1933) の執筆した論文の多くはフーリエ解析
に関するものであり，いずれも現代数学において高く評価されている．Pa-
ley は，スキーで雪崩に巻き込まれて，わずか 26 歳で生涯を終えた．偶然
にも，Paley の生涯論文数（26 編）と一緒だった．

　H. J. Ryser による有名な予想に，$n > 4$ について巡回的な n 次アダマー
ル行列の非存在を主張するものがある．

　J. S. Wallis（J. Seberry ともよばれる）(1976) は，任意の自然数 $s, t >$
$2 \log_2(s - 3)$ について $2^t s$ 次のアダマール行列が存在することを示した．
Wallis の結果は，無限個のオーダーでアダマール行列が存在することを保
証している．しかしながら，4 の倍数全体のうちアダマール行列の存在オー
ダー n がどのくらいあるのか，まだわかっていない．

241

誤り訂正符号の理論については第 20 章を参照されたい.

本章で扱った Reed–Muller 符号は,その名の通り,D. E. Muller (1954) と I. S. Reed (1954) によって発見された[6].

マリナー計画で用いられた符号化・復号化の詳細については,E. C. Posner (1968) を見よ.

参考文献

[1] L. D. Baumert, S. W. Golomb, M. Hall, Jr. (1962), Discovery of a Hadamard matrix of order 92, *Bull. Amer. Math. Soc.* **68**, 237–238.

[2] V. Belevitch (1950), Theory of $2n$-terminal networks with applications to conference telephony, *Electrical Communication* **27**, 231–244.

[3] M. R. Best (1977), The excess of a Hadamard matrix, *Proc. Kon. Ned. Akad. v. Wetensch* **80**, 357–361.

[4] D. E. Muller (1954), Application of Boolean algebra to switching circuit design and to error detection, *IEEE Trans. Computers* **3**, 6–12.

[5] R. E. A. C. Paley (1933), On orthogonal matrices, *J. Math. Phys.* **12**, 311–320.

[6] E. C. Posner (1968), Combinatorial structures in planetary reconnaissance, in: *Error Correcting Codes* (H. B. Mann, ed.), J. Wiley and Sons.

[7] I. S. Reed (1954), A class of multiple-error-correcting codes and the decoding scheme, *IEEE Trans. Information Theory* **4**, 38–49.

[8] J. S. Wallis (1976), On the existence of Hadamard matrices, *J. Combin. Theory Ser. A* **21**, 188–195.

[9] J. Williamson (1944), Hadamard's determinant theorem and the sum of four squares, *Duke Math. J.* **11**, 65–81.

---

[6] ［訳注］原著者は,「本当の発見者の名前が冠されていない定理がよくあるが,Reed–Muller 符号は紛れもなく Muller と Reed によるものである」と強調している.

第 19 章 デザイン理論

　本章では組合せ数学の重要な一分野であるデザイン理論の基礎について学ぶ. デザイン理論における主要な研究対象は結合構造（デザイン）である. **結合構造**とは,

(1) **点集合**とよばれる集合 $\mathcal{P}$,
(2) **ブロック集合**とよばれる集合 $\mathcal{B}$,
(3) **旗集合**とよばれる $\boldsymbol{I} \subset \mathcal{P} \times \mathcal{B}$（$\mathcal{P}$ と $\mathcal{B}$ の結合関係を表す),

からなる三重系 $\boldsymbol{S} = (\mathcal{P}, \mathcal{B}, \boldsymbol{I})$ である. $(p, B) \in \boldsymbol{I}$ のとき, 点 p とブロック B は結合関係にあるという. 異なるブロック B_1, B_2 について, B_1 に結合する点の集合と B_2 に結合する点の集合が等しくなるとき, B_1, B_2 を**重複ブロック**という. 重複ブロックのない構造を**単純構造**といい, ブロック集合を $\mathcal{P}$ の部分集合の族と同一視してもよい. 以下では, 異なるブロックが $\mathcal{P}$ の同じ部分集合に結合する場合にも, 同様に考えることにする（重複ブロックを許容する際には, ブロック集合を多重集合と見なす). こうして, 「$(p, B) \in \boldsymbol{I}$」の代わりに「$p \in B$」と書いたり, 「$p$ と B は結合する」という代わりに「p は B に属する」ということができる.

　習慣的に, $\mathcal{P}$ の要素数を v, $\mathcal{B}$ の要素数を b で表すことが多い. したがって結合構造は v 個の点と点集合 $\mathcal{P}$ の b 個の部分集合からなると考えることができる（ただし b 個の部分集合には同じものがあってもよい). 各ブロックをその補集合で置き換えて得られる構造を**補構造**という（つまり $\boldsymbol{I}$ を $\mathcal{P} \times \mathcal{B}$ の補集合で置き換える).

244 第19章 デザイン理論

結合構造を興味深い対象にするために，ある種の「正則条件」を課すことが多い．たとえば，ブロックを直線と見なして，任意の異なる2点はただ一つの直線上にあること，また任意の直線が二つ以上の点からなるという条件（正則条件）を満たす構造を**線形幾何** (linear space) という．次の定理は，De Bruijn–Erdős (1948) による．なお，以下のエレガントな証明はConway によるものである．

定理 19.1（De Bruijn–Erdős の定理） 線形幾何において，$b = 1$ あるいは $b \geq v$ が成り立つ．さらに，等号成立のとき，任意の二つの直線はただ1点で交わる．

証明 $x \in \mathcal{P}$ と結合する直線の個数を r_x，$B \in \mathcal{B}$ に属する点の個数を k_B とおく．$|\mathcal{B}| \geq 2$ と仮定する．$x \notin B$ とすると，x と B 上の点を結ぶ直線は k_B 個あるので，$r_x \geq k_B$．$b \leq v$ と仮定する．このとき $b(v - k_B) \geq v(b - r_x)$ であり，

$$1 = \sum_{x \in \mathcal{P}} \sum_{B \not\ni x} \frac{1}{v(b - r_x)} \geq \sum_{B \in \mathcal{B}} \sum_{x \notin B} \frac{1}{b(v - k_B)} = 1.$$

各不等式において等号が成り立ち，$b = v$ を得る．$x \notin B$ のとき $r_x = k_B$ となることもわかる． □

定理 19.1 の不等式で等号を達成する構造の例として，**ニアペンシル** (near pencil) が挙げられる[1]．これは，点全体から特定の1点を除いて得られる直線と，その点とそれ以外の点からなる（要素数2の）直線全体からなる線形幾何構造である．これ以外に有限射影平面も等号成立の例である（射影平面の定義は本章の後半で述べる）．実は，De Bruijn–Erdős の不等式において等号が成り立つのは，これら二つの構造に限られる．このことは問題23D に演習問題として挙げておく．

ここからは，組合せ t-デザインという正則性の高い結合構造について話を

---

[1] ［訳注］つまり，

$$\mathcal{B} = \{\mathcal{P} \setminus \{x\}\} \cup \{\{x, y\} \mid y \in \mathcal{P} \setminus \{x\}\}$$

で定まる線形幾何構造をニアペンシルという．

しよう. v, k, t, λ を $v \geq k \geq t \geq 0, \lambda \geq 1$ を満たす整数とする. 条件

(1) $|\mathcal{P}| = v$,
(2) 任意の $B \in \mathcal{B}$ に対して $|B| = k$,
(3) $\mathcal{P}$ の任意の t 元部分集合 T に対して, T のすべての点と結合するブロックがちょうど λ 個存在する,

を満たす結合構造 $\boldsymbol{D} = (\mathcal{P}, \mathcal{B}, \boldsymbol{I})$ を **t-デザイン** といい, t-(v, k, λ) と書く. すなわち, すべてのブロックのサイズは同じであり, $\mathcal{P}$ の任意の t 元部分集合は同じ個数のブロックに含まれる. t-(v, k, λ) の代わりに $S_\lambda(t, k, v)$ という表記もよく用いられる. $\lambda = 1$ の t-デザインを **シュタイナーシステム** といい, パラメータ λ をふせて $S(t, k, v)$ と表記する. パラメータ k を **ブロックサイズ** という. また, パラメータ λ は構造の正則性のレベルを測るための尺度であり, **指数** とよばれている. デザイン理論の初期の結果は主に統計学に端を発しており, **実験計画法** の分野では, 2-デザインを **釣合い型不完備ブロック計画** (balanced incomplete block (BIB) design) という[2]. $\mathcal{P}$ のすべての点を含むただ一つのブロックからなる t-デザインや, $\mathcal{P}$ のすべての k 元部分集合をブロックとしてもつ t-デザイン ($t \leq k$) は自明なデザインであり, 我々はこのようなデザインを考えないことにする.

　ここで非自明な t-デザインの例をいくつか見てみよう.

例 19.1　$\mathbb{F}_2^4$ の非零ベクトルの集合を点集合 $\mathcal{P}$ とする. $\boldsymbol{x} + \boldsymbol{y} + \boldsymbol{z} = \boldsymbol{0}$ を満たすような $\{\boldsymbol{x}, \boldsymbol{y}, \boldsymbol{z}\}$ 全体の集合をブロック集合 $\mathcal{B}$ とする. 任意のペア $\{\boldsymbol{x}, \boldsymbol{y}\}$ ($\boldsymbol{x} \neq \boldsymbol{y}$) について $\boldsymbol{x} + \boldsymbol{y} + \boldsymbol{z} = \boldsymbol{0}$ を満たす $\boldsymbol{z} \in \mathcal{P}$ が一意的に定まることから, これは $S(2, 3, 15)$ をなす. この場合, 各ブロックは $\mathbb{F}_2^4$ の 2 次元部分空間から $\boldsymbol{0}$ を除いたものである.

　一方, $\mathbb{F}_2^4$ のすべてのベクトルの集合を点集合 $\mathcal{P}$ とし, $\boldsymbol{w} + \boldsymbol{x} + \boldsymbol{y} + \boldsymbol{z} = \boldsymbol{0}$ を満たすような $\{\boldsymbol{w}, \boldsymbol{x}, \boldsymbol{y}, \boldsymbol{z}\}$ 全体の集合をブロック集合 $\mathcal{B}$ とすると, $S(3, 4, 16)$ を得る. 零ベクトルを含んでいるブロックから零ベクトル $\boldsymbol{0}$ を取り除くと, 上述の $S(2, 3, 15)$ のブロック集合になる.

---

[2]　[訳注] パラメータ λ は実験の精度を表す尺度として重要な意味をもつ.

246　第 19 章　デザイン理論

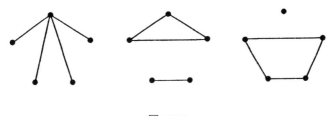

図 19.1

例 19.2　K_5 の辺全体を点集合 $\mathcal{P}$ とし，図 19.1 のいずれかと同型な部分グラフの 4 辺の組全体をブロック集合 $\mathcal{B}$ とする．$\mathcal{B}$ の要素数は $b = 5 + 10 + 15 = 30$ である．また，どの三つの辺も二つ以上のブロックには含まれないとわかる．よって，$\mathcal{B}$ は（120 通りの）トリプルをすべて含んでおり，$S(3,4,10)$ をなす．

例 19.3　H を $4k$ 次の正規化アダマール行列とする．1 行目と 1 列目を除いて $4k-1$ 次の正方行列を構成する．この行列の行全体を点集合 $\mathcal{P}$ と同一視する．また，各列ごとに $+1$ が現れている行を集めてブロックを定める．定理 18.1 の証明を見ればわかるように，各行には $2k-1$ 個の $+1$ が現れており，さらに，任意の異なる 2 行において $+1$ が同時に現れる列はちょうど $k-1$ 個あるので，2-$(4k-1, 2k-1, k-1)$ デザインを得る．これを**アダマール 2-デザイン**という．

今度は H から 1 行目を削除して得られる行列を考える．今度は，この行列の各行について，要素数 $2k$ のブロックを二つとる[3]．再び定理 18.1 の証明の議論から，任意の異なる 3 列において $+1$ が同時に現れる行がちょうど $k-1$ 個あるとわかるので，3-$(4k, 2k, k-1)$ デザインを得る．これを**アダマール 3-デザイン**という．

例 19.4　$4u^2$ 次の正則アダマール行列を考える（例 18.2 参照）．$+1$ を 1 に，-1 を 0 に置き換えると，各行，各列にはちょうど $2u^2 + u$ 個の成分 1 があり，任意の 2 行，任意の 2 列の内積は $u^2 + u$ に等しくなる．各列を $4u^2$ 点上のデザインのブロックの特性関数と同一視すると，2-$(4u^2, 2u^2 + u, u^2 + u)$

---
[3]　[訳注] 成分が $+1$ の列番号に対応するブロックと，-1 の列番号に対応するブロックの二つである．

デザインを得る. その補デザインは, 2-$(4u^2, 2u^2 - u, u^2 - u)$ デザインになるが, こちらのパラメータ表示の方が好まれる傾向にある.

問題 19A 例 19.2 に似た例を二つ挙げる.

(1) K_6 の辺全体を点集合 $\mathcal{P}$ とする. 完全マッチングをなす 3 辺, あるいはクリーク K_3 の 3 辺に対応するような $\mathcal{P}$ のトリプル全体の集合をブロック集合 $\mathcal{B}$ とする. これらが $S(2, 3, 15)$ をなすことを示せ. また, この 2-デザインが例 19.1 のデザインと同型であることを示せ.

(2) K_7 の辺全体を点集合 $\mathcal{P}$ とする. $K_{1,5}$, または五角形, または「K_3 および点素な 2 辺」のいずれかと同型な部分グラフの族をブロック集合 $\mathcal{B}$ とする. これらが $S_3(3, 5, 21)$ をなすことを示せ.

ここで t-デザインに関する二つの基本的な定理を述べる.

定理 19.2 $S_\lambda(t, k, v)$ のブロックの総数 b について

$$b = \lambda \binom{v}{t} \Big/ \binom{k}{t} \tag{19.1}$$

が成り立つ.

証明 $\mathcal{P}$ の t 元部分集合 T とそのすべての点に結合するブロック B のペア (T, B) の全体を考える. この集合の要素数の二重数え上げを行うと, $\lambda\binom{v}{t} = b\binom{k}{t}$ を得る. $\quad\square$

定理 19.3 i を $0 \le i \le t$ を満たす整数とし, I を $\mathcal{P}$ の i 元部分集合とする. このとき, $S_\lambda(t, k, v)$ のブロックで I のすべての点と結合するものの総数 b_i について,

$$b_i = \lambda \binom{v - i}{t - i} \Big/ \binom{k - i}{t - i} \tag{19.2}$$

が成り立つ. すなわち, $S_\lambda(t, k, v)$ は任意の $i \le t$ について i-デザインでもある.

248 第19章 デザイン理論

証明 I を含むような $\mathcal{P}$ の t 元部分集合 T と，T のすべての点と結合するようなブロック B の組 (T,B) の全体を考える．この集合の要素数の 2 重数え上げを行えばよい． □

系 D を点集合 $\mathcal{P}$，ブロック集合 $\mathcal{B}$ の t-デザインとする．I を要素数 t 以下の $\mathcal{P}$ の部分集合とする．このとき，$\mathcal{P} \setminus I$ と $\{B \setminus I \mid I \subseteq B\}$ は $S_\lambda(t-i, k-i, v-i)$ をなす．これを，D の**誘導デザイン** (derived design) といい，D_I と表記する．

たとえば，$I = \{0\}$ とおくと，例 19.1 の 2-デザインは $S(2,3,15)$ であり，$S(3,4,16)$ の誘導デザインになっている．

問題 19B $S(3,6,v)$ が存在するならば $v \equiv 2, 6 \pmod{20}$ となることを示せ．

デザイン D が与えられたとき，一つの点に結合するブロックの個数 b_1 を D の**反復数**といい，r と表記する．とくに 2-デザインについて，

$$bk = vr, \tag{19.3}$$

$$\lambda(v-1) = r(k-1), \tag{19.4}$$

が成り立つ．

定理 19.4 整数 $0 \le j \le t$ に対して，$\mathcal{P}$ の j 元部分集合 J のいずれの点とも結合していない $S_\lambda(t,k,v)$ のブロックの総数 b^j は次式で与えられる：

$$b^j = \lambda \binom{v-j}{k} \Big/ \binom{v-t}{k-t}. \tag{19.5}$$

証明 $x \in \mathcal{P}$ に結合するブロックの集合 $\mathcal{B}_x$ について，包除原理（定理 10.1）を用いる．すると

$$b^j = \sum_{i=0}^{j} (-1)^i \binom{j}{i} b_i$$

となる．式 (19.2) を代入し，さらに式 (10.5) を用いると，所望の等式を得

る.

次のような（簡単な）別証明もある. b^j は J の選び方によらない. $J \cap B = \emptyset$ を満たす $\mathcal{P}$ の j 元部分集合 J についてペア (J, B) の総数を2重に数え上げると, $\binom{v}{j}b^j = b\binom{v-k}{j}$ を得る. 定理 19.2 より所望の等式を得る. $\square$

系 i, j を $i + j \leq t$ を満たす整数とする. $\mathbf{D}$ を点集合 $\mathcal{P}$ 上のデザイン $S_\lambda(t, k, v)$ とする. I, J を互いに素な $\mathcal{P}$ の i 元部分集合, j 元部分集合とする. I のすべての点に結合し, J のいずれの点にも結合しないブロックの総数 b_i^j は I, J によらず一定であり, 次式で与えられる：

$$b_i^j = \lambda \frac{\binom{v-i-j}{k-i}}{\binom{v-t}{k-t}}. \tag{19.6}$$

証明 定理 19.4 を $(t-i)$-デザイン $\mathbf{D}_I$ に適用すればよい（I を $\mathcal{P}$ の i 元部分集合として）. $\square$

系 $j \leq t$ を非負整数とする. $\mathbf{D}$ を $S_\lambda(t, k, v)$ とし, $\mathcal{P}$ を点集合, $\mathcal{B}$ をブロック集合とする. J を $\mathcal{P}$ の j 元部分集合とする. このとき, $\mathcal{P} \setminus J$ を点集合とし, $B \cap J$ を満たすブロック全体をブロック集合とすると, $S_\lambda(t-j, k, v-j)$ を得る. このデザインを $\mathbf{D}$ の**剰余デザイン** (residual design) といい, $\mathbf{D}^J$ と表記する.

問題 19C (1) $v \leq k + t$ のとき $S_\lambda(t, k, v)$ が自明なデザインをなすことを示せ.

(2) $v \geq k + t$ のとき $S_\lambda(t, k, v)$ の補構造が t-デザイン（補デザイン）をなすことを示し, そのパラメータも求めよ.

例 19.5 アダマールデザイン 3-$(4k, 2k, k-1)$ の1点に着目して, 剰余デザイン 2-$(4k-1, 2k, k)$ を構成する. これは例 19.3 の補デザインである.

$S_\lambda(t, k, v)$ が存在するための自明な必要条件は, 式 (19.2) の b_i が整数となることである[4]. しかし, これは十分条件ではない. たとえば, $S(10, 16, 72)$

---

[4] ［訳注］これを**可分条件** (divisibility condition) という.

250 第 19 章 デザイン理論

は可分条件を満たしているが，存在しない．このことは次の Tits の結果からわかる：

定理 19.5（Tits, 1964） 非自明なシュタイナーシステム $S(t, k, v)$ について，不等式

$$v \geq (t+1)(k-t+1)$$

が成り立つ．

証明 シュタイナーシステムにおいて，任意の異なるブロックは高々 $t-1$ 点を共有する．S をいずれのブロックにも含まれない $t+1$ 点部分集合とする．S の t 元部分集合 T に対して T を含むブロック B_T がただ一つ存在する．そのような B_T は，S に属していない $k-t$ 点と結合している．また，任意の異なる B_T, $B_{T'}$ が $t-1$ 点を共有することから，S に属さない任意の点は高々一つの B_T と結合する．このことはブロック B_T の和集合に $(t+1) + (t+1)(k-t)$ 個の点が含まれていることを示しており，所望の不等式を得る． $\square$

　$|\mathcal{P}| = v$, $|\mathcal{B}| = b$ なる結合構造 $\boldsymbol{D}$ が与えられたとき，$\mathcal{P}$ と $\mathcal{B}$ の要素でそれぞれ行と列がラベル付けられた $(0, 1)$ 行列 $N := (N(p, B))_{p, B}$ は，「$p \in \mathcal{P}$ が $B \in \mathcal{B}$ に結合するとき $N(p, B) = 1$」という条件を満たすとき，$\boldsymbol{D}$ の **結合行列** という．定義より，NN^T の (p, q) 成分は $\sum_{B \in \mathcal{B}} N(p, B)N(q, B)$ であり，これは点 p と q を含むブロックの数である．また $N^T N$ の (A, B) 成分は $|A \cap B|$ に等しくなっている．

　二つのデザイン $\boldsymbol{D}, \boldsymbol{D}'$ は，それらの結合行列 N, N' に対して $N' = PNQ$ を満たす置換行列 P, Q が存在するとき，**同型（同値）** であるという．

　デザインを結合行列と同一視し，ブロックの特性関数を結合行列の列ベクトルと見なすことがある．

　N を 2-(v, k, λ) デザインの結合行列とすると，NN^T の対角成分はすべて r であり，非対角成分はすべて λ であるから，

$$NN^T = (r - \lambda)I + \lambda J \tag{19.7}$$

を得る．ただし I は v 次の単位行列を表し，J は成分がすべて 1 の行列とする．

問題 19D N を次の性質を満たす 11 次の $(0, 1)$ 行列とする：

 (1) 各行には 1 が 6 個現れる；
 (2) 任意の異なる 2 行の内積は高々 3 である．

N が 2-$(11, 6, 3)$ デザインの結合行列をなすことを示せ．また，このデザインが同型まで込めて一意に決まることを示せ．

次の事実は Fisher 不等式とよばれている[5]．

定理 19.6（Fisher 不等式） $v > k$ とする．b 個のブロックからなる 2-(v, k, λ) デザインについて

$$b \geq v$$

が成り立つ．

証明 $v > k$ および式 (19.4) から，$r > \lambda$ を得る．J は正の固有値 v を 1 個，固有値 0 を $v - 1$ 個もつ．よって，式 (19.7) の右辺の行列は，正の固有値 $r - \lambda$ を $v - 1$ 個，$(r - \lambda) + \lambda v = rk$ を 1 個もつ．したがって，その行列式は $rk(r - \lambda)^{v-1} \neq 0$ であり，N のランクは v になる． $\square$

上の証明の議論から次の重要な結論を得る：

定理 19.7 v を偶数とする．2-(v, k, λ) デザインのブロックの数が $b = v$ ならば，$k - \lambda$ は平方数である．

証明 $b = v$ のとき $r = k$．N は $v \times v$ 行列なので，式 (19.7) より

$$(\det N)^2 = k^2 (k - \lambda)^{v-1}.$$

$\det N$ は整数であるから，定理の主張を得る． $\square$

---

[5] ［訳注］なお，以下の証明は統計学者 R. C. Bose による．

252 第 19 章 デザイン理論

A. Ya. Petrenjuk (1968) は, $v \geq k+2$ の $S_\lambda(4,k,v)$ について不等式 $b \geq \binom{v}{2}$ を示し, 定理 19.6 (Fisher 不等式) を拡張した. 一般の t-デザインについて, Wilson と Ray-Chaudhuri (1975) は次の不等式を示した.

定理 19.8 (Wilson–Petrenjuk 不等式) $t \geq 2s$, $v \geq k+s$ とする. このとき $S_\lambda(t,k,v)$ のブロックの総数 b について, $b \geq \binom{v}{s}$ を得る.

証明 各 $0 \leq i \leq v$ について, 行と列がそれぞれ $\mathcal{P}$ の i 元部分集合と $\mathcal{B}$ の要素でラベル付けられた $\binom{v}{i} \times b$ 行列 N_i を, 条件「$\mathcal{P}$ の i 元部分集合 I がブロック $B \in \mathcal{B}$ に含まれるとき, $N_i(I,B) = 1$, それ以外は 0」を満たすように定める. これをデザインの**高階結合行列** (higher incidence matrix) という. また, $0 \leq i \leq j \leq v$ に対して, $\mathcal{P}$ の i 元部分集合の要素が行番号に, $\mathcal{P}$ の j 元部分集合の要素が列番号に対応する $\binom{v}{i} \times \binom{v}{j}$ 行列 W_{ij} を, 条件「$\mathcal{P}$ の i 元部分集合 I が $\mathcal{P}$ の j 元部分集合 J に含まれるとき, $W_{ij}(I,J) = 1$, それ以外は 0」を満たすように定める.

次の等式が成り立つことを示す:

$$N_s N_s^T = \sum_{i=0}^{s} b_{2s-i}^i W_{is}^T W_{is}.$$

$N_s N_s^T$ の (E,F) 成分は, $\mathcal{P}$ の s 元部分集合 E, F をともに含むブロックの総数であり, $b_{2s-\mu}$ に等しくなる (ただし $\mu := |E \cap F|$ とおく). $W_{is}^T W_{is}$ の (E,F) 成分は, E と F に同時に含まれている $\mathcal{P}$ の i 元部分集合の要素の個数であり, $\binom{\mu}{i}$ に等しい. よって, 右辺の (E,F) 成分は $\sum_{i=0}^{s} b_{2s-i}^i \binom{\mu}{i}$ であり, 式 (19.6) より, $b_{2s-\mu}$ に等しくなる.

$b_{2s-i}^i W_{is}^T W_{is}$ は $\binom{v}{s}$ 次の**非負定値行列**である. また, $v \geq k+s$ より, $b_s^s > 0$ であり, $b_s^s W_{ss}^T W_{ss} = b_s^s I$ は正定値行列である. したがって, $N_s N_s^T$ も正定値であり, それゆえに正則である. N_s のランクは $\binom{v}{s}$ であり, N_s の列の個数 b を超えることはない. $\qquad\square$

Wilson–Petrenjuk 不等式において, 等号を達成するような $2s$-デザインを, **タイトデザイン**という. $s > 1$, $v > k+s$ を満たすようなタイトデザインの例は, $S(4,7,23)$ と, その補デザインに限られることがよく知られてい

る（$S(4,7,23)$ は一意に決まる）．これについては次章で詳しく扱う．

　t-デザインの研究の歴史を概観しよう．まず，$t \geq 4$ のシュタイナーシステム $S(t,k,v)$ は高々有限個しか見つかっていない[6]．$t \geq 4$ のシュタイナーシステムの例として，E. Witt (1938) が発見した $S(5,8,24)$ や $S(5,6,12)$，またそれらの誘導デザインなどがある（詳細は次章にゆずる）．この他にも，R. H. F. Denniston (1976) によって発見された $S(5,6,24)$，$S(5,7,28)$，$S(5,6,48)$，$S(5,6,84)$，W. H. Mills (1978) によって発見された $S(5,6,72)$（その誘導デザインもシュタイナーシステムになる），M. J. Granell, T. S. Griggs (1994) によって発見された $S(5,6,108)$ なども有名である．その後，シュタイナーシステムの例は見つからなかった．1972 年，W. O. Alltop は単純 5-デザインの系列を初めて見つけた．任意の t について重複ブロックのある t-デザインが存在することを示すは難しくない．しかし，長い間，デザイン理論の研究者の間では非自明な単純 t-デザインは存在しないと信じられていた．単純 6-デザインの例は 1982 年に D. W. Leavitt と S. S. Magliveras によって初めて発見され，その 4 年後には，$S_4(6,7,14)$ が D. L. Kreher と S. P. Radziszowski によっても発見された．L. Teirlinck (1987) は，任意の t に対して単純 t-デザインが存在することを証明した．しかしながら，Teirlinck のデザインのパラメータ λ は非常に大きく，当該分野の研究者を十分に満足させるものではなかった．t-デザインの非存在が証明されている個別のパラメータはいくつもある[7]．

　ここからは主に 2-デザインの話をしよう．$t = 2$ のとき単に (v,k,λ)-デザインと書くこともある．

　2-デザインの中でとくに面白いのは，Fisher 不等式において等号が成り立つケース，すなわち，$b = v$ のケースである．この場合，結合行列 N は正方行列であり，本来なら「正方デザイン」とでもよぶべきであるが，通例に従ってそのような 2-デザインを**対称デザイン** (symmetric design) という．対称 2-(v,k,λ) デザインの場合，式 (19.4) は

---

[6] ［訳注］ちょうど本書の和訳を進めていたところ，Oxford 大学の P. Keevash 教授が任意の t に対してシュタイナーシステムの存在定理の完成をアナウンスした．

[7] ［訳注］Keevash のアナウスメント以降，小さい λ の t-デザインの構成問題は，Tierlinck 以降も重要な研究テーマとなっている．

第 19 章 デザイン理論

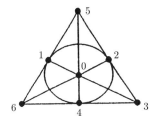

図 19.2

$$\lambda(v-1) = k(k-1)$$

と書き換えられる．対称 2-$(v,k,1)$ デザインは，例 19.7 でわかるように，**射影平面**から得られるので**射影デザイン**とよばれることもある（例 19.7 参照）．あまりよい名ではないが，ここでは対称デザインとよぶ．

問題 19E ブロック数 b，反復数 r の 2-(v,k,λ) デザインについて，ブロック $B \in \mathcal{B}$ を任意に一つとる．このとき，B と互いに素でないブロックの個数が

$$k(r-1)^2/[(k-1)(\lambda-1)+(r-1)]$$

以上であることを示せ．さらに，等号が成り立つことと，B と互いに素でないブロック B' の共有点の個数が B' の選び方によらないことが等価であることを示せ．

例 19.6 $\mathbb{Z}_7$ を点集合 $\mathcal{P}$ とし，$\mathbb{Z}_7$ の各要素 x について $B_x = \{x, x+1, x+3\}$ をブロック（トリプル）にすると，これは対称 2-$(7,3,1)$ デザインをなす．このデザインは t-デザインの紹介に用いられることが多く，その際，図 19.2 のイラストがよく登場する．この図において，各トリプルは直線で表されるが，唯一 $\{1,2,4\}$ のみがサークルで表されている．これは **Fano 平面**という有限射影平面の一種である．上の構成法は第 27 章の「差集合」のアイデア，つまり $\{0,1,3\}$ における 6 個のペアの差が $\mathbb{Z}_7$ の非零元を尽くしているという事実に基づいている．たとえば，$6-1 \equiv 1-3 \pmod{7}$ に注意して $x=5$ とおくと，$x+1=6, x+3=1$ である．ペア $\{1,6\}$ がトリプ

ル $\{5, 6, 1\}$ に含まれるとわかる[8]. なお, 同様の方法で $\mathbb{Z}_{13}$ 上で巡回構造を もつ $S(2, 4, 13)$ を構成することもできるが, それは読者の演習問題として おきたい.

$\lambda = 1$ の対称デザインを有限射影平面というが, そのブロックのサイズを k とするとき, $n = k - 1$ を射影平面の**位数** (order) という (なぜ -1 するの か例 19.7 でわかると思う). 位数 n の射影平面のパラメータは

$$v = n^2 + n + 1, \quad k = n + 1, \quad \lambda = 1$$

になる. 本章の冒頭で述べたように, 有限射影平面の文脈においては, 「ブ ロック」を「直線」とよぶことが多い. Fano 平面は位数 2 の射影平面であ り, 同型まで込めて一意的に存在する.

例 19.7 $\mathbb{F}_q^3$ の $(q^3 - 1)/(q - 1) = q^2 + q + 1$ 個の 1 次元部分空間全体の集合 を $\mathcal{P}$, 同数個の 2 次元部分空間全体の集合を $\mathcal{B}$ とする. $P \in \mathcal{P}$ が $B \in \mathcal{B}$ に 含まれるとき, P は B に結合するという. このとき, $(\mathcal{P}, \mathcal{B}, I)$ は位数 q の 射影平面, つまり 2-$(q^2 + q + 1, q + 1, 1)$ デザインをなす. これを 2 次元射 影幾何と呼び, $PG(2, q)$ あるいは $PG_2(q)$ と表記する.

この構成法は, $\mathbb{F}_q$ を $\mathbb{R}$ に置き換えると, 古典的な実射影平面にもそのま ま適用される. このとき点は $\mathbb{R}^3$ の 1 次元部分空間であり直線は 2 次元部分 空間である. この幾何学は平行な 2 直線が存在しないという意味で, 古典 的なアフィン幾何学と異なる.

問題 19F $\{S + x \mid x \in \mathbb{Z}_{21}\}$ が位数 4 の射影平面をなすような $\mathbb{Z}_{21}$ の 5 元 部分集合 $S = \{s_1, \ldots, s_5\}$ を見つけよ. (ヒント:$2S = S$ を満たす S を見 つけよ.)

問題 19G $(R, C, S; L)$ を 6 次のラテン方格とする. $\mathcal{P} = R \times C$ とし, $(i, j) \in R \times C$ に対してブロック

$$B_{ij} := \{(x, y) \in R \times C \mid x = i \text{ or } y = j \text{ or } L(x, y) = L(i, j)\} \setminus \{(i, j)\}$$

---

[8] ［訳注］このように, 群作用を用いてデザインを構成することが差集合の着想である (詳しくは 第 27 章参照).

256 第 19 章 デザイン理論

からなる集合を $\mathcal{B}$ とおく.

(1) これが 2-$(26, 15, 6)$ デザインをなすことを示せ.
(2) 36 次の正則アダマール行列が存在することを示せ.

問題 19H $\boldsymbol{D}$ を 3-(v, k, λ) デザインとする. $\boldsymbol{D}$ の点 p に関する誘導デザイン $\boldsymbol{D}_{\{p\}}$ (つまり定理 19.3 の系において $i = 1$ とする) が対称デザインをなすとする.

(1) $\lambda(v - 2) = (k - 1)(k - 2)$ が成り立つことを示せ;
(2) 任意の異なるブロックは 0 個あるいは $\lambda + 1$ 個の点で交わることを示せ;
(3) ブロック B と互いに排反なブロックの集合は, B の補集合を点集合とする 2-デザイン ($\boldsymbol{D}^B$ とおく) をなすことを示せ;
(4) Fisher 不等式を $\boldsymbol{D}^B$ に適用して, $v = 2k$ であるか, そうでなければ $k = (\lambda + 1)(\lambda + 2)$ または $k = 2(\lambda + 1)(\lambda + 2)$ のいずれかが成り立つことを示せ.

どのようなデザインが $\boldsymbol{D}$ の候補になり得るだろうか. そもそもそのようなデザインは存在するのか.

問題 19I $\mathcal{P}$ を位数 n の射影平面の点集合とし, O をどの 3 点も同一直線上にないような $\mathcal{P}$ の部分集合とする. n が奇数のとき $|O| \leq n + 1$ で, n が奇数のとき $|O| \leq n + 2$ となることを示せ. どの 3 点も同一直線上にないような $n+1$ 点部分集合を**卵形** (oval) といい, どの 3 点も同一直線上にないような $n+2$ 点部分集合を**超卵形** (hyperoval) という. 例 19.7, 問題 19F の $PG_2(4)$ について, それぞれ超卵形を具体的に与えよ.

問題 19J $q = 2^m$ とし, O を $q + 2$ 点からなる $PG_2(q)$ の超卵形とする. なる $q^2 - 1$ 個のどの点 $p \in O$ についても O と交わる**割線** (secant) がちょうど $\frac{1}{2}(q + 2)$ 個ある. O の 5 点部分集合 P をとって, 次のように分割する:

$$\{\{p_1, p_2\}, \{p_3, p_4\}, \{p_5\}\}.$$

分割の方法は 15 通りある. ペア $\{p_1, p_2\}$, $\{p_3, p_4\}$ で p を通る 2 本の割線を

定めて，さらにもう 1 本の p と p_5 を通る割線を考える．後者の割線が O と交わる点（p_5 以外）を p_6 とおく．こうして，上の 5 点を含むような $\mathcal{O}$ の 6 元部分集合（で相異なるとは限らないもの）が 15 個とれるので，$S_{15}(5,6,q+2)$ を得る．これは D. Jungnickel と S. A. Vanstone (1987) による構成法である．$PG_2(q)$ の点集合の部分集合

$$\{(1,t,t^2) \mid t \in \mathbb{F}_q\} \cup \{(0,1,0),(0,0,1)\}$$

が超卵形をなすことを示せ．また p_1 から p_5 の取り方次第で重複ブロックができること，つまり上述の 5-デザインが単純デザインでないことを示せ．

2-$(n^2,n,1)$ デザインを**有限アフィン平面**という．2 次元ベクトル空間 $\mathbb{F}_q^2$ の点と直線の集まりは次数 q のアフィン平面をなす．これを $AG_2(q)$（次数 n の 2 次元アフィン平面）と書く．

例 19.8 位数 n の射影平面 $\boldsymbol{D}$ から，1 本の直線と，その上の点をすべて除去すると，位数 n の有限アフィン平面を得る．

問題 19K $\boldsymbol{D}$ を位数 n のアフィン平面とする．ブロック B_1, B_2 について，$B_1 = B_2$ であるか，B_1 と B_2 が共有点をもたないかのいずれかになるとき，$B_1 \sim B_2$ と書くことにする．$\sim$ が同値関係をなすことを示せ（$\sim$ に関する同値類を**平行類**という）．また例 19.8 の方法で $\boldsymbol{D}$ に帰着されるような位数 n の有限射影平面が存在することを示せ．

さて，N が対称デザイン $\boldsymbol{D}$ の結合行列であるとき，N^T が（別の）対称デザイン $\boldsymbol{D}^\perp$（$\boldsymbol{D}$ の双対構造）の結合行列になることを示そう．

定理 19.9 N を対称 2-(v,k,λ) デザインの結合行列とすると，N^T も対称 2-(v,k,λ) デザインの結合行列をなす．

証明 ブロック B を勝手に一つとる．整数 $0 \le i \le k$ に対して，B との共有点がちょうど i 個あるようなブロックで B と異なるものの総数を a_i とおく．B 以外のブロック，$p \in B$ の B' を満たす組 (p,B')，$p \ne q$ および $\{p,q\} \le B \cap B'$ を満たすトリプル (p,q,B') をそれぞれ数え上げると，

258 第 19 章 デザイン理論

$$\sum_{i=0}^{k} a_i = v - 1, \quad \sum_{i=0}^{k} i a_i = k(k-1), \quad \sum_{i=0}^{k} \binom{i}{2} a_i = \binom{k}{2}(\lambda - 1).$$

こうして，$\sum_{i=0}^{k}(i-\lambda)^2 a_i = 0$ を得る[9]．ゆえに，任意の $B' \neq B$ は B と λ 個の点を共有し，$N^T N = (k-\lambda)I + \lambda J$ を得る． $\square$

例 19.7 では，1 次元部分空間と 2 次元部分空間を区別する必要がなかった．このように，点集合とブロック集合の役割を反転して得られるデザインを，もとのデザインの**双対デザイン**とよぶ[10]．

大抵の場合，$\boldsymbol{D}$ と $\boldsymbol{D}^T$ は非同型になる．

さて，対称 2-(v, k, λ) デザイン $\boldsymbol{D}$ から他のデザインを得る二つの方法を紹介する．それぞれデザインの「誘導」と「剰余」とよばれているが，すでに見たように，同じ用語が別の意味でも用いられるため注意が必要である．ブロック B を任意に一つとる．$\mathcal{P} \setminus B$ を点集合とし，B 以外のブロック B' について $B' \setminus B$ を新たにブロックとすると，2-$(v - k, k - \lambda, \lambda)$ デザインを得る．これを $\boldsymbol{D}$ の（B に関する）**剰余デザイン**という．一方，B を点集合とし，B 以外のブロック B' について $B' \cap B$ を新たにブロックとすると，2-$(k, \lambda, \lambda-1)$ デザインを得る．これを $\boldsymbol{D}$ の（B に関する）**誘導デザイン**という．パラメータ v, k, b, r, λ のデザインがある対称 2-デザインの剰余デザインになるとき，$r = k + \lambda$ が成り立つ．この関係式を満たす 2-デザインを**準剰余デザイン** (quasi-residual design) という．準剰余デザイン $\boldsymbol{D}$ がある対称デザイン $\boldsymbol{D}'$ の剰余デザインにならないとき，$\boldsymbol{D}$ は $\boldsymbol{D}'$ に**埋め込み不可能**であるという．たとえば，各有限アフィン平面は，ある有限射影平面に埋め込み可能である（問題 19K）．また，第 21 章で紹介する Conner の定理 (1952) は，$\lambda = 2$ のすべての準剰余デザインが埋め込み可能であると主張している．

---

[9] ［訳注］

$$\sum_{i=0}^{k}(i-\lambda)^2 a_i = 2 \sum_i \binom{i}{2} a_i + (1 - 2\lambda) \sum_i i a_i + \lambda^2 \sum_i a_i$$
$$= \lambda \{\lambda(v-1) - k(k-1)\} = 0.$$

[10] ［訳注］行列の言葉では結合行列 N とその転置 N^T を見ることは等しい．

例 19.9 $C := \begin{pmatrix} 0 & 1 & 0 \\ 0 & 0 & 1 \\ 1 & 0 & 0 \end{pmatrix}$ として, E_i を i 列目の成分がすべて 1 で他

の成分が 0 の 3×3 行列とする. このとき次の 9×12 行列

$$N := \begin{pmatrix} E_1 & I & I & I \\ E_2 & I & C & C^2 \\ E_3 & I & C^2 & C \end{pmatrix}$$

は位数 3 のアフィン平面 $AG_2(3)$ の結合行列である.

$$A := \begin{pmatrix} 1 & 1 & 1 & 1 & 1 & 1 & 0 & 0 & 0 & 0 & 0 & 0 \\ 1 & 1 & 1 & 0 & 0 & 0 & 1 & 1 & 1 & 0 & 0 & 0 \\ 1 & 1 & 1 & 0 & 0 & 0 & 0 & 0 & 0 & 1 & 1 & 1 \\ 0 & 0 & 0 & 1 & 1 & 1 & 1 & 1 & 1 & 0 & 0 & 0 \\ 0 & 0 & 0 & 1 & 1 & 1 & 0 & 0 & 0 & 1 & 1 & 1 \\ 0 & 0 & 0 & 0 & 0 & 0 & 1 & 1 & 1 & 1 & 1 & 1 \end{pmatrix}, \quad B := \begin{pmatrix} 1 & 1 & 0 & 0 \\ 1 & 1 & 0 & 0 \\ 1 & 1 & 0 & 0 \\ 1 & 0 & 1 & 0 \\ 1 & 0 & 1 & 0 \\ 1 & 0 & 1 & 0 \\ 1 & 0 & 0 & 1 \\ 1 & 0 & 0 & 1 \\ 1 & 0 & 0 & 1 \end{pmatrix}$$

とおき, サイズ 24×16 の行列

$$D := \begin{pmatrix} A & O \\ N & B \\ N & J - B \end{pmatrix}$$

を考える. D^T が 2-$(16, 6, 3)$ デザインの結合行列をなすことは容易に確かめられる. これは準剰余デザインだが, いかなる 2-$(25, 9, 3)$ デザインの剰余デザインにもならない. 実際, $i + 6$ 行目と $i + 15$ 行目 $(1 \leq i \leq 9)$ の内積が 4 であるのに対して, 2-$(25, 9, 3)$ デザインの結合行列の列間の内積は 3 になる (定理 19.9). このことは, $\lambda = 3$ の非埋め込みデザインが存在することを意味する.

定理 19.9 で用いた数え上げと二次形式論的な手法は組合せ論でよく用いられる. しかし, 次の Ryser の定理に見るように, 代数的手法が単純で明

260 第 19 章 デザイン理論

快なこともある.（読者には数え上げに基づく証明にもチャレンジしてもらいたい.）

定理 19.10（Ryser, 1963） $\boldsymbol{D} = (\mathcal{P}, \mathcal{B}, \boldsymbol{I})$ を，$|\mathcal{P}| = |\mathcal{B}| = v$，ブロックサイズ k で，かつ任意の異なるブロック $B, B' \in \mathcal{B}$ が λ 個の共有点をもつような結合構造とする.このとき $\boldsymbol{D}$ は対称 2-デザインをなす.

証明 N を $\boldsymbol{D}$ の結合行列とすると，仮定より，

$$N^T N = (k - \lambda)I + \lambda J, \tag{19.8}$$

$$JN = kJ. \tag{19.9}$$

定理 19.9 より，$NJ = kJ$ を示せばよい.式 (19.8) より，N は正則である.ゆえに式 (19.9) から $J = kJN^{-1}$ となる.再び式 (19.8) より，$JN^T N = (k - \lambda + \lambda v)J$.したがって，

$$JN^T = (k - \lambda + \lambda v)JN^{-1} = (k - \lambda + \lambda v)k^{-1}J,$$

すなわち，N の行和は一定 (k) になる.最後に，式 (19.3)，式 (19.4) より，$(k - \lambda + \lambda v)k^{-1} = k$ を得る. $\qquad\square$

さて，対称デザインの非存在に関する最も有名な定理を証明するために，ラグランジュによる二つの結果を挙げておく.H を式 (18.6) の行列とし，各ブロック行列 A_i が 1×1 行列の場合（つまり，$A_i = (a_i)$ の場合）を考えよう.式 (18.7) より，$\boldsymbol{y} = \boldsymbol{x}H$ を満たすベクトル $\boldsymbol{x} = (x_1, x_2, x_3, x_4)$，$\boldsymbol{y} = (y_1, y_2, y_3, y_4)$ に対して

$$(a_1^2 + a_2^2 + a_3^2 + a_4^2)(x_1^2 + x_2^2 + x_3^2 + x_4^2) = (y_1^2 + y_2^2 + y_3^2 + y_4^2) \tag{19.10}$$

が成り立つ.これを用いて，任意の自然数を高々 4 個の平方数の和で表すことができる[11].この事実を示すには，式 (19.10) より，素数の場合のみを考えればよい.素数が四平方和で書けることのエレガントな証明については Chandrasekharan (1968) などを参照されたい.

次の非存在定理は Bruck–Ryser–Chowla の定理とよばれている.

---

[11] ［訳注］ラグランジュの定理.

定理 19.11（Bruck–Ryser–Chowla の定理） v, k, λ を $\lambda(v-1) = k(k-1)$ を満たす自然数とする．このとき，対称 2-(v, k, λ) デザインが存在するならば，次が成り立つ：

(1) v が偶数のとき，$k - \lambda$ は平方数である．
(2) v が奇数のとき，不定方程式 $z^2 = (k - \lambda)x^2 + (-1)^{(v-1)/2}\lambda y^2$ は非自明な解 x, y, z をもつ．

証明 (1) は定理 19.7 そのものなので，v が奇数の場合のみを考えればよい．$N = (n_{ij})$ を対称 2-(v, k, λ) デザイン $\mathcal{D}$ の結合行列とする．$n := k - \lambda$ とおく．$x_1, \ldots, x_v$ に関する v 個の一次式

$$L_i := \sum_{j=1}^{v} n_{ij}x_j, \quad 1 \le i \le v$$

を考える．$N^T N = (k - \lambda)I + \lambda J$ より，

$$L_1^2 + \cdots + L_v^2 = n(x_1^2 + \cdots + x_v^2) + \lambda(x_1 + \cdots + x_v)^2. \tag{19.11}$$

ラグランジュの定理より，n は適当な自然数 a_1, a_2, a_3, a_4 の平方和で表される．このことと式 (19.10) をあわせると，

$$n(x_i^2 + x_{i+1}^2 + x_{i+2}^2 + x_{i+3}^2) = y_i^2 + y_{i+1}^2 + y_{i+2}^2 + y_{i+3}^2 \tag{19.12}$$

となる．ただし各 y_i は，$x_i, x_{i+1}, x_{i+2}, x_{i+3}$ の一次式で表されている．

$v \equiv 1 \pmod 4$ とする．$w = x_1 + \cdots + x_v$ とおくと，式 (19.12) より，式 (19.11) は

$$L_1^2 + \cdots + L_v^2 = y_1^2 + \cdots + y_{v-1}^2 + nx_v^2 + \lambda w^2 \tag{19.13}$$

の形に帰着される．式 (18.6) の H は可逆なので，$x_1, \ldots, x_{v-1}$ はそれぞれ y_i たちの一次式で表されており，w は y_i たちと x_v の一次式で表されている．さて，変数の個数を減らそう．そこで，$y_1, \ldots y_{v-1}, x_v$ の一次式である L_1 の y_1 の係数が $+1$ でないなら $L_1 = y_1$ とおき，そうでなければ $L_1 = -y_1$ とおく．このとき，y_1 は $y_2, \ldots, y_{v-1}, x_v$ の $\mathbb{Q}$ 上一次式で表されており，式 (19.11) は

262 第19章 デザイン理論

$$L_2^2 + \cdots + L_v^2 = y_2^2 + \cdots + y_{v-1}^2 + nx_v^2 + \lambda w^2$$

に帰着される．同様のことを繰り返して，変数 $y_1, \ldots, y_{v-1}$ を順に消去する と，各ステップにおいて w は残りの変数の一次式で表されることになる． 一連の手続きの後，不定方程式

$$L_v^2 = nx_v^2 + \lambda w^2$$

が得られ，L_v と w はともに x_v の有理数倍になる．有理数の分母を払うと， 適当な非零整数 x, y, z について

$$z^2 = (k - \lambda)x^2 + \lambda y^2$$

と書ける．こうして $v \equiv 1 \pmod 4$ の場合は証明された．$v \equiv 3 \pmod 4$ の場合には，変数 x_{v+1} を新たに導入して，nx_{v+1}^2 を式 (19.13) の両辺に加 えれば，上の議論と同様にして，$nx_{v+1}^2 = y_{v+1}^2 + \lambda w^2$ を得る．こうして， 不定方程式 $(k - \lambda)x^2 = z^2 + \lambda y^2$ を得る．　　　　　　　　　　$\square$

例 19.10　例 19.7 より，$n = 6$ を除くすべての自然数 $2 \le n \le 9$ に対し て，位数 n の有限射影平面が存在する．定理 19.11 より，位数 6 の射影平 面が存在するための必要条件は，方程式 $z^2 = 6x^2 - y^2$ が非自明な解を もつことである．そのような解があるとすれば，共通の素因子をもたない x, y, z がとれるはずで，y と z はともに奇数でなければならない．このと き，$y^2 \equiv z^2 \equiv 1 \pmod 8$ となるが，$6x^2 \equiv 0, 6 \pmod 8$ であることから， $z^2 = 6x^2 - y^2$ が自明な解しかもち得ないとわかる．したがって位数 6 の射 影平面は存在しない．

　同様の議論で位数 10 の射影平面の非存在を示そうとすると，不定方程式 $z^2 = 10x^2 - y^2$ の解を調べることになる．しかしながら，この場合には， $(x, y, z) = (1, 1, 3)$ が非自明な解になっているのでうまくいかない．Lam, Swiercz, Thiel (1989) は，大型計算機 Cray 1 で数百時間計算して，位数 10 の射影平面の非存在を示した．Bruck–Ryser–Chowla の定理を用いずに有 限射影平面の非存在が証明された事例は，この 1 件だけである．

系　位数 $n \equiv 1, 2 \pmod 4$ の有限射影平面が存在するならば，n は二つの

平方数の和で表される.

証明 $n \equiv 1, 2 \pmod 4$ のとき $n^2 + n + 1 \equiv 3 \pmod 4$. 定理 19.11 より，$n$ は二つの有理数の平方和で表される．このことと，n が二つの整数の平方和で表されることは等価である（n が二つの整数の平方和で表されることと，n の非平方な素因子 $\equiv 3 \pmod 4$ がないことが同値であることより得られる）． □

問題 19L 対称 2-(29, 8, 2) デザインが存在しないことを示せ.

問題 19M $MM^T = mI_v$ を満たすような v 次の有理数行列 M を考える．v が奇数のとき m が平方数であることを示せ．また，$v \equiv 2 \pmod 4$ のとき m が二つの有理数の平方和で表されることを示せ[12].

　2-デザインの構成法について数多くの先行研究がある．ここでは既存の構成法のアイデアを含む例をたくさん紹介する（手法の詳細には踏み込まない）．非自明なデザインのパラメータのペア (k, λ) で最小のものは $(3, 1)$ である．2-$(v, 3, 1)$ デザインを**シュタイナー三重系**といい，$STS(v)$ と書く．式 (19.3)，式 (19.4) より，$STS(v)$ が存在するための必要条件 $v \equiv 1, 3 \pmod 6$ を得る．以下では，例 19.11 と例 19.15 の構成法を用いて，この条件が十分条件であることを「直接的」に示す．しかし，実はもっと複雑な手順を必要とする証明法もあって，それはシュタイナー三重系以外にも使える手法である．また，その手法は，問題 19N にあるような特定の部分構造をもつデザインや，与えられた自己同型群をもつデザインの構成法にも有用である．その基本的なアイデアは，まず直接的構成法によって点の個数の少ない STS を作り，それらに再帰的構成法を適用して，存在の必要条件を満たす任意の v に対して $STS(v)$ が存在することを示すというものである．後ほど，このアプローチがある（初等的な）数論の問題に帰着されることも確かめよう．上で述べたように，ここでは多数の STS の例を挙げるにとどめるが，読者には，それらの例を一般の v に拡張して $STS(v)$ の構成にチャレンジしてみてほしい（例 19.11，例 19.15 を使わずに）．

---

[12] ［訳注］このことから，オーダー $n \equiv 2 \pmod 4$ のカンファレンス行列があれば，$n - 1$ は二つの平方数の和になる.

264 第 19 章 デザイン理論

まず，要素数 3 の集合は，それ自身自明な $STS(3)$ をなしている．また，$STS(7) = PG_2(2)$，$STS(9) = AG_2(3)$ の構成法もすでに見た．さらに，例 19.1 のデザインは $STS(15)$ を与えている．

例 19.11 $n = 2t + 1$ を奇数とする．$\mathcal{P} := \mathbb{Z}_n \times \mathbb{Z}_3$ を点集合とし，トリプル $\{(x, 0), (x, 1), (x, 2)\}$ $(x \in \mathbb{Z}_n)$ とトリプル $\{(x, i), (y, i), (\frac{1}{2}(x+y), i+1)\}$ $(x, y \in \mathbb{Z}_n, x \neq y, i \in \mathbb{Z}_3)$ でブロックの集合を定める．このように単純な方法でも $STS(6t + 3)$ を得ることができる[13]．

例 19.12 $q = 6t + 1$ を素数冪とする．α を $\mathbb{F}_q$ の原始元，すなわち巡回群 $\mathbb{F}_q^*$ の生成元とする．

$$B_{i,\xi} := \{\alpha^i + \xi, \alpha^{2t+i} + \xi, \alpha^{4t+i} + \xi\}, \quad 0 \leq i < t, \quad \xi \in \mathbb{F}_q \qquad (19.14)$$

とおく．このとき，$\mathbb{F}_q$ を点集合，$B_{i,\xi}$ 全体をブロック集合とすると，$STS(q)$ を得る．実際，$\alpha^s = \alpha^{2t} - 1$ とおくと，$\alpha^{6t} = 1$，$\alpha^{3t} = -1$ より，$B_{0,0}$ の異なる要素間の「差」は

$$\alpha^{2t} - 1 = \alpha^s, \qquad\qquad -(\alpha^{2t} - 1) = \alpha^{s+3t},$$
$$\alpha^{4t} - \alpha^{2t} = \alpha^{s+2t}, \qquad\qquad -(\alpha^{4t} - \alpha^{2t}) = \alpha^{s+5t},$$
$$\alpha^{6t} - \alpha^{4t} = \alpha^{s+4t}, \qquad\qquad -(\alpha^{6t} - \alpha^{4t}) = \alpha^{s+t}$$

になっている．ゆえに，任意の $0 \neq \eta \in \mathbb{F}_q$ に対して，η が $B_{i,0}$ の二つの要素の差で表されるような $0 \leq i < t$ はただ一つ存在する．このことは，任意の $\mathbb{F}_q$ の元 x, y $(x \neq y)$ に対して，x, y が $B_{i,\xi}$ に含まれるような i と $\xi \in \mathbb{F}_q$ が一意に定まることを意味している． $\square$

例 19.6 や例 19.12 で用いられた手法は**差集合族** (difference family) とよばれる．例 19.15 では，より高度な差集合族の使い方を紹介する．

以上より，$v = 55, 85, 91$ 以外の $v \leq 100$ に対して $STS(v)$ が存在するとわかる．

例 19.13 $i = 1, 2$ に対して $\mathcal{P}_i$ を点集合とする $STS(v_i)$ を考える．$\mathcal{P} :=$

---

[13] ［訳注］R. C. Bose による構成法である．

$\mathcal{P}_1 \times \mathcal{P}_2$ とし，次のいずれかの型のトリプル $\{(x_1, y_1), (x_2, y_2), (x_3, y_3)\}$ からなる族をブロック集合 $\mathcal{B}$ とする：

(1) $x_1 = x_2 = x_3$ かつ $\{y_1, y_2, y_3\}$ は $STS(v_2)$ のブロックである，

(2) $\{x_1, x_2, x_3\}$ は $STS(v_1)$ のブロックであり，かつ $y_1 = y_2 = y_3$，

(3) $\{x_1, x_2, x_3\}$ は $STS(v_1)$ のブロックであり，かつ $\{y_1, y_2, y_3\}$ は $STS(v_2)$ のブロックである．

これは明らかに $STS(v_1 v_2)$ をなす（必要な数のブロックが得られていることを確認せよ）．

とくに $v_1 = 7$, $v_2 = 13$ とおくと $STS(91)$ を得る．

例 19.14 少し複雑な構成法を与えよう．$V_1 := \{1, 2, \ldots, v_1\}$ を点集合，S_1 をブロック集合とする $STS(v_1)$ が存在したと仮定する．さらに，$V = \{s+1, \ldots, v_1\}$ を点集合として，V に完全に含まれている S_1 のブロック全体をブロック集合 $\mathcal{B}$ として，$STS(v)$ を得たとする（$s := v_1 - v$）．また，$V_2 = \{1, 2, \ldots, v_2\}$ と点集合，S_2 をブロック集合とする $STS(v_2)$ が存在したと仮定する．

新たに点集合

$$\mathcal{P} := V \cup \{(x, y) \mid 1 \leq x \leq s, \ 1 \leq y \leq v_2\}$$

を考える．$\mathcal{P}$ のトリプル B で次のいずれかの型のものからなる族 $\mathcal{B}$ を考える：

(1) $STS(v)$ のブロック，

(2) $\{(a, y), (b, y), c\}$, $c \in \mathcal{P}$, $\{a, b, c\} \in S_1$, $y \in V_2$,

(3) $\{(a, y), (b, y), (c, y)\}$（$y \in V_2$ で，かつ $\{a, b, c\}$ は，V と互いに排反な S_1 のブロック），

(4) $\{(x_1, y_1), (x_2, y_2), (x_3, y_3)\}$（$\{y_1, y_2, y_3\}$ は S_2 のブロックで，かつ x_1, x_2, x_3 は $x_1 + x_2 + x_3 \equiv 0 \pmod{3}$ を満たす整数とする）．

$\mathcal{P}$ の異なる 2 点を含むブロックはただ一つ存在する．つまり $\mathcal{P}$ と $\mathcal{B}$ は $STS(v + v_2(v_1 - v))$ をなす．一つのブロックのみからなる部分デザイン

266 第 19 章 デザイン理論

$(v = 3)$ をもつ STS が最も簡単な例である. また $v_1 = 7$, $v_2 = 13$ とおくと $STS(55)$ を得る.

これで $v = 85$ を除くすべての可能な $v < 100$ について $STS(v)$ を構成することができた.

問題 19N (1) $STS(v_1), STS(v_2)$ が存在するならば, $STS(v_1 v_2 - v_2 + 1)$ が存在することを示せ. これにより $STS(85)$ の存在を示せ.

(2) 点集合 $\{0, 1, \ldots, 14\}$ 上の $STS(15)$ で, $\{0, 1, \ldots, 6\}$ 上に $STS(7)$ が部分構造として埋め込まれているものを作れ.

例 19.15 $\mathcal{P} := \mathbb{Z}_{2t} \times \mathbb{Z}_3 \cup \{\infty\}$ とおく. 可換群 $\mathbb{Z}_{2t} \times \mathbb{Z}_3$ には座標ごとに加法を入れる. 便宜的に $\infty + (x, i) := \infty$ と定義する. $(x, i) \in \mathbb{Z}_{2t} \times \mathbb{Z}_3$ を x_i と略記する. 次のいずれかの型の $\mathcal{P}$ のトリプル（**基底ブロック (base block)**）を考える:

(1) $\{0_0, 0_1, 0_2\}$;

(2) $\{\infty, 0_0, t_1\}, \{\infty, 0_1, t_2\}, \{\infty, 0_2, t_0\}$;

(3) $\{0_0, i_1, (-i)_1\}, \{0_1, i_2, (-i)_2\}, \{0_2, i_0, (-i)_0\}, 1 \le i \le t-1$;

(4) $\{t_0, i_1, (1-i)_1\}, \{t_1, i_2, (1-i)_2\}, \{t_2, i_0, (1-i)_0\}, 1 \le i \le t$.

これらの $6t + 1$ 個の基底ブロックに, $(a, 0)$ $(0 \le a \le t-1)$ を加えて $t(6t + 1)$ 個のブロックを作ると, $STS(6t+1)$ が得られる. 実際, $\{x_i, \infty\}$ の形のペアは, タイプ (2) のトリプルに 1 回だけ現れる[14]. 基底ブロックの定義から, $\{a_0, b_0\}$ $(a \ne b)$ の形のペアと $\{a_0, b_1\}$ の形のペアを含むトリプルを確かめればよい. $\{a_0, b_0\}$ $(a < b)$ の形のペアは, $b - a = 2s$ のときにタイプ (3) のトリプル $\{0_2, s_0, (-s)_0\}$ を $(b-s, 0)$ で「平行移動」させたものに現れる. 同様に, $b - a = 2s - 1$ のときにはタイプ (4) のトリプルの平行移動を考えればよい. また, $\{a_0, b_1\}$ の形のペアは, たとえば $a = b \le t-1$ のとき, タイプ (1) のトリプル $\{0_0, 0_1, 0_2\}$ を $(a, 0)$ で平行移動させたものに 1 回だけ現れる. $a \ne b$ かつ $a < t$ の場合にも, タイプ (2) か (3) のトリ

---

[14] ［訳注］$0 \le x < t$ のとき $\{\infty, 0_i, t_{i+1}\} + x_0$ に 1 回だけ現れ, $t \le x < 2t - 1$ のとき $\{\infty, 0_{i-1}, t_i\} + (x - t)_0$ に 1 回だけ現れる.

プルの平行移動に現れることを確かめる．$b-a$ が $y-x$（y_1, x_0 の x と y）に等しくなるような基底ブロックを探す．タイプ (2) の基底ブロックでは，この差は t になる．一方，タイプ (3) の基底ブロック $\{0_0, i_1, (-i)_1\}$ では，i と $-i = 2t-i$（$1 \leq i \leq t-1$）がちょうど 1 回ずつ差に現れる．ほかにも考慮すべき場合があるが，それらは読者の演習問題とする．

この例により $v = 6t+1$ のとき $STS(v)$ が存在するとわかり，例 19.11 とあわせて，すべての $v \equiv 1, 3 \pmod 6$ に対して $STS(v)$ が存在するとわかった．

本章の終わりに，Fano 平面の面白い応用を紹介する．現時点では，そのアイデアは実用化されていないが，問題そのものは現実的な応用に端を発しており，いつか下記のアイデアが実際に使われる日がくるであろう[15]．1 から 7 の整数を**ライトワンスメモリ** (Write Once Memory) にデータを書き込むことを考えよう．定式的には，ビット単位で 0 から 1 への書き換えのみ許される 2 値ビット列が，ライトワンスメモリである．初期状態はすべて 0 のビット列であり，データが書き込まれるたびにビット 1 の個数が増えていく（書き込まれたデータが消えることはない）．たとえば 1 から 7 までの数を記録するには 3 ビットのメモリが必要である．このメモリに 4 回続けてデータを書き込めるだろうか？　単純に考えると，各数は長さ 3 のビット列で表されるので，12 ビットのライトワンスメモリを用意して，3 ビットごとに 4 分割すればよい．ところが，メモリをできるだけ節約して使いたい場合，よりビット数の少ないライトワンスメモリを構成しなければならない．以下では，Fano 平面の構造を利用して，7 ビットで十分であることを示そう．そうすれば 40% のメモリの節約になる．

$PG_2(2)$ の点集合を $\mathcal{P} = \{1, 2, \ldots, 7\}$，直線の集合を $\mathcal{L}$ とおき，1 から 7 の番号が付けられた初期状態（すべて 0）のメモリを準備する．そして次の手順でデータを書き込む：まず，i を記録したいが，すでに i が登録されている場合には何もしなくてよいとする．そうでないとき，以下のルールに従う．

---

[15] ［訳注］原著者らが本書を執筆していた頃（1992 年前後あるいは 2001 年前後），フラッシュメモリは実用化されていなかった．フラッシュメモリはある種のライトワンスメモリだが，現在，私たちはフラッシュメモリがない IT 機器を想像できない．

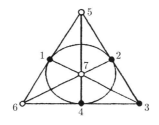

図 19.3

(1) 初期状態から，数字の i を保存するのに，i 番目のビットに 1 を書き込む；
(2) 1 の数が 1 個で状態 i にあるとき，数字の j ($\neq i$) を保存するのに，$\{i,j,k\} \in \mathcal{L}$ を満たすビット k に 1 を書き込む；
(3) 1 の数が 2 個で状態 i でないとき，数字の i を保存したければ，すでに 1 が書かれている 2 点を通る直線上の三つのビットとビット i を 1 にする．二つの 1 がもともとどこにあろうと，このことは可能である（2 通りあることもある）；
(4) メモリが四つの 1 を含むときビット 1 に対応する 4 点は図 19.3 のような配置にあるとしてよい．この場合，数字の 3 はすでにメモリに書き込まれているので，3 を記録したければ何もしない．5, 6, 7 のいずれかを保存する場合，それ以外の二つに対応するビットに 1 を書き込む．1, 2, 4 のいずれかを保存する場合，その数と 3 を通る直線に着目して，直線上の点で，まだ書き込まれていないところに 1 を書き込む．

こうして書き込まれたデータの解読方法については，ぜひ読者に考えてもらいたい．ただし，われわれは現在メモリに保存されている値だけを読むことができ，その値が何回保存されたかとか，その前の値は何であったかなどを知ることはできない．

問題 19O X を要素数 n の集合とし，$\mathcal{A}$ を X の部分集合族とする．

(1) $\mathcal{A}$ の各要素のサイズが奇数であり，かつ $\mathcal{A}$ の異なる二つの要素の共通部分のサイズが偶数であるとする．このとき $|\mathcal{A}| \leq n$ を示せ．

(2) $\mathcal{A}$ の各要素のサイズが偶数であり，かつ $\mathcal{A}$ の異なる二つの要素の共通部分のサイズが奇数であるとする．このとき $|\mathcal{A}| \leq n+1$ を示せ．等号を達成するような $\mathcal{A}$ の例はあるか？

問題 19P $v = \binom{k+1}{2}$ に対して 2-$(v, k, \lambda = 2)$ デザイン $\boldsymbol{D}$ を考える．

(1) $k = 3$ の例を挙げよ（円周上に 5 点，中心に 1 点を置いて考えるとよい）．

(2) $\boldsymbol{D}$ のブロックを A_1, A_2, ..., A_b とおき，$\mu_i := |A_i \cap A_1|$ とおく．このとき

$$\sum_{i=2}^{b} \mu_i, \quad \sum_{i=2}^{b} \mu_i(\mu_i - 1), \quad \sum_{i=2}^{b} (\mu_i - 1)(\mu_i - 2)$$

を k で表し，μ の候補を絞り込め．

問題 19Q $\mathcal{P}$ を要素数 v の点集合とし，$\mathcal{B}$ を要素数 b のブロック集合とする結合構造は，$\mathcal{P}$ の t 元部分集合 T を含むブロックが T の選び方によらずただ一つ定まるとき，**一般化シュタイナーシステム**とよばれる[16]．非自明な一般化シュタイナーシステムのブロック数 b の最小値を $b_{t,v}$ とおく（$b = 1$ の自明なデザインは除く）．$t \geq 2$ のとき

$$b_{t,v}(b_{t,v} - 1) \geq t \binom{v}{t}$$

が成り立つことを示せ．とくに $t = 2$ のとき，問題 19Q の不等式は定理 19.1 の不等式になる．実は，さらによい限界式が得られているが，その導出は簡単ではない．

問題 19R Fano 平面の点が直接結合しているとき，その点を直線の代表元とよぶことにする．$\mathcal{L}$ の個別代表系の総数を求めよ．

問題 19S 自然数 $k \geq 2$ に対して 3-$(2^k, 4, 1)$ デザインを構成せよ．

---
[16] ［訳注］通常のシュタイナーシステムの定義から「ブロックサイズ一定」の条件のみ抜く．

270 第 19 章 デザイン理論

問題 19T デザイン D がデザイン D' の誘導デザインであるとき，D' を D の拡大 (extension) という．2 回拡大可能な対称 2-デザインは 2-(21, 5, 1) デザインに限られることを示せ．

問題 19U G を問題 1J の有限グラフとする．G の頂点を点とし，各頂点 x について（隣接点の集合）$\Gamma(x)$ を直線として，結合構造 I を定める．このとき，G の性質を用いて，I が有限射影平面をなすことを示せ（問題 21Q も参照）．

問題 19V 定理 19.8 の設定のもとで，次の各問に答えよ．

(1) $W_{is}N_s = \binom{k-i}{s-i}N_i$ が成り立つことを示せ．

(2) $W_{0s}^T W_{0s}, \ldots, W_{ss}^T W_{ss}$ の任意の二つの積がこれら $s+1$ 個の行列の一次結合で表されることを示せ．すなわち，これらの行列によって張られる空間 $\mathcal{A}$ が行列の積に関して閉じていることを示せ．

(3) 定理 19.8 の不等式において等号が成り立つ．つまり，N_s が正方行列であると仮定する．このとき，$M := \sum_{i=0}^{s} b_{2s-i}^i W_{is}^T W_{is}$ とおくと，$N_s^T M^- N_s = I$ である．$M \in \mathcal{A}$ であるから，(2) より，$M^{-1} \in \mathcal{A}$ を得る．このことから，任意の異なるブロック A, B について $f(|A \cap B|) = 0$ となる s 次多項式 $f(x)$ が存在すること，つまり**ブロック交差数**が s 種類あることを示せ[17]．

ノート

2-デザインが初めて登場したとされる文献は，Plücker (1839) による有限アフィン平面 $AG_2(3)$ に関する論文である．シュタイナーシステムの概念はシュタイナーではなく Woolhouse (1844) で初めて導入されたといわれることが多い．さらに，その起源は Kirkman (1847) のある有名な問題にあるとされている．T. P. Kirkman (1806–1895) はイギリスで牧師を務めるかたわら，アマチュア数学者として，組合せ論，とくにデザイン理論において多大な功績を残した．「15 人の女学生が，7 日間で，毎日 3 人 1 組の 5 グループに分かれて散歩をする．どの 2 人の学生もちょうど一つのグ

---

[17] ［訳注］この事実は定理 19.9 の一般化になっている．

ループで一緒に散歩できるように，スケジューリングせよ」という問題は，**Kirkman の女学生問題**とよばれている．これは，ブロック集合が（互いに排反な）5 個のブロックからなる七つの族（分解集合族）に分割されるような $STS(15)$ の構成問題として定式化される．

シュタイナー (Jakob Steiner, 1796–1863) はもともと幾何学の研究者だが，平面上の 4 次曲線の 28 個の二重接線配置を研究していた時期に，シュタイナーシステムの研究にも興味をもつようになった．

Ronald A. Fisher (1890–1962) は卓越した統計学者で，統計学（多変量解析）や遺伝学での功績に加えて，統計理論の農学実験や実験計画法への応用研究においても顕著な業績を残している．2-デザインのパラメータに v, b, r, k, λ を用いるのも Fisher の流儀である．実験計画法の分野では，実験の品種 (variety)[18]の総数を v で，実験の反復回数 (replication number) を r で表すことが多い．

定理 19.7 は M. P. Schutzenberger (1949) による．

デザイン理論に大きく貢献した統計学者は Fisher だけではなく，インドの数学者 R. C. Bose (1901–1987) の業績にも特筆すべきものが多い．本章に登場した差集合族の手法のその後の進展は，Bose の功績によるところが大である．

G. Fano (1871–1952) は射影幾何の分野におけるイタリア学派の重鎮であり，そのことは $PG_2(2)$ が彼の名を冠することからもわかる．

有限射影平面の研究は K. G. C. von Staudt (1798–1867) の有名な著書 *Geometrie der Lage* (1856) に端を発するといわれている．

埋め込み不可能な準剰余デザインの最初の例は 2-$(16, 6, 3)$ デザインであり，Bhattacharya (1944) によって発見されたが，例 19.9 はより単純な例であろう．

ラグランジュ (J. L. Lagrange, 1736–1813) は生まれも育ちもイタリアだが，フランスの数学者として認知されている（彼はベルリンで学んだ）．彼の功績の多くは解析学に関するものであるが，四平方定理をはじめ整数論に

---

[18] ［訳注］実験結果に影響し得る要因を因子といい，各因子に設定されるレベルを水準という．たとえば，綿花の生育実験において，肥料が結果に影響を与えると考えるなら，肥料が因子で，肥料の種類が水準である．

272　第 19 章　デザイン理論

おける顕著な業績もいくつか発表している.

Bruck–Ryser–Chowla の定理（定理 19.11）は非常に有名な定理で，BRC 定理と称されることもある.

例 19.15 のアイデアは Skolem (1958) によるものだが，オリジナルの手法は少し異なっている. これは **Skolem 数列** (Skolem sequence) という数列と深く関与している. Skolem 数列には電波天文学への応用もある. $2n$ 個の整数の集合 $\{1, 2, \ldots, 2n\}$ を，各 $1 \leq i \leq n$ について $b_i - a_i = i$ が成り立つ組 $\{a_i, b_i\}$ に分けることができるとき，長さ $2n$ の Skolem 数列という. たとえば $n = 5$ のとき，$\{9, 10\}$, $\{2, 4\}$, $\{5, 8\}$, $\{3, 7\}$, $\{1, 6\}$ は長さ 10 の Skolem 数列をなしている. さて，トリプル $\{0, a_i + n, b_i + n\}$ を $\bmod 6n + 1$ で基底ブロックと見なすと，差 ± 1, ± 2, $\ldots$, $\pm 3n$ がちょうど 1 回ずつ現れるので，$STS(6n + 1)$ を得る.

Golay 符号（第 20 章参照）もライトワンスメモリの設計に応用可能である. 詳細については Cohen ら (1986) を参照されたい. 彼らは 11 ビットの情報を 23 個のメモリで 3 回まで書き換えられる方法を示した.

参考文献

[1] W. O. Alltop (1972), An infinite class of 5-designs, *J. Combin. Theory Ser. A* **12**, 390–395.

[2] K. N. Bhattacharya (1944), A new balanced incomplete block design, *Science and Culture* **9**, 108.

[3] R. H. Bruck, H. J. Ryser (1949), The non-existence of certain finite projective planes, *Canad. J. Math.* **1**, 88–93.

[4] N. G. de Bruijn, P. Erdős (1948), On a combinatorial problem, *Proc. Kon. Ned. Akad. v. Wetensch.* **51**, 1277–1279.

[5] K. Chandrasekharan (1968), *Introduction to Analytic Number Theory*, Springer-Verlag.

[6] S. Chowla, H. J. Ryser (1950), Combinatorial problems, *Canad. J. Math.* **2**, 93–99.

[7] G. D. Cohen, P. Godlewski, F. Merkx (1986), Linear binary codes for write-once memories, *IEEE Trans. Information Theory* **32**, 697–700.

[8] W. S. Connor, Jr. (1952), On the structure of balanced incomplete block designs, *Ann. Math. Stat.* **23**, 57–71; correction *ibid.* **24**, 135.

[9] R. H. F. Denniston (1976), Some new 5-designs, *Bull. London Math. Soc.* **8**, 263–267.

[10] G. Fano (1892), *Giornale di Matimatiche* **30**, 114–124.

[11] M. J. Granell, T. S. Griggs (1994), A Steiner system $S(5, 6, 108)$, *Discrete Mathematics* **125**, 183–186.

[12] D. Jungnickel, S. A. Vanstone (1987), Hyperfactorizations of graphs and 5-designs, *J. Univ. Kuwait (Sci.)* **14**, 213–223.

[13] T. P. Kirkman (1847), On a problem in combinatorics, *Cambridge and Dublin Math. J.* **2**, 191–204.

[14] D. L. Kreher, S. P. Radziszowski (1986), The existence of simple 6-$(14, 7, 4)$ designs, *J. Combin. Theory Ser. A* **41**, 237–243.

[15] C. W. Lam, S. Swiercz, L. Thiel (1989), The nonexistence of finite projective planes of order 10, *Canad. J. Math.* **41**, 1117–1123.

[16] D. W. Leavitt, S. S. Magliveras (1982), Simple 6-$(33, 8, 36)$ designs from $P\Gamma L_2(32)$, pp. 337–352, in: *Computational Group Theory, Proc. Durham 1982*.

[17] W. II. Mills (1978), A new 5-design, *Ars Combinatoria* **6**, 193–195.

[18] A. Ya. Petrenjuk (1968), On Fisher's inequality for tactical configurations (in Russian), *Mat. Zametki* **4**, 417–425.

[19] D. K. Ray-Chaudhuri, R. M. Wilson (1975), On t-designs, *Osaka J. Math.* **12**, 737–744.

[20] H. J. Ryser (1963), *Combinatorial Mathematics*, Carus Math. Monograph **14**.

[21] M. P. Schutzenberger (1949), A non-existence theorem for an infinite family of symmetric block designs, *Ann. Eugenics* **14**, 286–287.

[22] Th. Skolem (1958), Some remarks on the triple systems of Steiner, *Math. Scand.* **6**, 273–280.

[23] J. Steiner (1853), Combinatorische Aufgabe, *J. reine angew. Mathematik* **45**, 181–182.

[24] L. Teirlinck (1987), Nontrivial t-designs without repeated blocks exist for all t, *Discrete Math.* **65**, 301–311.

[25] J. Tits (1964), Sur les systèmes de Steiner associés aux trios 'grands' groupes de Mathieu, *Rend. Math. e. Appl.* (5) **23**, 166–184.

[26] E. Witt (1938), Die 5-fach transitiven Gruppen von Mathieu, *Abh. Math. Sem. Univ. Hamburg* **12**, 256–264.

[27] W. S. B. Woolhouse (1844), Prize question 1733, *Lady's and Gentleman's Diary*.

第20章　符号とデザイン

まず，誤り訂正符号の理論から，さらにいくつかの用語を紹介する．有限集合（**文字集合 (alphabet)**）S について，部分集合 $C \subseteq S^n$ を長さ n の**符号**とよぶ．S^n の要素を**語**とよび，C の要素を**符号語**とよぶ．文字集合が $S = \{0, 1\}$ のとき C を **2 元符号**，$S = \{0, 1, 2\}$ のとき C を **3 元符号**とよぶ．S^n の二つの語（ベクトル）$\boldsymbol{x}$ と $\boldsymbol{y}$ の**距離** $d(\boldsymbol{x}, \boldsymbol{y})$ は，成分が異なる位置の個数で定義される，つまり

$$d(\boldsymbol{x}, \boldsymbol{y}) := \big|\{i \mid 1 \le i \le n,\ x_i \ne y_i\}\big| \tag{20.1}$$

である．これは一般的な意味での距離関数になっている．$d(\boldsymbol{x}, \boldsymbol{y})$ が三角不等式を満たしていることを確認せよ．

距離の用語は幾何学の用語に合わせて定義されている．たとえば，集合 $B_r(\boldsymbol{x}) := \{\boldsymbol{y} \in \mathbb{F}_q^n \mid d(\boldsymbol{x}, \boldsymbol{y}) \le r\}$ は，本当は「ボール」という名前の方がふさわしいが，半径 r，中心 x の**球 (sphere)** とよばれている．

符号 C の**最小距離** d を

$$d := \min\{d(\boldsymbol{x}, \boldsymbol{y}) \mid \boldsymbol{x} \in C,\ \boldsymbol{y} \in C,\ \boldsymbol{x} \ne \boldsymbol{y}\} \tag{20.2}$$

と定義する．

符号理論の多くの研究は**線形符号**に関するものである．q 元 $[n, k]$ **符号** (q-ary $[n, k]$ code) で，ベクトル空間 $\mathbb{F}_q^n$ 上の次元 k の線形部分空間 C を表すものとする．

$\boldsymbol{x}$ の**重み** $w(\boldsymbol{x})$ は，

276 第 20 章　符号とデザイン

$$w(\boldsymbol{x}) := d(\boldsymbol{x}, \boldsymbol{0}) \tag{20.3}$$

で定義される．これは，$\boldsymbol{0}$ が文字集合の要素の一つであればいつでも定義できるが，線形符号のときにとくに重要な意味をもつ．C が線形であるとき，符号語 $\boldsymbol{x}$ と $\boldsymbol{y}$ の距離は $\boldsymbol{x} - \boldsymbol{y}$ の重みに等しく，$\boldsymbol{x} - \boldsymbol{y}$ も符号語なので，C の最小距離は，**最小重み**，すなわち，$\boldsymbol{0}$ でない符号語の重みの最小値に等しい．最小距離が d 以上の $[n, k]$ 符号を，$[n, k, d]$ 符号と表記する．$d = 2e + 1$ のとき，C は e-誤り訂正符号とよばれる．

符号 C の**被覆半径** $\rho(C)$ は，各符号語を中心とする半径 R の球の集合が S^n を覆うような最小の R，つまり，

$$\rho(C) := \max\{\min\{d(\boldsymbol{x}, \boldsymbol{c}) \mid \boldsymbol{c} \in C\} \mid \boldsymbol{x} \in S^n\} \tag{20.4}$$

と定義される．第 18 章で，$\{0, 1\}^n$ 上の反復符号，すなわち，$\boldsymbol{0}$ と $\boldsymbol{1}$ のみを含むような $\mathbb{F}_2{}^n$ 上の 1 次元部分空間について言及した．$n = 2e + 1$ のとき，すべての語はただ一つの符号語に対して距離が e 以下となる．したがってこの符号は被覆半径 e をもち，二つの符号語を中心とする半径 e の二つの球は交わりをもたず，空間全体を覆う．

一般に，線形符号とは限らない符号 $C \subseteq S^n$ が $|C| > 1$ で各 $x \in S^n$ がちょうど一つの符号語に対して距離が e 以下であるとき，$C \subseteq S^n$ を（e-誤り訂正）**完全符号**とよぶ．完全符号の場合，C が最小距離 $d = 2e + 1$ をもつことと被覆半径が e であることは同値である．完全符号は組合せ論的に興味深い対象であるが，ほとんど存在しない．

定理 20.1　C が S^n 上の符号で $d \geq 2e + 1$ ならば，

$$|C| \cdot \sum_{i=0}^{e} \binom{n}{i} (q - 1)^i \leq q^n. \tag{20.5}$$

証明　式 (20.5) の左辺の和は半径 e の球に含まれている語の個数を数え上げたものであることに注意すると定理の限界式が得られる．　　□

この定理で与えられた上限は，**球詰め込み限界** (the sphere packing bound)

あるいは**ハミング限界式** (the Hamming bound) として知られている．式 (20.5) の等号が成立するとき，その符号は完全符号である．

問題 20A 2 元 $[23, 12, 7]$ 符号が存在するならば，完全符号であることを証明せよ．

問題 20B 式 (20.5) より，長さが 6 で最小距離が 3 の 2 元符号は高々 9 個の符号語しかもたない．この等号が成立しない事を証明せよ．（ただし，8 個の例は存在する．）

一つの符号からもう一つの符号が S^n の座標の位置の置換によって得られるとき，二つの符号は**同値**であるという．この定義は，たとえば $S = \mathbb{F}_3$ のときに $+1$ と -1 を交換するような，S 上の要素の置換も許すように拡張されることもある．

$[n, k]$ 符号 C が $k \times n$ 行列 G の行で張られる部分空間であるとき，G を C の**生成行列**とよぶ．線形代数学の基本性質から，ある $k \times (n - k)$ 行列 P を用いて，C は生成行列が $G = (I_k\ P)$ の符号と同値であることが示される．これを**生成行列の標準形**とよぶ．

C の**双対符号** $C^\perp$ は，

$$C^\perp := \{\boldsymbol{x} \in \mathbb{F}_q^n \mid \forall \boldsymbol{c} \in C,\ \langle \boldsymbol{x}, \boldsymbol{c} \rangle = 0\} \tag{20.6}$$

と定義される．H が $C^\perp$ の生成行列のとき，明らかに，

$$C := \{\boldsymbol{x} \in \mathbb{F}_q^n \mid \boldsymbol{x} H^\top = \boldsymbol{0}\} \tag{20.7}$$

である．H は符号 C に対する**パリティ検査行列** (parity check matrix) とよばれる．$G = (I_k\ P)$ が生成行列ならば，$H = (-P^\top\ I_{n-k})$ はパリティ検査行列である．$C = C^\perp$ のとき，C は**自己双対符号** (self-dual code) とよばれる．$C \subseteq C^\perp$ ならば，**自己直交符号** (self-orthogonal) とよばれる．

C が $\mathbb{F}_q^n$ 上の線形符号のとき，**拡張符号** (extended code) $\overline{C}$ は

$$\overline{C} := \{(c_1, \cdots c_n, c_{n+1}) \mid (c_1, \cdots, c_n) \in C,\ c_1 + \cdots + c_{n+1} = 0\} \tag{20.8}$$

で定義される．c_{n+1} は**パリティ検査シンボル**とよばれる．

278 第 20 章　符号とデザイン

例 20.1　$n = (q^k - 1)/(q - 1)$ とする．各成分が $\mathbb{F}_q$ の要素で，どの 2 列も線形独立であるような，$k \times n$ 行列 H を考える．これが n のとり得る最大値であることに注意せよ．このとき H は明らかに，最小距離が 3 の $[n, n-k]$ 符号のパリティ検査行列である．このような符号は，q 元**ハミング符号**とよばれる．$\boldsymbol{c}$ が符号語のとき，$|B_1(\boldsymbol{c})| = 1 + n(q-1) = q^k$ である．$|C| = q^{n-k}$ であるので，式 (20.5) からこの符号が完全符号であることがわかる．

問題 20C　H を 3 元 $[4,2]$-ハミング符号とする．$\sum_{i=0}^{4} x_i \neq 0$ で，$(y_1 - x_1, \ldots, y_4 - x_4)$ が H の符号語となるような

$$(x_0, x_1, \ldots x_4;\ y_1, \ldots y_4)$$

を符号語とする，長さが 9 の（線形でない）3 元符号を C とする．このとき C が被覆半径 1 をもつことを示せ．（被覆半径が 1 で符号語の数が $2 \cdot 3^6$ 個より少ない長さ 9 の 3 元符号は知られていない．）

例 20.2　長さ $n = 2^k - 1$ の 2 元ハミング符号 C を考える．定義より，双対符号 $C^\perp$ は，長さ k のゼロベクトル以外のすべてのベクトルを列ベクトルとする $k \times n$ 行列を生成行列としてもつ．したがって，$C^\perp$ の拡張符号は，第 18 章の符号 $R'(1, k)$ である．$C^\perp$ は通常，長さ n の**シンプレックス符号**とよばれる．$[8, 4]$ 拡張 2 元ハミング符号は自己双対符号である．

問題 20D　符号 $R(1, 2k)$ の被覆半径が $2^{2k-1} - 2^{k-1}$ であることを示せ．（ヒント：被覆半径が高々この大きさであることを示すために，$(0, 1)$ の代わりに ± 1 を用いて，$\mathbb{Q}$ 上で議論せよ．等式を示すには，

$$\{\boldsymbol{x} \in \mathbb{F}_2^{2k} \mid x_1 x_2 + \cdots + x_{2k-1} x_{2k} = 1\}$$

の特性関数となる符号語 $\boldsymbol{z}$ について考えよ．）

　一般の符号について簡単に証明できる**シングルトン限界式** (Singleton bound) について触れておく．

定理 20.2　C を $\mathbb{F}_q$ 上の長さ n で最小距離 d の符号とする．このとき，

$$|C| \leq q^{n-d+1}$$

が成り立つ.

証明 各符号語から,最後の $d-1$ 個の成分を消去して得られる短縮符号の符号語は,互いに異なる語からなる! よって,符号語の数は q^{n-d+1} より多くはない. □

例 20.3 第 19 章との面白い関連を示す例を紹介する. $q = 2^a$ とする. S を,$PG_2(q)$ 上の超卵形とする. 例 19.7 の用語を用いて,S の要素は,どの三つのベクトルも線形独立であるという性質をもつ $\mathbb{F}_q^3$ 上のベクトルである. S の要素を列ベクトルとする $3 \times (q+2)$ 行列を H とすると,H をパリティ検査行列にもつ $\mathbb{F}_q$ 上の $[q+2, q-1]$ 符号の最小距離は 4 以上である. よって,定理 20.2 より,その最小距離は 4 に等しい. これは,定理 20.2 の等号が成立する数少ない例の一つである. シングルトン限界式の等号が成立する符号のことを,**MDS 符号** (maximum distance separable codes) とよぶ. MDS 符号について未解決の問題がたくさんある.

C を q 元 $[n, k]$ 符号とし,A_i で重み i の C の符号語の数を表すとき,

$$A(z) := \sum_{i=0}^{n} A_i z^i \tag{20.9}$$

は C の**重み母関数**とよばれる. もちろん,$A_0 = 1$ で $A(1) = |C| = q^k$ である.

問題 20E C を長さ 23,最小距離 7 で,$|C| = 2^{12}$ の線形とは限らない 2 元符号とする. $\mathbf{0} \in C$ と仮定する. 最初に C が完全符号であることを示せ. C の重み母関数が式 (20.9) によって与えられているとする. 組 $(\boldsymbol{x}, \boldsymbol{c}) \in C$ で,$w(\boldsymbol{x}) = 4$, $d(\boldsymbol{x}, \boldsymbol{c}) = 3$ となるものを数えて,$A_7 = 253$ を示せ. そして,C が完全符号であることと $\mathbf{0} \in C$ であることから C の重み母関数が完全に決定されることを示せ.

次の定理は 1963 年に F. J. MacWilliams により発表された,符号理論で

280 第 20 章 符号とデザイン

最も有用な定理の一つである.

定理 20.3 C を重み母関数 $A(z)$ をもつ $\mathbb{F}_q$ 上の $[n,k]$ 符号とし,$B(z)$ を $C^\perp$ の重み母関数とする.このとき,

$$B(z) = q^{-k}\left(1 + (q-1)z\right)^n A\left(\frac{1-z}{1+(q-1)z}\right) \tag{20.10}$$

が成り立つ.

証明 $q = 2$ のときのみ証明を与える.q が他の値の場合についても,(その場合,以降で用いる $(-1)^{\langle x,y \rangle}$ の代わりに,$\mathbb{F}_q$ の指標 $\chi(\langle \boldsymbol{u}, \boldsymbol{v} \rangle)$ を用いなくてはならないことを除き)本質的には同じである.まず,

$$g(\boldsymbol{u}) := \sum_{\boldsymbol{v} \in \mathbb{F}_2^n} (-1)^{\langle \boldsymbol{u}, \boldsymbol{v} \rangle} z^{w(\boldsymbol{v})}$$

と定義する.このとき,

$$\sum_{\boldsymbol{u} \in C} g(\boldsymbol{u}) = \sum_{\boldsymbol{u} \in C} \sum_{\boldsymbol{v} \in \mathbb{F}_2^n} (-1)^{\langle \boldsymbol{u}, \boldsymbol{v} \rangle} z^{w(\boldsymbol{v})} = \sum_{\boldsymbol{v} \in \mathbb{F}_2^n} z^{w(\boldsymbol{v})} \sum_{\boldsymbol{u} \in C} (-1)^{\langle \boldsymbol{u}, \boldsymbol{v} \rangle}$$

となる.ここで,$\boldsymbol{v} \in C^\perp$ ならば,右辺の内側の和は $|C|$ になる.$\boldsymbol{v} \notin C^\perp$ ならば,内側の和の半分は値 $+1$ をもち,もう半分は -1 になる.したがって,

$$\sum_{u \in C} g(\boldsymbol{u}) = |C| \cdot B(z) \tag{20.11}$$

となる.いま,

$$\begin{aligned}
g(\boldsymbol{u}) &= \sum_{(v_1, v_2, \cdots, v_n) \in \mathbb{F}_2^n} \prod_{i=1}^{n} \left((-1)^{u_i v_i} z^{v_i}\right) \\
&= \prod_{i=1}^{n} (1 + (-1)^{u_i} z) \\
&= (1-z)^{w(\boldsymbol{u})} (1+z)^{n-w(\boldsymbol{u})}
\end{aligned}$$

である.定理は,これを式 (20.11) に代入することで導かれる. □

系　$B(z) = \sum_{j=0}^{n} B_j z^j$ と書いたとき，$q = 2$ について，式 (20.10) から

$$B_j = 2^{-k} \sum_{i=0}^{n} A_i \sum_{l=0}^{j} (-1)^l \binom{i}{l} \binom{n-i}{j-l} \tag{20.12}$$

とわかる．

　与えられた係数 B_j について，これらの関係は係数 A_i についての線形独立な等式で，**MacWilliams 恒等式**として知られている．MacWilliams の恒等式のエレガントな応用として **Assmus–Mattson の定理** (1969) があり，知られている非自明な 5 デザインの多くは，この定理から得られる．再び証明を 2 元体の場合に制限する．他の q についても，定理はほぼ同様の証明によって一般化できる．長さ n の符号の座標の位置の集合を $\mathcal{P} := \{1, 2, \ldots, n\}$ とする．これによって 2 元符号の符号語を $\mathcal{P}$ の部分集合（すなわち，部分集合の特性関数として）と同一視することができる．符号語の 0 でない成分の座標の位置の集合を符号語の台と呼ぶ．

問題 20F　C を長さ n の完全 2 元 e-誤り訂正符号とする．文字集合が 0 を元としてもち，$\mathbf{0}$ が符号語であるとする．$\mathcal{P}$ 上の，重み $d = 2e + 1$ の符号語の台の集合が，$S(e+1, 2e+1, n)$ となることを示せ．

定理 20.4　A を 2 元 $[n, k, d]$ 符号とし，$B := A^{\perp}$ を A の双対符号で，$[n, n-k]$ 符号であるとする．$t < d$ とする．B の 0 でない $n - t$ 以下の重みの種類は，$d - t$ 以下であるとする．このとき，各重み w に対して，A の重み w の符号語の台の集合は t-デザインをなし，B の重み w の符号語の台の集合も t-デザインをなす．

証明　一般に任意の符号 C について，$\mathcal{P}$ の t 元部分集合 T を固定したとき，C の符号語から T の位置の成分を取り除くことで得られる長さ $n - t$ の短縮符号を C' で表し，また，T のすべての位置で 0 となっている C の符号語から T の位置の成分を取り除くことで得られる C' の部分符号を C_0 で表すものとする．

　証明は四つのステップで示される．

282 第 20 章 符号とデザイン

(i) T を $\mathcal{P}$ のサイズ t の部分集合であるとする. t は A の最小距離より小さいので,符号 A' は A と同じ数の符号語をもつ,すなわち,A' は k 次元であり,A' の最小距離は $d-t$ 以上である. したがって,双対符号 $(A')^\perp$ は次元 $n-k-t$ をもつ. 明らかに,B_0 は $(A')^\perp$ の部分符号である. B_0 の次元は少なくとも $n-k-t$ なので,$B_0 = (A')^\perp$ でなくてはならない.

(ii) $\sum \alpha_i z^i$ と $\sum \beta_i z^i$ をそれぞれ A' と B_0 に対する重み母関数であるとする. これらの重み母関数が t-部分集合 T の選び方に依存せず,数 t,n,k と B の語の重みだけで決まることを示す.

$0 < \ell_1 < \ell_2 < \cdots < \ell_r \le n-t$ を,符号 B についての $n-t$ 以下の 0 でない重みの列,ただし $r \le d-t$ とする. B_0 の重みもこれら以外はない. このとき式 (20.12) から,

$$|B_0|\alpha_j = \binom{n-t}{j} + \sum_{i=1}^{r} \beta_{\ell_i} \sum_{m=0}^{j} (-1)^m \binom{\ell_i}{m}\binom{n-t-\ell_i}{j-m}$$

が得られる. 仮定より,A' の最小距離は r 以上なので,$j < r$ に対する α_j の値がわかる,すなわち,$\alpha_0 = 1$,$\alpha_1 = \cdots = \alpha_{r-1} = 0$ となる. よって,r 個の未知数 β_{ℓ_i} について r 個の線形方程式が得られる. $r \times r$ の係数行列 M が,第 (i,j) 成分 $p_j(\ell_i)$ として,

$$p_j(x) := \sum_{m=0}^{j} (-1)^m \binom{x}{m}\binom{n-t-x}{j-m}$$

$1 \le i \le r, 0 \le j \le r-1$ をもつとき,これが正則行列ならば,これらの未知数はただ一つに定まる. しかし,$p_j(x)$ はちょうど次数 j の x の多項式(x_j の係数は $(-1)^j 2^j/j!$)なので,基本列変形で M をヴァンデルモンドの行列

$$\begin{pmatrix} 1 & \ell_1 & \ell_1^2 & \cdots & \ell_1^{r-1} \\ 1 & \ell_2 & \ell_2^2 & \cdots & \ell_2^{r-1} \\ \vdots & \vdots & \vdots & & \vdots \\ 1 & \ell_r & \ell_r^2 & \cdots & \ell_r^{r-1} \end{pmatrix}$$

に変形でき，各行の ℓ_i が異なるので正則行列である．

　よって，重み母関数 $\sum \beta_i z^i$ は部分集合 T の選び方によらない．A' は B_0 の双対符号なので，$\sum \alpha_i z^i$ もまた T と独立である．

(iii) $\mathcal{E}$ を B の重み w の符号語の集合とすると，$\mathcal{P}$ の部分集合族とみなすことができる．T のすべての成分が誤った $\mathcal{E}$ の元の個数は B_0 の重み w の語の個数で，これは T の選び方によらない．つまり，$(\mathcal{P}, \mathcal{E})$ の補集合は t-デザインである．問題 19C より，$\mathcal{E}$ の要素の集合もまた t-デザインのブロックをなす．したがって定理の二つ目の主張が示された．（注意：$w > n - t$ の場合については $t' := n - w$ に上の議論を適用すれば，各 w-部分集合が符号語の台であるか，どの w-部分集合も符号語の台になっていないかのどちらかであることが示される．よって，重み w の符号語は，もしあれば，自明な t-デザインをなす．）

(iv) 定理の最初の主張を示すために，帰納法を用いる．$w = d$ として始める．$\mathcal{D}$ を A の重み d の符号語の集合族をする．$\mathcal{P}$ の与えられた t-部分集合 T に含まれる $\mathcal{D}$ の要素となる集合の個数は A' の重み $d - t$ の符号語の数に等しく，上で見てきたように，この数は T の選び方によらない．すると，$\mathcal{D}$ は t-デザインである．$w > d$ として，$w \geq w' > d$ を満たすすべての w' に対して主張が成り立つと仮定する．いま，$\mathcal{D}$ で A の重み w の語の集合族を表すとする．この場合，与えられた t-部分集合 T を含む $\mathcal{D}$ の部分集合の数は，A の重み w の語の数に対応する A' の重み $w - t$ の語の数に等しい．(iii) より，A' の重み $w - t$ の語の総数は T の選び方によらない．帰納法の仮定と式 (19.6) より，A の重みが w より少ない符号語に対応する，A' の重み $w - t$ の語の数は T に依存しない．これは主張が成り立っていることを示す． $\square$

問題 20G 長さ $2^r - 1$ の 2 元ハミング符号の双対符号の重み母関数をハミング符号の重み母関数を用いて表現せよ．

例 20.4 A を 2 元 $[8,4]$ 拡張ハミング符号とする．$A = A^\perp$ であるので，定理 20.4 で $d = 4$，$t = 3$ とすると定理 20.4 の条件が満たされる．したがって，重み 4 の語は 3-デザインをなし，$R(1,3)$ に対応するアダマール 3-

284 第 20 章 符号とデザイン

$(8, 4, 1)$ デザインである.

例 20.5 次の例の後に, 有名な 2 元 Golay 符号を扱い, 対応する拡張符号 G_{24} が重みが 0, 8, 12, 16, 24 からなる $[24, 12, 8]$-自己双対符号であることを示す. 定理 20.4 から, この符号の重み 8 の語は 5-デザインをなす. 問題 20E から, 759 個のブロックが存在し, 式 (19.1) から $\lambda = 1$ である. また, この符号が最小距離 8 をもつこともわかるので, 二つのブロックは高々 4 点の共通部分をもつ. このデザインは第 19 章で紹介された Witt デザイン $S(5, 8, 24)$ である. ほかの重みの語もまた 5-デザインをなす.

例 20.6 次の 5-デザインを含むいくつかの 5-デザインが V. Pless (1972) によって発見された. 式 (18.5) で与えられた 18×18 Paley 行列 C について考える. $G = (I_{18}\ C)$ を生成行列とする 3 元 $[36, 18]$ 符号 Sym_{36} を**対称符号**とよぶ. C が Paley 行列なので, $GG^\top = O$ となる, すなわち, Sym_{36} は自己双対符号となる. これは, この符号のすべての符号語の重みが 3 で割り切れることを意味する. Sym_{36} のすべての符号語が少なくとも重み 12 をもつことを示す. C が対称行列であることから, 行列 $(-C\ I_{18})$ はこの符号に対するパリティ検査行列であり, この符号が自己双対であることから, 生成行列にもなっていることがわかる. $\boldsymbol{a}$ と $\boldsymbol{b}$ が $\mathbb{F}_3^{18}$ 上のベクトルで, $(\boldsymbol{a}, \boldsymbol{b})$ が符号語であるならば, $(-\boldsymbol{b}, \boldsymbol{a})$ もまた符号語である. したがって, 重みが 12 より小さい符号語が存在するならば, G の高々 4 行の線形結合であるような符号語が存在することを意味する. このことは以下のように簡単に確認することができる. 読者は演習と思って取り組んでほしい. C が Paley 行列であることと定理 18.1 の証明 (および問題 18B) で用いた主張は, G の 1, 2, 3 個の行の線形結合はそれぞれ重み 18, 12, 12 または 15 をもつことを示している. あとは, 四つの行の組合せについての確認が残っている. いま, 式 (18.5) の Q が周期的であることを用いる. このことは本質的に異なる組合せのみ確かめればよいことを意味している. 定理 18.1 の証明で用いた配列を, 1 行拡張することもできる. どちらの方法でも少しの計算で, 最小重みが 12 であるという結論を導くことができる. (最初の証明ではこれはコンピュータによって示された.)

いま, 3 元符号に対し, 定理 20.4 の生成方法を用いる. Sym_{36} のある固

定された重みの符号語を考えるならば（重みが 12, 15, 18, 21 に対して生成方法は有効である），そして各符号語を 0 でない成分になっている位置の集合に置き換えたならば，5-デザインを得ることができる．符号語 c と $2c$ は同じ集合をもたらすので，この集合を一つのブロックとして考えればよい．

さて，2 元符号の中で最も有名な **2 元 Golay 符号** G_{23} を考えよう．この符号の構成方法は少なくないが，ここではそれらの構成方法のうち証明が短くデザイン理論に関わっている一つだけを示す．

2-(11, 6, 3) デザインの結合行列 N を考える；このデザインは問題 19D より同型を除いて一意である．そして $NN^\top = 3I + 3J$ である．N を $\mathbb{F}_2$ の成分からなる行列と考えると，$NN^\top = I + J$ となる．よって，N は階数が 10 となり，$xN = 0$ を満たすただ一つのベクトル x は 1 である．デザインの特性からただちに，任意の行が重み 6 をもつことと，N の 2 つの行の和が重み 6 をもつことが導かれる．また，三つもしくは四つの行の和が 0 とはならないこともわかる．

次に，$\mathbb{F}_2$ 上の 12×24 行列 $G = (I_{12}\ P)$ を考える．ただし

$$
P = \begin{pmatrix} 0 & 1 & \cdots & 1 \\ 1 & & & \\ \vdots & & N & \\ 1 & & & \end{pmatrix}
\tag{20.13}
$$

とする．G の各行は，重み 0 (mod 4) である．G の任意の二つの行の内積は 0 である．このことは G の行の任意の線形結合の重みは 0 (mod 4) であることを意味する；これを帰納法で示せ．N についての結果より G の任意の数の行の線形結合が少なくとも重み 8 をもつことがわかる．G によって生成される符号を G_{24} と書く．G_{24} から任意の座標を削除すると最小距離が 7 以上の 2 元 [23, 12] 符号が得られる．問題 20A から，最小距離はちょうど 7 でなければならず，さらに**完全符号**となる！　この符号を G_{23} と書く．下記の定理で G_{23} の一意性を示し，その拡張 2 元 Golay 符号 G_{24} が一意に定まることを示す．

定理 20.5　C が長さ 24，$|C| = 2^{12}$，最小距離が 8 の 2 元符号で，$0 \in C$ な

286　第 20 章　符号とデザイン

らば，C は G_{24} と同値である．

証明　(i)　この証明の難しい部分は C が線形符号であることを証明することである．これを示すには，任意の座標を削除することで，長さ 23，最小距離 7，$|C'| = 2^{12}$ であるような符号 C' が作れることを見ればよい．問題 20E より，この完全符号の重み母関数は定まり，$A_0 = A_{23} = 1$, $A_7 = A_{16} = 253$, $A_8 = A_{15} = 506$, $A_{11} = A_{12} = 1288$ となる．この場合，C からどの 24 個の座標を消したとしても，C のすべての符号語の重みは 0, 8, 12, 16，または 24 であることがわかる．さらに，原点を変える（つまり，ある符号語をすべての符号語に加えて考える）ことで，任意の二つの符号語の距離も 0, 8, 12, 16, 24 のいずれかであるとわかる．すべての重みとすべての距離は 4 の倍数となるので，任意の二つの符号語の内積が 0 となる．したがって，C の符号語は自己直交符号を張る．しかしながら，そのような符号は高々 2^{12} 個の符号語しかもたない．したがって，C それ自身が線形で自己双対符号でなくてはならない．

(ii)　最初の行として重み 12 の任意の語を選び C の生成行列を形成する．座標の置換によって，生成行列は次のように書ける．

$$G = \begin{pmatrix} 1 & \cdots & 1 & 0 & \cdots & 0 \\ & A & & & B & \end{pmatrix}$$

B の行の任意の線形結合は 0 でない偶数の重みをもたなければならないので，B の階数は 11 である．したがって，B によって生成される符号は重みが偶数の $[12, 11, 2]$ 符号である．B は行列 I_{11} とすべての成分が 1 からなる列を並べた 11×12 行列と仮定してよいとわかる．よって，G の列の置換により，$(I_{12}\ P)$ の形の生成行列 G' が得られる．ここで，P は式 (20.13) と同様の形をもつ行列である．行列 N について何かわかっていることはあるだろうか？　明らかに N の任意の行は重み 6 をもたなくてはならない．さらに，N の任意の二つの行の和は少なくとも重み 6 をもたなくてはならない．問題 19D によって，N は一意の 2-(11, 6, 3) デザインの結合行列，すなわち，C

は G_{24} と同値である. □

例 20.5 で見てきたように,G_{24} の重み 8 の語は,Witt デザイン $\mathcal{D} = S(5,8,24)$ のブロックをなす.$\{0,1,\ldots,23\}$ で $\mathcal{D}$ の点集合を表し,$I = \{21,22,23\}$ を考える.定理 19.3 の系より,$\mathcal{D}_I$ は $S(2,5,21)$,すなわち,位数 4 の射影平面である(これは一意であると知られている).次の問題はデザイン $\mathcal{D}$ の美しい組合せ論的構成法である.

問題 20H B を $\mathcal{D}$ のブロックで,$|B \cap I| = \alpha$ とし,$B^* := B \setminus I$ とする.もし $\alpha = 3$ ならば,B^* は $PG_2(4)$ の直線であることを見た.以下を示せ.

(i) $\alpha = 2$ は,B^* が $PG_2(4)$ で超卵形であることを意味する.

(ii) $\alpha = 0$ は,B^* が 2 直線の対称差であることを意味する.

(この問題に興味を持った読者は,$\alpha = 1$ ならば B^* の 7 個の点と,少なくともそのような点を二つ含む $PG_2(4)$ の直線が,Fano 平面をなすことを期待するだろう.そのような平面は $PG_2(4)$ の **Baer 部分平面**とよばれる.)

超卵形や 2 直線の組などを数え上げることによって,上で述べたような幾何的な配置のそれぞれは集合 B^* の一つであることを示せる.実際,$S(5,8,24)$ のよく知られている構成法の一つでは,これらに,適切な I の部分集合を加えることでデザインを生成する.$PG_2(4)$ の自己同型群を用いないならば,この構成方法は自明ではない組合せ論的問題である.(再掲:興味がある読者はやってみるとよい.)

問題 20I $\mathbb{F}_4 = \{0,1,\omega,\overline{\omega}\}$ とする.$f(x) := ax^2 + bx + c$ とし,C を符号語 $(a,b,c,f(1),f(\omega),f(\overline{\omega}))$ からなる $\mathbb{F}_4$ 上の $[6,3]$ 符号であるとする.

(i) C が最小重み 4 をもち,重み 5 の符号語が存在しないことを示せ.

(ii) G を 2 元符号とし,G は次の性質を満たすすべての 4×6 の $(0,1)$-行列 A の四つの行ベクトル $\boldsymbol{a}_0, \boldsymbol{a}_1, \boldsymbol{a}_\omega \boldsymbol{a}_{\overline{\omega}}$ を並べたベクトルを符号語としてもつとする.

(1) A の各列がその最初の行 $\boldsymbol{a}_0$ と同じパリティをもつ

(2) $\boldsymbol{a}_1 + \omega \boldsymbol{a}_\omega + \overline{\omega} \boldsymbol{a}_{\overline{\omega}} \in C$

288 第 20 章 符号とデザイン

このとき G が $[24, 12, 8]$ 符号，すなわち，$G = G_{24}$ であることを示せ．

問題 20J 例 20.6 のように，位数 6 の Paley 行列 C を用いて，3 元符号 Sym_{12} を構成する．Sym_{12} が $[12, 6, 6]$-自己双対符号であることを示せ．この符号のある座標を消去して，3 元 $[11, 6, 5]$ 符号 G_{11} を作る．この符号が完全符号であることを示せ．これは **3 元 Golay 符号** とよばれる．

　符号からデザインを構成するいくつかの例を見てきた．次は逆にデザインのブロック（の特性関数）から生成された符号について考える．N を位数 n の射影平面の結合行列とする．$v = n^2 + n + 1$ とし，N の行で生成される $\mathbb{F}_2^v$ の部分空間 C を考える．n が奇数のときは，C は特別興味深くはない．すなわち，ある座標に 1 があるような N の行の和をとれば，その座標に 0 があり，ほかには 1 が並ぶ行となる．これらのベクトルは，重みが偶数の $[v, v-1, 2]$ 符号を生成し，C は明らかに奇数の重みをもつ符号語をもたないので，これが C である．n が偶数のとき，この問題はより興味深い．$n \equiv 2 \pmod 4$ の場合について考える．

定理 20.6 $n \equiv 2 \pmod 4$ ならば，位数 n の射影平面に関する結合行列 N の行は，次元が $\frac{1}{2}(n^2 + n + 2)$ の 2 元符号 C を生成する．

証明 (i) n が偶数であることから，各直線は奇数個の点をもち，任意の二つの線は 1 点で交わるので，符号 $\overline{C}$ は自己直交符号になる．したがって，$\dim C \leq \frac{1}{2}(n^2 + n + 2)$．

(ii) $\dim C = r$ とし，$k := n^2 + n + 1 - r = \dim C^\perp$ とする．H が C に対するパリティ検査行列とする．座標平面は H が $(I_4 \; P)$ となるように置換されていると仮定する．$A := \begin{pmatrix} I_k & P \\ 0 & I_r \end{pmatrix}$ と定義する．$(0, 1)$-行列 N と A を $\mathbb{Q}$ 上の行列と見なす．このとき，

$$\det NA^\top = \det N = (n+1)n^{\frac{1}{2}(n^2 + n)}.$$

$NA^\top$ の最初の k 列のすべての成分が偶数であるので，$\det N$ は 2^k で割り切れる．よって，$\frac{1}{2}(n^2 + n) \geq k$，すなわち，$r \geq \frac{1}{2}(n^2 + n + 2)$

となる.

以上の (i) と (ii) から結論が示される. □

この定理から，N の行から生成された符号 C は $\overline{C}$ が自己双対符号であるという性質をもつ. この符号について，より興味深い性質，すなわち符号から平面を再構成できるということを示したい.

定理 20.7 定理 20.6 の符号 C は，最小重み $n+1$ をもち，最小重みをもつ各符号語は位数 n の平面上の直線に対応する.

証明 前述したように，符号語を平面の部分集合と見なす. よって，点が符号語 c 上にあるといったときに何を意味するかわかりやすいだろう. c を $w(c) = d$ である符号語とする. n は偶数なので，平面上の直線に対応する符号語は拡張符号 $\overline{C}$ のパリティ検査シンボルとして 1 をもつ. この符号は自己双対で以下を意味する.

(1) d が奇数ならば，c は各直線と少なくとも 1 回交わる；
(2) d が偶数ならば，c 上の固定した点を通る各直線は c ともう一つの点で交わる.

(2) の場合，ただちに $d > n + 1$ であることがわかる. (1) の場合，$(n+1)d \geq n^2 + n + 1$，すなわち，$d \geq n+1$ とわかる. $w(c) = n+1$ ならば，平面上の直線 L が存在して，c と少なくとも 3 点で交わる. L のある点が c の点でないとしたら，(1) より，その点を通る L でない各直線は c と交わらなくてはならない. これは $d \geq n+3$ を意味する. したがって c は直線 L でなければならない. □

偶数の次数 n の射影平面上を思い出すと，**超卵形**は，どの 3 点も同一直線上にはない $n+2$ 個の点からなる集合であった.

定理 20.8 定理 20.6 の符号 C の，重み $n+2$ の符号語の集合は平面上のすべての超卵形の集合と等しい.

証明 (i) $v \in C$ として $w(v) = n+2$ とする. 各直線は v と偶数個の点

290 第 20 章 符号とデザイン

で交わる．L を平面上の直線とし，$\boldsymbol{v}$ と L が $2a$ 個の共通点をもつと
する．これらの $2a$ 個の点の一つを通る，L ではない n 本の各直線は，
少なくとも 1 度 $\boldsymbol{v}$ と交わる．したがって，$2a + n \le n + 2$，すなわち，
$a = 0$ または $a = 1$ となる．

(ii) V を超卵形とする．S を V の $\dbinom{n+2}{2}$ 個の割線の集合であると
する．V に属さない各点は $\frac{1}{2}(n+2)$ 個の割線上にあり，V 上の各点
は $n + 1$ 本の割線上にある．$n \equiv 2 \pmod 4$ であるので，割線に対応
する符号語の和は V の特性関数である．したがって，これは符号語
である． $\qquad\qquad\qquad\qquad\qquad\qquad\qquad\qquad\qquad\qquad\Box$

　先の二つのような定理は，位数 10 の射影平面に対応する符号に関するコ
ンピュータ探索を可能にするために十分な情報をもたらす．最初の重要な
結果は F. J. MacWilliams, N. J. A. Sloane, J. G. Thompson (1973) によ
るもので，この符号が重み 15 の語をもたないことを示した．現在，位数が
$n \equiv 2 \pmod 4$ の射影平面で唯一知られているものは Fano 平面のみであ
る．

問題 20K　次の二つの条件を満たす 0, 1, -1 を成分とする 4×39 行列を見
つけよ．(i) すべての成分が 0 の列や，他の列の ± 1 倍になっているような
列は存在しない．(ii) 各行は 0, 1, -1 をそれぞれ 13 個ずつ含む．

　これを一般化して性質 (i), (ii) を満たす $r \times \frac{1}{2}(3^r - 1)$ 行列を構成せよ．
ただし 13 は適切な値に置き換えるものとする．

　（上の行列は次のパズルで用いることができる．39 個のコインで，一つが
偽物でほかのものに比べて重いか軽くなっている．天秤で 2 つの皿の釣り
合いを観ることができる；一方の皿にいくつかのコインを置き，もう一方の
皿にもいくつか置くと，どちらが全体として重いかがわかる．合計 4 回測
って，偽物のコインを見つけ，それが軽いのか重いのかを決定せよ．）

問題 20L　Körner（ケルナー）と Simonyi（シモーニ）は，$q > 2$ 個の文字
からなる文字集合上の符号で，符号語が異なるだけでなく，どの三つの符
号語についてもある座標でそれらの三つの成分が異なるとき **トリファレン
ト** とよんだ．$F(n,q)$ を長さ n のトリファレント符号の符号語の最大数とす

る．$F(n,q) \geq 6^{-1/2}(q/3)^{n/2}$ であることを示せ．（ヒント：定理 3.6 を用いる．N 個の符号語からなるランダムな符号を考える．$\{1, 2, \ldots, n\}$ の各 3-部分集合 S について，A_S を S の位置で三つの符号語がすべては異ならないまたはトリファレントでないような事象とする．A_S が確率 $(3q(q-1) + q)^n/q^{3n}$ となることを示せ．このような方法を用いる）．

ノート

この章では符号の誤り訂正の性質については扱ってこなかった．符号理論の体系的な取り扱いに関しては Van Lint (1999) を参照されたい．デザイン理論と符号理論について Cameron と Van Lint(1991) には，より多くの関係が挙げられている．MacWilliams と Sloane は符号理論についての最もよい参考文献 (1977) である．

符号理論の起源に関する歴史に関して，Thompson (1983) を参照されたい．最初の発見者についての議論はあるが，ハミング (R. W. Hamming) と M. J. E. Golay の両者が 1947 年と 1948 年にこの非常に面白い題材の発見に貢献したことは明らかである．そして符号理論はとても重要な論文 C. E. Shannon (1948) により発展した．ハミングは誤りが検出されたとき自身のコンピュータが停止してしまうことにいらだっていたように思える．彼は，もし誤りが見つかったらその位置を突き止めて訂正し，作業を続行できるようにしようとした．Golay は二つの Golay 符号の生成行列を与えたがその符号の性質に関する証明はしなかった．

E. F. Assmus (1931–1998) は痛ましいことに，符号とデザインに関する研究集会の際，彼の愛した場所であるオーバーヴォルファッハ数学研究所で亡くなった．この章の大部分はデザイン理論と符号理論の関連性についての彼の多くの功績に基づいている．（H. F. Mattson との共著と書かれることもよくある．）

M. J. E. Golay (1902–1989) はスイスの物理学者で多分野で活躍した．赤外線分光学の功績とキャピラリーカラムの発明で知られているが，数学者には主に二つの Golay 符号の発見で知られている．

MDS 符号についてより多くを知るには，MacWilliams と Sloane (1977) を参照されたい．

292　第20章　符号とデザイン

F. J. MacWilliams (1917–1990) は符号理論に対して多くの功績を残した．これらの中では彼女の名でよく知られた定理が最も重要である．彼女とN. J. A. Sloane と共著の著書は符号理論で最も重要な参考文献である．多くの符号理論家の場合と同様，彼女は職歴の大半でベル研究所に勤めた．

前述したように，Golay 符号 G_{24} の構成方法は数多く存在する．それらの構成方法はある置換群がその符号の自己同型群に含まれているということを示す．たとえば，最もよく知られている構成方法の一つは位数23の自己同型群を考えるものである．符号は一意なので，その自己同型群は上記のようなすべての部分群を含んでいなければならない．この方法で，自己同型群が有名なマシュー群 M_{24} であることを示せる．この群は位数が $24 \cdot 23 \cdot 22 \cdot 21 \cdot 20 \cdot 16 \cdot 3$ で，符号語の24箇所の座標に5重可移に作用する．

$e > 2$ となる完全 e-誤り訂正符号はこの章で述べたもののほかにはないことがすでに示されている．このことについての詳細は，Van Lint (1999) を参照してほしい．また第30章も見てほしい．

参考文献

[1] E. F. Assmus, Jr. and H. F. Mattson, Jr. (1969), New 5-designs, *J. Combinatorial Theory* **6**, 122–151.

[2] P. J. Cameron and J. H. van Lint (1991), *Designs, Graphs, Codes and their links*, London Math. Soc. Student Texts **22**, Cambridge University Press.

[3] J. H. van Lint (1999), *Introduction to Coding Theory*, Third edition, Springer-Verlag.

[4] F. J. MacWilliams (1963), A theorem on the distribution of weights in a systematic code, *Bell Syst. Tech. J.* **42**, 79-94.

[5] F. J. MacWilliams and N. J. A. Sloane (1977), *The Theory of Error-Correcting Codes*, North-Holland.

[6] F. J. MacWilliams, N. J. A. Sloane and J. G. Thompson (1973), On the existence of a projective plane of order 10, *J. Combinatorial Theory*(A) **14**, 66-78.

[7] Symmetry codes over $GF(3)$ and new 5-designs, *J. Combinatorial Theory*(A) **12**, 119–142.

[8] C. E. Shannon (1948), A mathematical theory of communication, *Bell Syst. Tech. J.* **27**, 379–423 and 623–656.

[9] *From Error-Correcting Codes through Sphere Packings to Simple Groups*, Carus Math. Monograph **21**.

付録1 問題のヒントとコメント

問題1A 集合 $\{1, 2, 3, 4, 5\}$ の $\binom{5}{2}$ 個のペア（2元部分集合）で頂点にうまくラベル付けせよ．任意に頂点を一つ選び，この頂点およびその近傍を固定化するような自己同型の集まり（部分群）に着目して，自己同型群を決定せよ．このグラフ（Petersen グラフ）はデンマークの数学者 J. P. C. Petersen (1839–1910) によって初めて研究された．（第21章も参照）

問題1B 頂点集合 V を二つの排反な部分集合 V_1, V_2 に分割し，V_1 と V_2 の間に辺がないとする．このとき辺の本数の最大値を評価せよ．

問題1C 式 (1.1) を用いよ．(1) 次数1の頂点を考えて，帰納法を用いよ．(2) 回路には頂点と同じくらいたくさんの辺が含まれている．グラフが連結ならば，すべての頂点の次数は ≥ 1 になる．

問題1D 頂点を a_1, a_2, a_3 と b_1, b_2, b_3 とおく．頂点 a_3 とその結合辺を取り除いて，$K_{2,3}$ を作る．この $K_{2,3}$ を平面的に描く描き方が一通りであることを示せばよい．オイラーの公式（第33章）を使った別証明もある．

問題1E 各色は回路上に偶数回現れる．詳細については，J. A. Bondy, Induced subsets, *J. Combin. Theory Ser. B* **12** (1972), 201–202 を参照されたい．これは，異なる行をもつ (0,1) 正方行列が与えられたとき，列を一つ除去して，すべての行が異なる行列を得ることができるか，という問題として定式化することもできる．この事実は帰納法で簡単に証明される．

問題1F 頂点を一つ固定し，そこからグラフ距離2以下の頂点に着目する．図1.4を見よ．

問題1G Dirichlet の引き出し論法（鳩の巣原理）を使え．

問題1H $a_{ij} = a_{jk} = 1$ になるのはいつか？

問題1I 所望の回路を構成するための帰納的な手順を考えよ．

問題1J (1) について，x の隣接頂点の集合と，y の非隣接頂点の集合の間の1対1対応を作れ．

296   付録 1   問題のヒントとコメント

問題 2B   22335 の順列.

問題 2C x_i を根とする根付き全域有向木の総数を A_i, x_i から出ている辺の総数を r_i とおく. このとき, 異なるオイラー閉路の総数が

$$A_i \prod_{j=1}^{n} (r_j - 1)!$$

となることを示せばよい. そのために, x_1 を根とする特定の全域有向木を考える. x_1 を始点とする辺をオイラー閉路の最初の辺として定めて, 残りの辺を勝手にラベル付ける. 各 $1 \le i \le n$ について, x_i を始点とする辺に勝手にラベルをふる. ただし, 上述の全域有向木の辺には r_i をふる. このラベリングから自然にオイラー閉路を作ることができる. この手順は可逆的である. 詳細については, J. H. van Lint, *Combinatorial Theory Seminar Eindhoven University of Technology*, LNM **3832**, Springer, 1974 の第 19 章を参照してほしい.

問題 2D T_n において, 各辺 a が $G : \{e \in E(G) \mid c(e) < c(a)\}$ の異なる成分に端点を一つずつもつことを示す. そして, この性質をもつ任意の全域木が最低コストをもつことを示す.

問題 2E   差 $n-1, n-2, \ldots$ をこの順に作る方法は一通りしかない.

問題 2F   問題 1C を見よ.

問題 2G G が所望の性質をもつグラフであるとすると, 同じ性質をもち, かつ同数個の辺をもち, かつ次数 m の頂点がほかの次数 2 以上のすべての頂点に隣接しているようなグラフ G' が存在することを示す. 帰納法 $(m \to m+2)$ を用いる.

問題 3A   (2) について, 結論が誤りだとする. このとき, H は 2 頂点 s, t で交わり, かつ辺素な二つの部分グラフ A, B の和で表される. A, B にそれぞれ辺 $\{s,t\}$ を加えて得られるグラフ A', B' に帰納法の仮定を適用する.

問題 3B K_6 の場合と同様の議論による. ある頂点が二つ以上の単色三角形に共有されることを示す. そして残りの 6 頂点に着目する. そこからの議論は少々面倒である. 本書を読み進めている読者は, すでに定理 3.2 の系に気付いているだろう.

問題 3C $n_1 := N(p-1, q; 2)$, $n_2 := N(p, q-1; 2)$ を偶数とする. 等号が成り立つとして, $K_{n_1+n_2-1}$ を考える. 赤色 K_p も青色 K_q もないとして, 各頂点に結合している赤辺の本数を評価する. このグラフには何本の赤辺があるだろうか?

問題 3D $\mathbb{Z}_{17}$ 上で $\pm 2^i$, $i = 0, 1, 2, 3$ に着目する. もう一つの問いについても $\mathbb{Z}_{13}$ に着目するとよい. (3.4) を用いよ.

問題 3E   (1) 頂点 v を任意に一つ固定する. ここに入ってくる辺と, ここから出ていく辺のうち, 要素数の大きい方に着目して, k に関する帰納法を用いる.

(2) 確率的手法を用いる．詳細については，P. Erdős, J. Spencer (1974) の定理 1.1 を参照してほしい．

問題 3F $\{1, 2, \ldots, n\}$ を頂点集合とし，各辺 $\{i, j\}$ に色 $|i - j|$ を塗る．2 色だけでトリプルが塗られてしまうことを避けたい．仮に頂点 1 を赤色とすると，頂点 2 は青色，頂点 4 が赤色，といった具合になるはずで，$N(2) = 5$ を得る．そのような 2 色の配置をうまく分けることで $N(3)$ を評価する．詳しくは I. Schur, *Über die Kongruenz $x^m + y^m \equiv z^m \pmod{p}$*, Jber. Deutsche Math. **25** (1916), 114–116 を参照してほしい．

問題 3G 四色での辺着色 $\{i, j\} \mapsto (a_{ij}, a_{ji})$ $(i < j)$ を考える．

問題 3H K_6 の場合と同様の議論による．

問題 3I $\nu \pmod 3$ に応じて着色を定める．（$\mathbb{F}_{16}^*$ の）二つの 3 乗数の和が 3 乗数にならないことを示す．

問題 3J 所望の性質をもつ極大部分グラフを考えて，これに含まれていない頂点を数え上げる．

問題 3K 特定の色の頂点に着目して，色の「反転」ができるように辺を除去する．

問題 4A (1)（G を K_{10} に埋め込んで）G の辺を赤色で，そうでない辺を青色で塗って K_{10} の辺を塗り分ける．赤色三角形の個数を a_1，青色三角形の個数を a_2，2 本の赤辺と 1 本の青辺からなる三角形の個数を a_3，2 本の青辺と 1 本の赤辺からなる三角形の個数を a_4 とおく．a_1, a_2, a_3, a_4 に関する適当な方程式と不等式（G の頂点の次数に関する）をたてる．G には少なくとも四つ三角形があり，等号のケースが除外される．

問題 4B 帰納法を用いる．まずは定理 4.1 に目を通してみるとよい．

問題 4C 各辺 $a := \{x, y\}$ を含む三角形の個数は，少なくとも $\deg(x) + \deg(y) - n$ である．辺 a を動かして，これらの総和をとる．

問題 4D 頂点 x を一つとって，x から距離 i の頂点の集合 D_i を考える．

$g = 2t + 1$ のとき，$|D_i| = r(r-1)^{i-1}$ $(i = 1, 2, \ldots, t)$ なので不等式 $|V(G)| \leq 1 + \sum_{i=0}^{t-1} r(r-1)^i$ が成り立つことを示す．

$g = 2t$ のとき，再び $|D_i| = r(r-1)^{i-1}$ $(i = 1, 2, \ldots, t-1)$ に注意する．各頂点 $y \in D_{t-1}$ は D_t の $r-1$ 個の頂点と隣接し，一方，$y \in D_t$ は D_{t-1} の高々 r 個の頂点に隣接するので，不等式 $|D_t| \geq \frac{r-1}{r}|D_{t-1}|$ を得る．

問題 4E グラフが二部グラフであることに注意する[1]．

問題 4F 定理 4.3 より，ハミルトン閉路 H が存在する．H が，両端点を x, y とする辺 e を含まないとする．H 沿いに，x, y の「次」の頂点を x', y' とする．H 上を x' から y まで進んだのち，辺 e を通り，さらに H 上を x から y' へ「逆向

---

[1] ［訳注］各ピースを頂点とし，面を共有するピースどうしを辺で結んで，単純グラフ G を作る．すると，問題 4E は，G に「中心」のピースを終点とするような長さ 27 のパスの存在性を問う問題に読み替えられる．

298　付録 1　問題のヒントとコメント

き」に進む．$\{x', y'\}$ が G の辺なら証明終了．そうでないとき，定理 4.3 の証明
と同様，適当な辺の除去と追加によって，P がハミルトン閉路に拡張されること
を示す．定理 4.3 のさらなる一般化について，L. Lovász (1979) を参照してほし
い．

問題 4G　あるクリークの頂点でのみ $z_i > 0$ となるときに S が最大になる．

問題 4H　頂点を共有する辺の組の 2 重数え上げ．

問題 5A　(1)　任意の $A \subseteq X$ について，A と $\Gamma(A)$ に一つずつ端点をもつよう
な辺の総数を勘定する．

　(2)　$K_{1,3}$ の次数 1 の三つの頂点を，それぞれ適当な単純グラフに置き換えて所
望のグラフを構成する．(3)　(1) と同様の議論による．

問題 5B　Hall 条件がくずれない範囲内で新たな要素を取り入れて，要素数 m_i
の集合 A_i の系列を作れ．Van Lint (1974) の p.41 を参照せよ．

問題 5C　非零成分の個数に関する帰納法．定理 5.5 の議論と同様にする．

問題 5D　定理 5.5 を使う．

問題 5E　$1 \in A_1$ を含む個別代表系と，$2 \in A_1$ を含む個別代表系の個数に着目す
る．A_1 を S_i $(i < n)$ で表す．問題 14A を見よ．

問題 5F　$x_i = x_j$ で，かつ各 $1 \le k \le n$ について $x_k \in A_k$ となるような集合
$\{x_1, \ldots, x_n\}$ の総数を勘定すればよい．

問題 5G　(1) は簡単だが，(2) は少し厄介である．例 10.1 を参照する．

問題 6A　a_i の添え字の集合に（通常の）大小関係を入れて，ある半順序集合を
定義せよ．

問題 6B　(1)　A と $\bar{A}$ を考える．(2)　特定の x を含むすべての部分集合に着目す
ればよい．

問題 6C　大きい部分集合をその補集合に置き換えて定理 6.5 を使う．

問題 6D　(1)　どの二つの部分集合も同じ鎖に属さないことに注意する．(2)　帰
納法を用いる．

問題 6E　C. Greene, D. Kleitman, *Strong versions of Sperner's Theorem*, J.
Combin. Theory Ser. A **20** (1976), 80–88 を参照してほしい．

問題 7A　本文中のアルゴリズムを使う．最小カットの容量は 20 になる．

問題 7B　強さが非零のフロー f が与えられたとき，$f(e) \ne 0$ となる辺 e の集合
に s から t への単純有向道の辺全体が包含されることを示す．基本流の定数倍を
引いて，流量 0 の辺 e が f よりも多く含まれるようなフロー f' を作る．そして
帰納法を用いる．

問題 7C　f を最大流とすると，式 (7.1) より，X_i から Y_i への辺は飽和状態にあ
り，Y_i から X_i への辺の流量は 0 になる．

問題 7D　G を $X \cup Y$ を部集合とする二部グラフとする．$\{x, y\} \in E(G)$, $x \in X$,
$y \in Y$ のとき $(x, y) \in E(D)$ となるような G の向き付け D を考える．次いで，

有向辺 (s, x) $(\forall x \in X)$ と有向辺 $(y, t) \in E(D)$ $(\forall y \in Y)$ を追加し，有向グラフ D' を作る．最後に，(s, x), (y, t) のタイプの辺の容量を 1，それ以外の辺の容量を $|X| + 1$ として，ネットワークを考える．このネットワークが最大流 $|X|$ をもつことと，G に X から Y への完全マッチングが存在することは同値である．

問題 7E (4) について，$d = 2$ のとき，定理 7.2 をグラフの結合行列に適用せよ（この結果は定理 1.2 からもわかる）．(5) について，二部グラフ G（部集合は X, Y）の**二部的結合行列** M を考える．すなわち，行が X で，列が Y でそれぞれ番号付けられていて，各 (x, y) 成分が辺 $\{x, y\}$ の総数に等しくなっている行列を考える．むろん，G が単純グラフなら $(0, 1)$ 行列になる．

問題 7F D の全域木 T に対して，$E(D) \setminus E(T)$ 上の実関数は一意的に循環流に拡張される．辺が少なくとも一本ある木には，次数 1 の頂点が少なくとも一つあることを思い出すとよいかもしれない．

問題 8A 背理法．長さ n のある連続部分列が 2 回現れると，α は $n - 1$ 次以下の多項式の零点になってしまう．

問題 8B この有向グラフの頂点は $\{0, 1, 2\}$ のペアで，辺は 27 個のトリプルになっている．

問題 8C この数列はシンボル 0, 1 を 4 個ずつ含んでいる．連続部分列 000 を含んでいるなら，00010111 となってしまう．連続部分列 00 は 2 回現れるはずなので，00110011 とならざるを得ない．

問題 8D G_n の各頂点の入次数，出次数はともに 2 なので，$00 \cdots 0$ から $00 \cdots 0$ への閉道がとれる．最後の辺は $10 \cdots 0$ から入ってくる（この頂点を整数 1 の 2 進数表示と見なす）．$1 = 10 \cdots 0$ から $0 \cdots 01$ への辺はすでに使われている．こうして頂点 $2 = 010 \cdots 0$ と $3 = 110 \cdots 0$ から頂点 1 へ合わせて 2 度入ったことになる．同様のことは，帰納的に G_n のすべての頂点にもいえる．

問題 9A Winkler のアルゴリズムを使う．

問題 9B 定理 9.2 のように，n 次の埋め込みが簡単に見つかる．グラフの直径に着目する．

問題 9C 定理 9.1 と定理 9.6 を用いる．$\sum k \cos(kx)$ は $\sum \sin(kx)$ の導関数であり，$\sin(\frac{1}{2}x)$ を掛けることで計算できる．

問題 9D 定理 9.7.4 を用いる．

問題 10A E_2, E_3, E_5, E_7 をそれぞれ 2, 3, 5, 7 で割り切れる 1000 以下の非負整数の集合として，包除原理（定理 10.1）を使う．

問題 10B $f(i) = 0$ ならば $f(x)$ は $x - i$ を一因子にもつという事実と包除原理を使う．

問題 10C $\lfloor x \rfloor = \sum_{k \leq x} 1$ となることに注意して定理 10.3 を使う．

問題 10D $\sum a_n n^{-s}$ と $\sum b_m m^{-s}$ を掛け合わせて，k^{-s} の係数を求める．定理 10.3 を使う．

300 付録 1 問題のヒントとコメント

問題 10E $\sum_{d|n} \log f_d(z)$ の計算. 定理 10.3 か定理 10.4 を使う.

問題 10F 明らかに所望の着色は $2n+1$ 個ある. i が赤色, $i-1$ が青色となるような着色の集合を E_i とおいて, 包除原理を用いる. 例 10.6 を用いて, N_j を決定せよ.

$\sum_{n=0}^{\infty} \sum_{k=0}^{n} (-1)^k \binom{2n-k}{k} 2^{2n-2k} x^{2n}$ を計算して, 直接的に求めることもできる. 式 (10.6) と $\sum(2n+1)x^{2n} = (\frac{x}{1-x^2})'$ を使う.

問題 10G 定理 10.1 を使う.

問題 10H $1, 2, \ldots, n-k$ のいずれも固定しないような $\{1,2,\ldots,n\}$ 上の置換に着目する.

問題 11A すべての成分が 1 の $n \times k$ 行列に零ベクトルを 1 列付け加え, さらに $(0,0,\ldots,0,1)$ の形の行ベクトルをいくつか付け加えて正方行列を作る.

問題 11B (1) 定理 5.3, (2) 定理 11.5, (3) 行列 J_k の直和を考えよ.

問題 11C 行列 $(|A_i \cap B_j|)_{i,j}$ を求めよ. パーマネントの計算に Lucas の結婚問題を参照するのもよい.

問題 11D 定理 11.7 を使う.

問題 11E 対応するパーマネント B_n を 1 行目 (1 列目) で展開して, 漸化式 $B_n = B_{n-1} + B_{n-2} - 2$ を示せ. すると $\{B_n - 2 \mid n \geq 3\}$ はフィボナッチ数列になる. 問題 5E も参照せよ.

問題 12A 定理 12.1 を使う.

問題 12B AA^T を可約として, A の適当な行の非零成分, およびその行とほかの行との内積に着目する.

問題 12C 行間・列間の「平均」の操作を繰り返して, A の最初の 4 行・4 列を変形しても, 成分 a_{55} が変わらない. 新たに得られた行列のパーマネントを求め, 最小化する. 行列が実は $\frac{1}{5}J$ であったことを確かめる.

問題 13A 定理 13.1 を使う.

問題 13B (1) $1-x$ の二つの冪の積を考える. (2) $a+1$ 番目に整数 k があるとすると, それより前の項は何か?

問題 13C (1) A_1 を選び, A_2 をその補集合とする. 二項係数の積の和を見る. (2) A_1, A_2 の特性関数 (ベクトル) を行にもつ $2 \times n$ の行列を考えよ. A_1 と A_2 の条件を行列の言葉に読み替えてみるとよい.

問題 13D まず, $\mathcal{A}$ に属する集合の和集合 U を固定する. 例 13.6 を適用し, さらに U を動かしながら和をとる. そうして得られる答えは実はもっとよい解があることを示唆している. その解を求めるために, $\mathcal{A}$ を $k \times n$ の $(0,1)$ 行列に読み替えて, $\mathcal{A}$ に属する集合の和集合の特性ベクトルを行に付け加える. それらの特性ベクトルのある座標位置に 1 が現れるような $(0,1)$ 行列を勘定せよ.

問題 13E 最後のステップが $(x,y) \to (x+1, y+1)$ であるようなパスを考えよ. そして定理 13.1 を使え. 最後の問題については, k 個のボールを $n+k$ 個の場所

に入れる入れ方を考えよ. x_k を k 番目のボールの前のスペースの個数と見なす.

問題 13F (1) 帰納法を用いる. 1 から $n-1$ の置換が巡回置換の積で表されるとき, シンボル n を付け加える方法の総数は n 通りある. (2) 定理 13.7 で, 両辺を k について足し合わせて, 式 (13.5) を用いる.

問題 13G 式 (13.13) を式 (13.11) に代入して, 和の順序を入れ換える.

問題 13H 式 (10.6) を使う.

問題 13I $F(a) = G(a)$ に注意する.

問題 13J 二項定理 $(1+x)^n = \sum_k \binom{n}{k} x^k$ に $x = \zeta$ を代入する. ただし $\zeta^3 = 1$ とする.

問題 13K n 元集合の $n-2$ 個のパーツへの分割の総数を, 直接勘定する.

問題 14A (1) 所望の $(0,1)$ 列は 1 か 10 で終わる. フィボナッチ漸化式を作り, これを $a_n = t^n$ として解く (線形性を用いる). 例 14.3 の手法もまた有効である.

(2) 条件を満たす $(0,1)$ 列のうち, 末項が 1 のものの総数を c_n とおく. b_n を c_n で表し, c_n に関する漸化式を与える. c は, ある 4 次多項式の最大根になり, $c \approx 1.22075$ となる.

問題 14B 根付き三価木 T から, 次のようにして木 T' を構成する. T の根と次数 3 の頂点全体を T' の頂点とする. T' の 2 頂点を, 一方から他方へ左方向に傾斜する辺を 1 本だけもつような道があるとき, 辺で結ぶことにする (図 14.3 を見よ). 最後に, 木の描画の底に新たに根を書き込む. このアルゴリズムが可逆であることを確かめよ. T の次数 1 の頂点の個数が T' の頂点数に等しいことを示せ. J. H. van Lint, *Combinatorial Theory Seminar, Eindhoven University of Technology*, LNM **382**, Springer-Verlag, 1974 の p.25 を参照してほしい.

問題 14C 辺を一つ固定し, そこから巡回的に $a, b, c, \ldots$ で辺にラベルを付ける. 対角線の名前をうまくつけよ. Van Lint (1974) の p.25 を参照してほしい.

問題 14D 図 2.2 のアイデアを用いるとよい. 固定点一つにつき根付き有向木が決まる. 残りの連結成分は固定点のない写像に対応する. 式 (14.15) を見よ. $M_1(0) = 1$, $A(0) = 0$ とせよ.

問題 14E 辺を一つ固定し, これを含む四角形を考える. ほかの 3 辺は $(n+1)$ 角形の多角形分割を与える (空の多角形もあり得る). 定理 14.3 を使って $f = x + f^3$ を解く.

$(n+1)$ 角形の四角形分割の数え上げによる別証明もある. $(n+1)$ 角形の (互いに交差しない対角線による) 四角形分割の総数が, n が偶数のときに 0 で, $n = 2k+1$ のとき $\frac{1}{3k+1}\binom{2k+1}{k}$ で与えられることを使う. この事実は, $n = 2k$ の場合は明らかで, $n = 2k+1$ の場合が本質的である. 四角形分割には k 個の四角形と $k-1$ 個の対角線がある. 各四角形の内部に四角形頂点とよばれる頂点を置き, $(n+1)$ 角形の各辺に辺頂点とよばれる頂点を置く. 辺頂点を一つ固定し, こ

302 付録1 問題のヒントとコメント

れを根とする木を考える。ただし，対角線を共有する四角形頂点どうしを辺で結び，$(n+1)$ 角形の境界辺が四角形に含まれるときに対応する辺頂点と四角形頂点を辺で結ぶ。この木に沿って歩きながら，k 個のシンボル x と $2k+1$ 個のシンボル y の列を作る（x は四角形頂点，y は辺頂点に対応している）。一方，k 個の x，$2k+1$ 個の y からなる長さ $3k+1$ の巡回列の総数は $\frac{1}{3k+1}\binom{3k+1}{k}$ 個ある。このような巡回列の集合と上述の xy 列の集合が 1 対 1 対応することを示せばよい。そこで，x を X-Y 平面上の右に 1，上に 1 進むステップに対応させ，y を右に 1，下に $k/(2k+1)$ 進むステップに対応させて，xy 列を X-Y 平面上のウォークと見る。これは $(0,0)$ を始点，$(3k+1,0)$ を終点とし，途中で X 軸上にとどまることのないウォークである（$(0,0)$，$(3k+1,0)$ 以外の点で）。$(k, 2k+1)=1$ より，上のような巡回列に対応するウォークは，$(0,0)$ から $(3k+1,0)$ の区間で Y 座標が最小の点を一つだけもつ。これを起点にして，一つの木を対応させる。

問題 14F log をとって定理 10.3 を使う。log については本書の付録 2 を参照のこと。

問題 14G 例 14.11 との等価性を示せ。

問題 14H 例 14.8 と同様のアイデアでウォークを作り，y 座標が最小の点を見つけよ。

問題 14I (1) 式 (14.10) を見よ。(2) 円周上の番号 1 から $2n$ の間の一つを選び，これを根とする木を考えたい。弦で区切られた各領域内部に頂点を置いて，（境界を共有するか否かで）それらの隣接関係を定める。こうして定められた木と，すでに見たカタラン数に関する問題のいずれかとの等価性を示せ。Van Lint (1974) の p.26 を参照されたい。

問題 14J 2 正則なグラフはいくつかの（ラベル付きの）サイクルの和になっている。定理 14.2 を使う。

問題 14K 所望のウォークの総数を A_{4n} とおき，$A(z) = 1 + \sum_{n=1}^{\infty} A_{4n}z^{4n}$ を考える。始点 $(0,0)$，終点 $(2n,2n)$ で，点 (i,i) を通らないウォークの総数を，B_{2n} とおく。(14.12) より，$B(z) := \sum_{n=1}^{\infty} B_{2n}z^{2n} = 1 - \sqrt{1-4z^2}$ を得る。$A(z)$ と $B(z)$ を関係付ける（各ウォークと直線 $y=x$ の最初の交差点に注目する）。

　別解として A_n に関するウォークと例 14.8 のウォークの 1 対 1 対応を見つけよ。これはやや難易度の高い問題である。詳細については，W. Nichols, Amer. Math. Monthly **94** (1987) の問題 3096 を参照されたい。

問題 14L 漸化式 $a_n = 3a_{n-1} - a_{n-2}$ が成り立つことを確かめ，F_{2n} が同じ漸化式を満たすことを示す。

問題 14M 固定点を k 個もつ g を考える。そのような g と，条件に合う f を数え上げて k について和をとる。次に，像集合が i 個の要素からなる f を考える。$\{1,2,\ldots,r\}$ を原像に分割し，そのような f と，条件に合う g を数え上げよ（そ

して i について和をとれ). 式 (13.9) と式 (13.11) を用いよ. J. M. Freeman, S. C. Locke, H. N. Niederhausen, Amer. Math. Monthly **94** (1988) の問題 3057 などを参照するとよい.

問題 14N 始点 $(0,0)$, 終点 (n,n) のウォークで, 直線 $y = x$ と点 (k,k) で 2 回目に交わるようなものの総数 $b_{k,n}$ に着目する.

問題 15A $x_k = 1$ と $x_k > 1$ の二つの場合に分ける. $y_i = x_i - 1$ として帰納法を用いる.

問題 15B 正三角形, (正三角形でない) 二等辺三角形, 不等辺三角形の総数をそれぞれ E, I, S とおく. $E, I + E$ を求めて, $\binom{n}{3}$ を E, I, S で表す. 詳しくは, J. S. Frame, Amer. Math. Monthly **47** (1940), 664 を参照されたい.

問題 15C 部分分数展開を行う. $(1 - x)^{-t}$ の係数と式 (10.6) を用いて, c を求める.

問題 15D n の k 個の成分への (順序付き) 分割で, j 番目の成分に 3 が現れるものの総数を勘定し, すべての k について足し合わせる (3 が m 回現れる分割は m 回重複して勘定される).

別解もある. まずは順序付き分割に現れる正整数の個数の総和が $(n + 1)2^{n-2}$ であることを示す. 次いで, n に関する帰納法を用いて, n の 2^{n-1} 個の順序付き分割のうち整数 m を含むものがちょうど $(n - m + 3)2^{n-m+2}$ $(1 \leq m < n)$ 個あることを示す. その証明には恒等式 $1 + \sum_{k=1}^{n-1}(k + 3)2^{k-2} = (n + 1)2^{n-2}$ を用いる (この恒等式もまた帰納法で示される).

問題 15E 1 列目を除外する.

問題 15F 各奇数成分を真ん中で「折りたたむ」.

問題 15G 例 14.8 との関係は?

問題 15H 第 13 章を見よ.

問題 15I 定理 15.4 を拡張する.

問題 15J ある n 次正方行列に定理 15.10 を適用する.

問題 16A 帰納法による.

問題 16B 行和が r, 列和が r^* の行列の 1 列目を決定する. そして帰納法を用いる.

問題 16C 問題 16A を使って適当な辺の入れ換えを行う. あるいは, グラフを隣接行列で表し, 定理 16.2 の証明のアイデアを用いる.

問題 16D 各 s_i が n 以下であることに注意して, $s_1 + \cdots + s_n = \frac{1}{2}n^2$ の解の総数を見積もる.

問題 16E 十分性を示すために, まず (出) 次数列 $(n - 1, \ldots, 2, 1, 0)$ のトーナメント T が存在することに注意する. T において, 頂点 x の出次数が頂点 y の出次数よりも大きければ,

$$\mathrm{outdeg}_{T'}(v) = \begin{cases} \mathrm{outdeg}_T(v) + 1 & v = y \text{ のとき,} \\ \mathrm{outdeg}_T(v) - 1 & v = x \text{ のとき,} \\ \mathrm{outdeg}_T(v) & v \neq x, y \text{ のとき,} \end{cases}$$

を満たすようなトーナメント T' を構成できることを示す[2]. それは高々 2 本の辺の向きの交換でできる.

問題 16F 一つの一般化として，k 元部分集合を辞書式に並べたのち，最初の m 個を選んで超グラフを作る. 十分性の証明には問題 16A を使う.

問題 16G $A(5,3) = A(5,2)$. 式 (16.2) を使う. 直接数え上げる方法もある. (1) 1 行目を $(1,1,0,0,0)$ とする（1 行目の選び方は 10 通りある）. (2) $(2,1)$ 成分を 1 とする（1 列目の選び方は 4 通りある）. (3) $(2,2)$ 成分が 1 の場合，$(2,3)$ 成分が 1 の場合を考える. 後者の場合，$((2,4)$ 成分，$(2,5)$ 成分に 1 が入る場合も考慮して）3 通りの可能性がある. このような議論を繰り返すと，所望の場合の数が求まる. 別解もある. すなわち，$\mathcal{A}^*(5,2)$ が $\frac{1}{2}5!4! = 1440$ 個の要素からなり，$\left(\binom{5}{2}\right)^2 \cdot 3! = 600$ 個の可約な行列の存在性に着目する方法である.

問題 16H 一つ目のケースでは，$n-1$ 通りの可能性が考えられる. もう一つのケースでは，1 列目と 1 行目を削除し，$\mathcal{A}(n-1,2)$ の行列をあてはめたのち，$\mathcal{A}(n,2)$ の行列に変形する方法（2 通り）を考える.

問題 16I 代入するだけ.

問題 17A 群 G の乗積表に対応する仮定して，最初の 2 行を x と y で，最初の 2 列を u, v で番号付けると，$(v^{-1}u)^2 = 1$ が成り立たなければならない.

問題 17B 方格のサイズの小ささにも関わらず，難しい問題である. $a = 1$ のとき，ラテン方格の左上隅に $\begin{pmatrix} 1 & i \\ i & 1 \end{pmatrix}$ $(i = 2,3,4,5)$ のタイプの 2 次の部分行列があることに注意する. 同じ性質をもつラテン方格を考える. $(2,3)$ 成分が 4 でないとき，4 行目と 5 行目，4 列目と 5 列目，シンボル 4 と 5 を置換して，4 が $(2,3)$ 成分にあるような等価なラテン方格に変形する. 残りの成分を埋める埋め方は一通りしかない. 同様の（セルに関する）性質を満たすラテン方格は，上の方格と等価になる.

似たような議論で，5 次のラテン方格がごくわずかしかないことがわかる. ただ，そのうちいくつかの等価性を示すのは面倒な手間（場合分け）を必要とする.

問題 17C この時点では試行錯誤するしかない. 第 22 章に組織的な解法がある.

問題 17D 適当な行と列の置換によって，L の左上隅に m 次部分方格 L' があると仮定してよい. L の右下隅の $n-m$ 行，$n-m$ 列に，L' と同じ m 個のシンボルが現れるためには，$n-m \geq m$ でなければならない. 十分性は具体例を作って示せばよい.

---

[2] ［訳注］原著では，数式で表現されていない.

問題 17E 定理 17.5 のアルゴリズムを使え.

問題 17F (1) 反対角成分が一定であるような $n+1$ 次方格から,もともとの n 次方格を復元するためのアルゴリズムを与える.(2) 反対角成分がすべて n であるような n 次ラテン方格の総数は $N(n)/n!$ に等しくなる.

問題 17G (1) たとえば,$n=6$ のとき,6, 1, 5, 2, 4, 3 が所望の順列を与える.

(2) $x_{i+1} - x_i$ の和をとる.

(3) 二つのペアが等しくなると,(x に関する)方程式がたつ.

問題 17H n 次方格の対角成分をすべて $n+1$ に置き換えてみよ.

問題 17I 例 10.6 を思い出してほしい.

問題 17J (1) 包除原理を使う.たとえば,k 個の数が誤った位置にあるとき,$k=2i+j$ とおく(i 個のペアが誤った位置にあるとして).(2) $J_n - I_n$ に注目.

問題 18A 最初の 3 行について定理 18.1 の証明と同様の議論を用いる.4 行目以降において,最初の 3 列がすべて $+1$ になることはないことを示せ.5 行目から 7 行目は $++-$ で始まる(なぜか?).残りの成分を埋める方法は一通りしかない.問題 19D に別解がある.

問題 18B 定理 18.1 の証明と同様の議論による.すべての対角成分を 0 に保つような行・列の置換では,行列を対称行列あるいは歪対称行列に変形することはできない.行ないし列の符号反転のみが有効な手段である.1 行目を正規化し,1 列目の成分をすべて $+1$(かすべて -1)にする(対角成分は 0 のまま).$(2,3)$ 成分と $(3,2)$ 成分が,$n \equiv 2 \pmod 4$ で等しくなり,$n \equiv 0 \pmod 4$ で $\pm$ が反転することを示せばよい.

問題 18C 略.

問題 18D 四平方和 $28 = 1 + 9 + 9 + 9$ に着目する.各 W_i の対角はすべて 1 である.$w_i = 2\ (-2)$ とすると,$w_{7-i,j} = 2\ (-2)$ となることに注意する.W_j における U^i の現れ方を見ると,四つの W_i の選び方が決まる.

問題 18E 前半の主張については,帰納法で $M_n^{(i)} \cdots M_n^{(m)} = \boldsymbol{H}_{2^{m-i+1}} \otimes I_{2^{i-1}}$ を示せばよい.後半の主張については,$M_n^{(i)}$ の非零成分を勘定する.E. C. Posner (1968) を参照のこと.

問題 18F ともに帰納法を用いる.

問題 18G (2) について,1 番目の座標位置が 0(あるいは 1)であるような行の総和が n 以下であることを示す.

問題 18H 定理 18.4 を参照のこと.

問題 18I 行列 Q の諸性質を再度確認するとよい.

問題 19A (1)(の同値性の証明)$V(K_6) = \{0000, 1000, 0100, 0010, 0001, 1111\} \subset \mathbb{F}_2^4$ とおく.各辺 $e := xy$ を,$x+y$ でラベル付けし,$E(K_6)$ と $\mathbb{F}_2^4 \setminus \{\boldsymbol{0}\}$ の 1 対 1 対応を作る.

306   付録 1   問題のヒントとコメント

(2)　三つの辺からなる部分グラフは 4 パターン考えられる．詳しくは E. S. Kramer, Discrete Math. **81** (1990), 223–224 を参照してほしい．

問題 19B　b_0, b_1, b_2, b_3 を求めて，それぞれの整数性に着目する．

問題 19C　定理 19.4 を使う．

問題 19D　前半の主張については，N の i 列目の列和を c_i とおくと，$\sum_i c_i = 66$．また，行どうしの内積の総和は $\sum_i \binom{c_i}{2}$．コーシー–シュワルツ不等式から，任意の i に対して $c_i = 6$ となることと，任意の 2 行の内積が 3 であることがわかる．後半の主張について，補デザイン 2-(11, 5, 2) の一意性を示す．一般性を失うことなく，結合行列の 1 行目を 11111000000 としてよい．こうして，2 行目以降を $110\cdots$，$1010\cdots$，などで埋めていく．すると，2 行目から 5 行目が一意的に決まる．その後，右下隅の 6×6 部分行列に着目する．少し考えれば，2 通りの行列が思い付くだろう．一方は他方の置換で得られることに注意する．

問題 19E　B と i 個の点で結合するようなブロックの個数を a_i とおく．$\sum a_i$，$\sum i a_i$，$\sum \binom{i}{2} a_i$ を求める．$\sum (i - c)^2 a_i$ に着目して a_0 の不等式を導く．定理 19.9 と比較する．

問題 19F　写像 $x \mapsto 2x$ で生成される群の軌道は 6 個ある．そのうち二つはサイズが 6 以上で使えない（$\{1, 2, 4, 8, 16, 11\}$ など）．

問題 19G　対応する直交配列を考える．$\{0, 1\}$ と $\{\pm 1\}$ を同一視する．

問題 19H　(1) 式 (19.2) あるいは式 (19.4) を使う．(3) 点 p と結合するブロックに限定して，$p, q \notin B$ の組を数え上げよ．(4) まずは $\mathcal{D}^B$ がただ一つのブロックからなるとする．例 19.3 を思い出してほしい．$\mathcal{D}^B$ が二つ以上ブロックをもつ場合，Fisher 不等式を用いて，$k \geq (\lambda + 1)(\lambda + 2)$ を導く．b_0 を k と λ の有理式で表す．そして，$2(\lambda + 1)(\lambda + 2)$ が k で割り切れることを示せ．

問題 19I　(1) $x \in O$ を勝手に一つ固定する．$y \in O$ と，x と y を通る直線 L の組 (y, L) を数え上げる．(2) (1) より，$|O| = n + 2$ ならば，O と交差するすべての直線が O と 2 点で交差する．$z \notin O$ を通り O と交差する直線を数え上げよ．(3) どの 3 点も同一直線上にない 4 点を一組とる．これらは 6 個の直線を定める．これらの直線上には合わせて 19 個の点がある．

問題 19J　p_1 から p_5 を $(1, 0, 0)$, $(0, 1, 0)$, $(0, 0, 1)$, $(1, 1, 1)$, $(1, t, t^2)$ とおく．これらを 2 通りの方法でうまく分けて，$p_6 = \left(1, t/(1 + t), (t/(1 + t))^2\right)$ を生成する．D. Jungnickel, S. A. Vanstone (1987) を参照してほしい．

問題 19K　$B_1 \sim B_2$ とする．B_1 と交差するブロックを数え上げる．$x \in B_1$，$y \in B_2$ とする．B_1 と B_2 の両方と交差するブロックを数え上げる．同値類の個数は $n + 1$ で，各々 n 本の直線から成り立っている．各同値類に対して新しい「点」を導入し，それを対応する同値類の各直線上の点として付け加える．

問題 19L　定理 19.11 の定理を使う．mod 3 で考える．

問題 19M　v が偶数のときには，定理 19.11 の証明と同様にして，二次形式の議

論を使う．詳細については，J. H. van Lint, J. J. Seidel, Equilateral point sets in elliptic geometry, Proc. Kon. Nederl. Akad. Wetensch **69** (1966), 335–348 を参照してほしい．

問題 19N　(1) $|V| = 1$ のとき例 19.14 の手法を用いる（$85 = 7(13 - 1) + 1$）．(2) $15 = 7(3 - 1) + 1$．

問題 19O　$|\mathcal{A}| := b$ とし，N をデザインの結合行列（サイズ $n \times b$）とする．(1) $N^T N$ が mod 2 で正則になることを示す．(2) N に成分がすべて 1 の列ベクトルを付けて，行列 N_1 を作る．$N_1^T N_1$ のランクが mod 2 で b 以上になることを示す．

問題 19P　表示されている三つ目の式が 0 になることを示す．μ_i が 1 か 2 になることがわかる．

問題 19Q　帰納法を使う（$t = 2$ から始める）．異なるブロック A, B と，それらが共有する点 x のトリプル (x, A, B) の個数の 2 重数え上げ．

問題 19R　例 19.6 のように直線を表現して，その巡回性を用いる．SDR で「最初」に使われる要素の個数で異なる場合を区別せよ．

問題 19S　k に関する帰納法で構成することもできるが，$\mathbb{F}_2^n$ を点集合として直接構成する方が早いかもしれない．例 19.1 を思い出してほしい．

問題 19T　問題 19H を使う．この拡張について，第 20 章を参照されたい．

問題 19U　定理 5.5 を使う．

問題 20A　式 (20.5) を適用せよ．

問題 20B　鳩の巣原理を語の最後の 2 ビットに適用せよ．三つの語からなる 2 元符号はより簡単に容易に扱える．

問題 20C　符号語の成分の 3 通りの誤り方それぞれについて，適切な成分を取り替えて，状況に合ったものにせよ．

問題 20D　(1) アダマール行列の行 $\boldsymbol{a}_i$ について，生成行列の行は，$\pm \boldsymbol{a}_i$ ($i = 1, \ldots, n$) に対応する．$n = 2^{2k}$ とし，$\boldsymbol{u} \in \mathbb{F}_2^n$ とする．$\boldsymbol{u}^*$ で ± 1 で表現したものを表す．上限を見つけるために，$\sum \langle \boldsymbol{u}^*, \boldsymbol{a}_i \rangle^2$ を計算せよ．

(2) 等号について，まず $\boldsymbol{z}$ の重みを見つけよ．それから，符号語が線形写像に対応していることと，$\boldsymbol{x}$ に線形写像を加えることで同値な二次形式となることを用いる．

問題 20E　(1) 問題 20A を参照せよ．(2) 重み 7 の符号語で被覆される，重み 5 の語を数えよ．そして，重み 8 の符号語で覆われる重み 5 の語も数えよ．このアイデアを用いて，A_i に対する連立 1 次方程式を構成せよ．

問題 20F　重み $e + 1$ の符号語との距離が e 以下の符号語は，重み $2e + 1$ をもっていなくてはならない．

問題 20G　長さ $2^r - 1$ の 2 元ハミング符号の双対符号の符号語は，$\mathbb{F}_2^r$ 上の線形写像と同一視できる．（第 18 章の Reed–Muller 符号についての幾何的な表現を参

308 付録 1 問題のヒントとコメント

照せよ），0 でない符号語はそれぞれ重み 2^{r-1} をもつ．

問題 20H 式 (19.6) と，G_{24} が線形で最小重み 8 をもつことを用いよ．$\binom{21}{2}$ 個の直線の組がある．$\alpha = 1$ のとき，平面上の 7 点からなる配置 B^* を考えよ．B^* と交わる任意の直線は，1 点もしくは 3 点で交わる．B^* と 3 点で交わるものはいくつあるか？

問題 20I (i) C に対する標準的な生成行列を見つけよ．(ii) 条件 (1) と (2) は明らかに線形符号を定める．条件 (1) では，パリティに対して二つの選択肢がある．条件 (2) では，符号語に対して，4^3 通りの選び方がある．A の 5 列を選ぶと，二つの可能性がある（最後の一つにはならない！）．偶数であるとした場合，0 以外の C の符号語が重み ≥ 8 をみたさなくてはならない．$\mathbf{0}$ を分けて考えなければならない．奇数であるとした場合，重みが少なくとも 6 以上のものがある．条件 (1) より等号が不成立とわかる．Golay 符号についてのこの興味深い記述についての詳細や多くの結果は，次を参照せよ．J. H. Conway, The Golay codes and the Mathieu groups, Chapter 11 in J. H. Conway and N. J. A. Sloane, *Sphere Packings, Lattices and Groups*, Springer-Verlag, 1988.

問題 20J 自己双対性は例 20.6 のように示す．Sym_{12} のすべての重みは 3 で割り切れる．生成行列の二つの行の線形結合を考えて，三つ目の行を加えたときに何が起こるかを考えよ．式 (20.5) を用いよ．

問題 20K 一般化は r に関する帰納法で示せ．各 r に対して，どの列も定数ベクトルでないような行列を見つけよ．帰納法のステップとして，その r 行からなる行列の三つのコピーをすべての成分が 0 からなる行，すべての成分が 1 からなる行，すべての成分が 2 からなる行にそれぞれ連結して，適切な三つの列を加えよ．

問題 20L ヒントはこの章に十分にあるだろう．

付録 2　形式的冪級数

まず，本付録に紹介する多くの事実は証明なしで述べることを断っておくが，それらの証明は読者にとってやさしい演習問題であろう．

集合

$$\mathbb{C}^{\mathbb{N}_0} := \{(a_0, a_1, a_2, \ldots) : \forall i \in \mathbb{N}_0,\ a_i \in \mathbb{C}\}$$

上で，和と積を

$$(a_0, a_1, \ldots) + (b_0, b_1, \ldots) := (a_0 + b_0, a_1 + b_1, \ldots)$$

$$(a_0, a_1, \ldots)(b_0, b_1, \ldots) := (c_0, c_1, \ldots)$$

と定義する．ただし，$c_n := \sum_{i=0}^{n} a_i b_{n-i}$ である．この定義により，$(\mathbb{C}^{\mathbb{N}_0}, +, \cdot)$ は環をなす．この環を $\mathbb{C}[[z]]$ と書き，**形式的冪級数環**とよぶ．まず，次のような理由で $\mathbb{C}^{\mathbb{N}_0}$ の元が形式的冪級数と名付けられていることに注意しよう．$z := (0, 1, 0, 0, \ldots) \in \mathbb{C}^{\mathbb{N}_0}$ とすると，積の定義により，z^n は 0 番目から数えて n 番目の座標が 1 であるベクトル $(0, \ldots, 0, 1, 0, \ldots)$ となる．したがって，$\boldsymbol{a} \in \mathbb{C}^{\mathbb{N}_0}$ は z^n を用いて，形式的に

$$\boldsymbol{a} = (a_0, a_1, \ldots) = \sum_{n=0}^{\infty} a_n z^n =: a(z)$$

と表すことができる．今後，$\boldsymbol{a}$ と $a(z)$ の両方の表現を併用し，a_n を $\boldsymbol{a}$（あるいは $a(z)$）の z^n の係数とよぶ．複素係数の多項式からなる多項式環 $\mathbb{C}[z]$ は $\mathbb{C}[[z]]$ の部分環であることに注意しよう．$\mathbb{C}[[z]]$ の一部の級数は解析的に収束し，その場合には，解析的に知られている結果を用いることができる．収束しない場合にも，収束性や解析的手続きを経ずに，形式的な意味で同様の結果が得られることが少なくない．

例 1　$f := (1, 1, 1, \ldots)$ とする．積の定義と $1 - z = (1, -1, 0, \ldots)$ より，$(1 -$

310 付録 2 形式的冪級数

$z)f = (1, 0, 0, \ldots) = 1$ を得る. したがって, 環 $\mathbb{C}[[z]]$ において, $f = (1-z)^{-1}$, すなわち,

$$\frac{1}{1-z} = \sum_{n=0}^{\infty} z^n$$

を得る. この結果は, 解析的にはよく知られた結果である.

$\mathbb{C}[[z]]$ における単元は $a_0 \neq 0$ である冪級数であることは積の定義からただちにわかる. また, $a(z)b(z) = 1$ なる関係から $b_0 = a_0^{-1}$ であり, $b_n = -a_0^{-1} \sum_{i=1}^{n} a_i b_{n-i}$ であるから与えられた $a(z)$ に対して, 逆元 $b(z)$ の係数 b_n が逐次求まる. したがって, $\mathbb{C}[[z]]$ の商体はローラン級数 $\sum_{n=k}^{\infty} a_n z^n$ $(k \in \mathbb{Z})$ からなる体とみなせる. 以降, ローラン級数は重要な役割を果たす. ローラン級数 $a(z)$ の z^{-1} の係数 a_{-1} を**留数**と名付け, $\mathrm{Res}\, a(z)$ と書く.

$f_n(z) = \sum_{i=0}^{\infty} c_{ni} z^i$ $(n = 0, 1, 2, \ldots)$ を

$$\forall i \exists n_i [n > n_i \Longrightarrow c_{ni} = 0]$$

を満たす $\mathbb{C}[[z]]$ の冪級数とする. そして, 形式的に

$$\sum_{n=0}^{\infty} f_n(z) = \sum_{i=0}^{\infty} \left(\sum_{n=0}^{n_i} c_{ni} \right) z^i \tag{1}$$

と定義する. この定義により, 'z' の冪級数 $a(z)$ への冪級数 $b(z)$ の**代入**を定義することができる. 冪級数 $b(z)$ において, $b_0 = 0$ (すなわち, $b(0) = 0$) とすると, $b^n(z) := (b(z))^n$ は, z について n 次以上の項のみからなり, $a(b(z))$ の z^i の零でない係数は有限個であるから, 式 (1) の形となり,

$$a(b(z)) := \sum_{n=0}^{\infty} a_n b^n(z)$$

が矛盾なく定義される.

例 2 $f(z) := (1-z)^{-1}$, $g(z) := 2z - z^2$ とすると, 形式的に

$$h(z) := f(g(z)) = 1 + (2x - z^2) + (2z - z^2)^2 + \cdots$$
$$= 1 + 2z + 3z^2 + 4z^3 + \cdots$$

となるが, これは解析的には, $(1-z)^{-2}$ の冪級数展開である. このことは, $\mathbb{C}[[z]]$ においても成り立つのである. 実際,

$$(1-z)h(z) = \sum_{n=0}^{\infty} z^n = (1-z)^{-1}$$

となることからわかる．このことは，代数的にも

$$f(g(z)) = (1 - (2z - z^2))^{-1} = (1 - z)^{-1}$$

として得られる．

通常目にする冪級数はよく知られた関数の冪級数展開であることが多く，また，その逆関数も冪級数で表されることが多い．このことは，$f_0 = 0$, $f_1 \neq 0$ である冪級数 $f(z)$ を考えるとわかる．さて，$f(g(z)) = z$ を解いて $f(z)$ の逆関数 $g(z)$ を求めてみよう．$f_1 g_1 = 1$, $f_1 g_2 + g_1^2 = 0$ であり，一般に z^n の係数は $f_1 g_n$ で始まり，他の項は，f_i と g_k $(k < n)$ で表されるから，確かに g_n を g_0 から逐次計算することができることがわかるであろう．

例3 組合せ論的な計算が得意な読者の中には

$$\sum_{k=0}^{n} \binom{2k}{k}\binom{2n-2k}{n-k} = 4^n$$

を数え上げで示す人もいるかもしれない．しかし，この等式は，実は形式的冪級数 $f(z) := \sum_{n=0}^{\infty} \binom{2n}{n}(z/4)^n$ が $f^2(z) = (1-z)^{-1}$ を満たすことを示すことにほかならないことは容易にわかるであろう．

同様の議論と簡単な代数計算で $(1+z)^{\frac{1}{2}}$ に対応する形式的冪級数を得ることもできる．さて，形式的冪級数 $f(z) := 2z + z^2$ を考えよう．上で述べた方法によるとこの逆関数に対応する冪級数 $g(z)$ は，$2g(z) + g^2(z) = z$ を満たす．すなわち，$(1 + g(z))^2 = 1 + z$ が得られ，この式より，形式的冪級数 $1 + g(z)$ に $(1+z)^{\frac{1}{2}}$ と名付けるのが妥当であるとわかる．このような例を見ていると，解析的に収束する冪級数で成り立つ関係は形式的冪級数でも成り立つことは驚くには当たらないであろう．

注 解析的には問題が起こらない意味での代入は形式的冪級数では注意が必要である．形式的冪級数 $\sum_{n=0}^{\infty} \frac{z^n}{n!}$ には，当然，$\exp(z)$ と関数名をつけるであろう．しかし，解析では，$z = 1 + x$ を代入して，$\exp(1+x)$ の冪級数展開を得ることができるが，形式的冪級数の場合には，$1 + x$ は定数項を持つため，$\exp(1+x)$ を展開した x^i の係数が無限和となり，形式和が定義されないため，代入ができない．

次に，冪級数の形式微分を定義しよう．

定義 冪級数 $f(z) \in \mathbb{C}[[z]]$ に対して，微分

$$(Df)(z) = f'(z)$$

を $\sum_{n=1}^{\infty} n f_n z^{n-1}$ と定義する．

312 付録 2 形式的冪級数

微分に関して次の規則が成り立つことは，本章の冪級数に関する定義を用いて容易に示すことができる．

(D1) $(f(z) + g(z))' = f'(z) + g'(z)$

(D2) $(f(z)g(z))' = f'(z)g(z) + f(z)g'(z)$

(D3) $(f^k(z))' = kf^{k-1}(z)f'(z)$

(D4) $f(g(z))' = f'(g(z))g'(z)$

(D4) は次のように一般化できる．

$$D\left(\sum_{n=0}^{\infty} f_n(z)\right) = \sum_{n=0}^{\infty} D(f_n(z))$$

収束性を考える場合には，上の関係式の証明は厄介であるが，形式的冪級数に関しては明らかな性質である．

関数の商の微分についても通常の性質が簡単に証明でき，したがって，微分をローラン級数にまで広げて考えることができる．そのために，次の二つの結果が必要であるが，証明は読者にゆだねる．

$w(z)$ をローラン級数とすると，

(R1) $\mathrm{Res}(w'(z)) = 0$

(R2) $w'(z)/w(z)$ の留数は，$w(z)$ における z^ℓ の係数が零でない最小の整数 ℓ である．

逆関数の係数を再帰的に計算する方法については前に述べた．次の定理は元の関数と逆関数の係数との関係を与える．

定理 1 $W(z) = w_1 z + w_2 z^2 + \cdots$ を $w_1 \neq 0$ なる冪級数とする．また，$Z(w) = c_1 w + c_2 w^2 + \cdots$ を $Z(W(z)) = z$ を満たす冪級数とする．このとき，

$$c_n = \mathrm{Res}\left(\frac{1}{nW^n(z)}\right)$$

が成り立つ．

証明 まず，$c_1 = w_1^{-1}$ である．ここで，$Z(W(z)) = z$ に形式微分を施すと，

$$1 = \sum_{k=1}^{\infty} kc_k W^{k-1}(z)W'(z) \tag{2}$$

が得られる．ここで，式 (2) の右辺を $nW^n(z)$ で割った冪級数を考える．$n \neq k$ のとき，$W^{k-1-n}(z)W'(z)$ の項は (D3) の微分の形をしているので，(R1) により，その留数は 0 である．したがって，$n = k$ の項に (R2) を適用して定理が得

られる. □

この定理により, 形式的冪級数の域を出ない範囲で定理 14.3 のラグランジュの反転公式が得られる. $f(z)$ を $f_0 \neq 0$ である冪級数とすると, $W(z) = z/f(z)$ は $w_1 \neq 0$ を満たす冪級数であり, $W(z)$ と $z = Z(w) = \sum_{n=1}^{\infty} c_n w^n$ に定理 1 を適用すると,

$$c_n = \mathrm{Res}\left(\frac{f^n(z)}{nz^n}\right) = \frac{1}{n!}(D^{n-1}f^n)(0)$$

が得られ, (14.9) が示される. この証明は, P. Henrichi, An algebraic proof of the Lagrange-Bürmann formula, *J. Math. Anal. and Appl.* **8** (1964), 218–224 による結果と, J. W. Nienhuys によるエレガントな証明に基づいている.

関数 exp を

$$\exp(z) := \sum_{n=0}^{\infty} \frac{z^n}{n!} \tag{3}$$

と定義する. われわれは解析的な観点から $e^z e^{-z} = 1$ となることを知っているので, z を $-z$ に置きかえると形式的冪級数の場合にも $\mathbb{C}[[z]]$ 上で exp の逆元が得られそうである. 実際, 積の定義と $\sum_{k=0}^{n}(-1)^k \binom{n}{k} = 0$ $(n > 0)$ から $\exp(-z) = \sum_{n=0}^{\infty} \frac{(-1)^n}{n!} z^n$ が $\exp(z)$ の逆元であることが確認できる.

また,

$$\log(1+z) := \sum_{n=1}^{\infty} (-1)^n \frac{z^n}{n} \tag{4}$$

と定義するのも極めて自然であろう. これについても, 微積分の知識から log と exp が逆関数の関係であることが期待される. 代入を用いて, 冪級数 $\log(\exp(z))$ を考える. このとき, (D4) により,

$$D(\log(\exp(z))) = \frac{\exp(z)}{\exp(z)} = 1$$

が得られ, したがって, $\log(\exp(z)) = z$ がいえる. (ここで, $\log(1+z)$ の形式微分は $(1+z)^{-1}$ となることを用いたことに注意しよう.)

もちろん, 形式的冪級数についてまだまだ, いろいろな結果があるが, 本章を通して, 解析的によく知られた結果が形式的冪級数にも適用でき, 逆に形式的な証明により既知の結果を示すことができることがわかるであろう. 本付録では大筋の説明ではあるが, 冪級数を用いて示せる結果が少しでも明快になることを期待する.

人名索引

● **A**

Alltop, W.O.　253

André, D.　160

Appel, K.　27

Assmus, E.F.　281, 291

● **B**

Baumert, L.D.　231

Beauregard Robinson, G. de　189

Best, M.R.　233

Bhattacharya, K.N.　271

Birkhoff, G.　53, 74

Bollobás, B.　43, 64

Bondy, J.A.　295

Brégman, L.M.　118

Bricard, R.　206

Brooks, J.　27

Brouwer, A.E.　99

Bruck, R.H.　261

Bruijn, N.G. de　62, 81, 244

Burnside, W.　114

● **C**

Cameron, P.　291

Catalan, E.　158

Cauchy, A.L.　114, 125

Cayley, A.　13

Chandrasekharan, K.　191, 260

Chowla, S.　261

Cohen, G.D.　272

Conner, W.S.　258

Conway, J.H.　244

● **D**

Dénes, J.　223

Denniston, R.H.F.　253

Diaconis, P.　206

Dilworth, R.P.　59

Dirac, G.A.　45

● **E**

Ebbenhorst Tengbergen, C. van　62

Edmonds, J.　78

Eğecioğlu, Ö.　17

Egoritsjev, G.P.　129

Erdős, P.　5, 34, 36, 63, 244, 297

Euler, L.　6

Evans, T.　214

316 人名索引

● F

Falikman, D.I. 129
Fano, G. 254
Fekete, M. 121
Ferrers, N.M. 190
Flye Sainte-Marie, C. 87
Ford, L.R. 73
Frame, J.S. 189, 303
Frankl, P. 66
Franklin, F. 181
Frobenius, G. 114, 191
Fulkerson, D.R. 73

● G

Gale, D. 206
Galvin, F. 219, 223
Garey, M. 9
Gauss, C.F. 114
Godlewski, P. 272
Golay, M.J.E. 285, 288, 291
Golomb, S.W. 231
Goulden, I.P. 173
Graham, R.L. 36, 91
Granell, M.J. 253
Greene, C. 66, 298
Griggs, T.S. 253
Grinstead, C.M. 39
Grossman, J.W. 11

● H

Hadamard, J. 240
Haken, W. 27
Hall, M. 56, 222, 231
Hall, P. 47
Halmos, P.R. 55
Hamilton, R.W. 8
Hamming, R.W. 291

Hardy, G.H. 190
Hautus, M.L.J. 56
Hickerson, D. 173
Hoffman, A.J. 46
Hoffman, D. 223

● J

Jackson, D.M. 173, 206
Jacobi, C.G.J. 191
Johnson, D.S. 9
Johnson, S. 39
Jones, B.W. 93
Joyal, A. 163
Jungnickel, D. 306

● K

Karp, R.M. 78
Katona, G.O.H. 66
Keedwell, A.D. 223
Kirkman, T.P. 270
Klarner, D.A. 154
Kleitman, D.J. 66, 298
Knuth, D. 187
Ko, Chao 63
Kónig, D. 52
Kramer, E.S. 306
Krause, M. 196
Kreher, D.L. 253
Kruyswijk, D. 62

● L

La Poutré, J.A. 100
Lagrange, J.L. 174, 260, 271
Lam, C.W. 262
Leavitt, D.W. 253
Lewin, M. 39
Lint, J.H. van 56, 100, 137, 291,

292, 296, 301, 302, 307
London, D.   133
Lorentz, H.A.   138
Lovász, L.   34, 45, 298
Lubell, D.   61
Lucas, F.E.A.   112, 173

● M

MacMahon, P.A.   190
MacWilliams, F.J.   279, 290–292
Magliveras, S.S.   253
Mann, H.B.   241
Mantel, W.   41
Marcus, M.   131
Mattson, H.F.   281
McKay, B.D.   201
Merkx, F.   272
Mills, W.H.   253
Minc, H.   118
Mirsky, L.   60
Möbius, A.F.   114
Moivre, A. de   113, 126
Montmort, P.R. de   113
Moon, J.W.   125
Muir, T.   125
Muller, D.E.   241

● N

Neumann, P.M.   114
Newman, M.   131
Nichols, W.   302
Niven, I.   173

● O

Ostrand, P.   56

● P

Paley, R.E.A.C.   229
Petersen, J.P.C.   295
Petrenjuk, A.Ya.   252
Pierce, J.R.   102
Plücker, J.   270
Pless, V.   284
Plotkin, M.   239
Pollak, H.O.   91
Posner, E.C.   305
Prüfer, H.   15

● R

Rademacher, H.   191
Rado, R.   56, 63
Radziszowski, S.P.   39, 253
Ramanujan, S.   191
Ramsey, F.   31
Raney, G.N.   174
Ray-Chaudhuri, D.K.   252
Reed, I.S.   241
Remmel, J.B.   17
Riemann, G.F.B.   114
Ringel, G.   24
Rivest, R.L.   96
Roberts, S.M.   39
Rogers, D.G.E.D.   206
Rota, G.-C.   174
Rothschild, B.L.   36
Ryser, H.J.   116, 206, 212, 261

● S

Schönheim, J.   66
Schrijver, A.   74, 118
Schur, I.   24, 297
Schutzenberger, M.P.   271
Segner, J.A. von   158

318 人名索引

Seidel, J.J.　307
Shannon, C.E.　291
Singleton, R.R.　46
Skolem, Th.　272
Sloane, N.J.A.　290, 291
Smetaniuk, B.　214
Spencer, J.L.　36, 297
Sperner, E.　60
Stanley, R.P.　173
Staudt, K.G.C. von　271
Steiner, J.　271
Stirling, J.　126, 149
Swiercz, S.　262
Sylvester, J.J.　113, 190
Szekeres, G.　36

● **T**
Tarsy, M.　39
Teirlinck, L.　253
Thiel, L.　262
Thompson, J.G.　290
Thompson, T.M.　291
Thrall, R.M.　189
Tits, J.　250
Turán, P.　42

Tverberg, H.　59

● **V**
Valiant, W.G.　124
Vallée-Poussin, C.J. de la　240
Vanstone, S.A.　206, 306
Vaughan, H.E.　56
Voorhoeve, M.　122

● **W**
Waerden, B.L. van der　36, 121,
　129, 222
Wallis, J.S.　240
Watkins, J.J.　11
Watson, G.N.　174
Whittaker, E.T.　174
Wilson, R.J.　11
Wilson, R.M.　252
Winkler, P.　93
Witt, E.　253, 284, 287
Woolhouse, W.S.B.　270
Wright, E.M.　184

● **Y**
Young, A.　191

事項索引

●英数字

$(0, 1)$ 行列　52

1 次 Reed–Muller 符号　237

2 元 Golay 符号　285

2 元符号　275

3 元 Golay 符号　288

3 元符号　275

André の鏡映原理　160

Assmus–Mattson の定理　281

Baer 部分平面　287

Birkhoff の定理　53, 74, 77, 130, 307

Brooks の定理　27

Bruck–Ryser–Chowla の定理　261

Burnside の補題　111

De Bruijn–Erdős の定理定理　244

De Bruijn グラフ　81

De Bruijn 系列　81

Dilworth の定理　59

Dinitz 予想　219

Dirac の定理　45

Erdős–Ko–Rado の定理　63

Evans 予想　214

Fano 平面　254

Fekete の補題　121, 152, 160

Fisher 不等式　251

Ford–Fulkerson の定理　73

Ford 系列　86

Graceful ラベリング　24

Hall 条件　49

Hall の結婚定理　47

Hoffman–Singleton グラフ　46

Joyal 理論　163

Kirkman の女学生問題　271

Königsberg の橋の問題　6

König の定理　52, 130

Lovász の篩　34

Lucas の結婚問題　112

MacWilliams 恒等式　281

Mantel の定理　42

MDS 符号　279

Paley 行列　229

Petersen グラフ　3, 44

Plotkin 限界　239

Prüfer コード　15

Ramsey 数　32

Ramsey の定理　31, 42

Ringel–Kotzig 予想　24

r 次 Reed–Muller 符号　238

Schröder–Bernstein の定理　55

320 事項索引

Skolem 数列 272
Sperner の定理 61
t-デザイン 245
  ——の拡大 270
  ——の可分条件 249
  ——の結合行列 250
  ——の剰余 249
  ——の同型性 250
  ——の同値性 250
  ——の誘導 248
  高階結合行列 252
Turán の定理 42
Van der Waerden 予想 121, 212,
  222
Williamson の構成法 232
Wilson–Petrenjuk 不等式 252
Winkler の定理 96

●あ行
アダマール行列 225
  ——の正規化 225, 246
  ——の正則性 235, 246
アダマール 2-デザイン 246
アダマール 3-デザイン 246
アダマール予想 226
アドレッシング 90
アフィン超平面 238
誤り訂正能力 237
一様ハイパーグラフ 200
一般化シュタイナーシステム 269
入次数 7
色の反転テクニック 28
インスタント・インサニティ 7
ヴァンデルモンド行列式 187
植木 162
エクセス 233
エルデシュ数 5

円分多項式 110
オイラー関数 108
オイラーグラフ 7
オイラーの恒等式 181
オイラーの五角形 181
オイラー閉路 7
重み 115, 275
重み付きグラフ 19
重み母関数 279
親 22

●か行
回転ドラム問題 81
核 220
拡張符号 277
確率的手法 34
カタラン数 158
割線 256
カット 70
  ——の容量 70
カバー 60
下降階乗冪 139
完全グラフ 3
完全サイクル 82
完全順列 106, 151
完全多部グラフ 42
完全二部グラフ 6
完全符号 276
完備化 210
カンファレンス行列 227
木 6
基 181
擬群 207
基底ブロック 266
木の端点補題 14
基本流 73
既約行列 130

球 275
球詰め込み限界 276
行完備 222
強正則グラフ 3
強歩道 23
行列の可約性 130
強連結 23
行和ベクトル 193
極大鎖 60
極値グラフ 43
距離行列 92
近傍 3
空グラフ 5
グラフ 1
　　——の完全マッチング 48
　　——の距離 5
　　——の自己同型 2
　　——の正則性 4
　　——の単純性 2
　　——の同型性 2
　　——の半正則性 48
　　——の描画 1
　　——の向き付け 23
クリーク 41
クロネッカー積 228
群軌道 111
形式的冪級数 152
形式的冪級数環 309
ケーリーの定理 13, 167
結合 1
結合関係 243
結合構造 243
　　——の単純性 243
　　——の補構造 243
結合的ブロックデザイン 96
語 275
合成構造 165

高速フーリエ変換 239
五色定理 39
コスト 19
個別代表系 49, 117, 211
孤立点 1

●さ行

鎖 59
再帰的構成法 227
最小重み 276
最小化行列 129
最小距離 238, 275
彩色 27
彩色可能 27
最大マッチング 79
最大流 70
最大流最小カット定理 73, 101, 196
最低コスト全域木 19
最尤復号法 236
差集合族 264
三価木 24, 162
自己双対符号 277
自己直交符号 277
指数 245
次数 4
指数型母関数 151
子孫 22
実験計画法 245
実行可能則 69
始点 2
指標 228
射影デザイン 254
射影平面 254
射影平面の位数 255
従属グラフ 35
終点 2
シュタイナー三重系 263

322　事項索引

シュタイナーシステム　245
巡回列　111
循環流　75
準剰余デザイン　258
シンク　69
シングルトン限界式　278
シンプレックス符号　278
推移的トーナメント　38, 220
スターリングの公式　36, 124, 212,
　　235
スロープ　181
正 12 面体グラフ　8
整数流　73
生成行列　277
生成行列の標準形　277
整分割　175
　　——の共役性　180
　　——の自己共役性　186
セル　186
全域木　13
全域部分グラフ　4
線グラフ　220
線形幾何　244
線形集合　59
線形符号　275
全順序　59
全順序集合　59
染色数　27
先祖　22
相違関数　94
増大道　72
双対デザイン　258
双対符号　277
ソース　69

●た行
台　281

第 1 種スターリング数　144
　　　　符号なし　144
第 2 種スターリング数　145
対称鎖　61
対称デザイン　253
　　——の埋め込み　258
　　——の剰余　258
　　——の誘導　258
対称符号　284
代替原理　133
タイトデザイン　252
代入　167, 310
多角形　5
多項係数　18
多重グラフ　2
単純道　5, 28
単色三角形　30
端点　1
置換行列　53, 130, 171
頂点　1
重複ブロック　243
重複分割　202
超卵形　256, 289
超立方体　89
直交配列　208
　　——の同型性　209
通常母関数　151
釣合い型不完備ブロック計画　245
出次数　7
デデキントのイータ関数　191
点集合　243
伝送率　236
同値　277
等長埋め込み　89
投票問題　174
等方ベクトル　134
特別道　72

独立点集合 42
トーナメント 37
トリファレント 290
貪欲法 19

●な行
内周 10, 43
長さ 4
ニアペンシル 244
二次形式 91
二重確率行列 122
二部グラフ 27
　　　——の完全マッチング 47
根付き木 22
根付き全域有向木 17, 296
根付き有向木 16, 166
ネットワーク 69

●は行
橋 22
旗集合 243
ハッシュコーディング 97
鳩の巣原理 62
幅優先探索 21, 93
パーマネント 116
ハミルトン閉路 8
ハミング距離 89
ハミング限界式 277
ハミング符号 278
パリティ検査行列 277
パリティ検査シンボル 277
反鎖 59
半順序集合 59
反復数 248
反復符号 236
非結合的演算 158
被覆半径 276

非負定値行列 252
微分 169
フィボナッチ数 114, 172
フィボナッチ数列 173, 183
フェラーズ図形 179
深さ優先探索 21, 93
不完備（ラテン）方格 210
符号 275
符号語 275
部集合 42
フック 189
フック長 189
フック長公式 189
部分一致クエリ 97
部分グラフ 4
部分（ラテン）方格 210
フロー 69
　　　——の強さ 70
ブロック交差数 270
ブロックサイズ 245
ブロック集合 243
分割関数 179
平行 2
平行類 257
閉単純道 5
閉歩道 5
平面木 161
平面グラフ 1
ベル数 146, 172
辺 1
辺の独立性 20
辺の飽和状態 72
辺の容量 69
包除原理 105, 115, 142, 201
保存則 69
歩道 4
ポリオミノ 154

324　事項索引

●ま行
マッチング　47
　　──の被覆　54
向き付け
　　──の均整　77
　　──の正規性　220
メビウス関数　108
メビウスの反転公式　110, 158
文字集合　275
森　19

●や行
ヤコビ三重積　184
ヤング図形　179
ヤング盤　186
有限アフィン平面　257
有限グラフ　4
有向オイラー閉路　17
有向グラフ　2
　　──の結合行列　71
　　──の単純性　2
有向辺　2
優数列　193
誘導部分グラフ　4
四色定理　27

●ら行
ライトワンスメモリ　267
ラグランジュの定理　260
ラグランジュの反転公式　168
ラテン長方形　211
ラテン方格　207
　　──の共役性　208
　　──の等価性　208
　　──の同型性　209
ラベル付き木　13
卵形　256
リスト彩色可能　219
リスト割り当て　219
リーマンゼータ関数　110
留数　310
臨界ブロック　49
隣接　3
隣接行列　10
ループ　1
ループ・スイッチング　102
列完備　222
列和ベクトル　193
連結グラフ　5
連結成分　5
ローレンツ空間　134

著作者
J.H. ヴァン・リント（Jack H. van Lint）
R.M. ウィルソン（Richard M. Wilson）

監訳者
神保　雅一（じんぼう　まさかず）
中部大学現代教育学部教授・名古屋大学名誉教授.

訳者
澤　正憲（さわ　まさのり）
神戸大学大学院システム情報学研究科准教授.
萩田　真理子（はぎた　まりこ）
お茶の水女子大学基幹研究院自然科学系教授.

ヴァン・リント&ウィルソン　組合せ論　上

平成 30 年 3 月 15 日　発　　　行
令和 3 年 11 月 15 日　第 3 刷発行

著作者	J.H. ヴァン・リント
	R.M. ウィルソン
監訳者	神　保　雅　一
訳　者	澤　　　正　憲
	萩　田　真理子
発行者	池　田　和　博
発行所	丸善出版株式会社

〒101-0051 東京都千代田区神田神保町二丁目 17 番
編集：電話 (03)3512-3266／FAX (03)3512-3272
営業：電話 (03)3512-3256／FAX (03)3512-3270
https://www.maruzen-publishing.co.jp

Ⓒ Masakazu Jimbo, Masanori Sawa, Mariko Hagita, 2018

組版印刷・大日本法令印刷株式会社／製本・株式会社 松岳社

ISBN 978-4-621-30245-3　C 3341　　　　Printed in Japan

本書の無断複写は著作権法上での例外を除き禁じられています.